# 伟大的心理学书

50 PSYCHOLOGY CLASSICS

［英］汤姆·巴特勒－鲍登｜著

林莺｜译

北京日报出版社

图书在版编目（CIP）数据

50：伟大的心理学书 /(英)汤姆·巴特勒-鲍登著；林莺译. —— 北京：北京日报出版社，2023.10
ISBN 978-7-5477-3881-8

Ⅰ.①5… Ⅱ.①汤… ②林… Ⅲ.①心理学-通俗读物 Ⅳ.①B84-49

中国版本图书馆CIP数据核字(2020)第208671号

北京版权保护中心外国图书合同登记号：01-2020-6704

Published in agreement with Nicholas Brealey Publishing
an imprint of John Murray Press
50 Psychology Classics © Tom Butler-Bowdon, 2007, 2017

本书中译本由时报文化出版企业股份有限公司委任安伯文化事业有限公司代理授权

## 50：伟大的心理学书

| | |
|---|---|
| 责任编辑： | 秦 姚 |
| 监 制： | 黄 利 万 夏 |
| 特约编辑： | 路思维 杨 森 |
| 营销支持： | 曹莉丽 |
| 版权支持： | 王福娇 |
| 装帧设计： | 紫图装帧 |
| 出版发行： | 北京日报出版社 |
| 地 址： | 北京市东城区东单三条8-16号东方广场东配楼四层 |
| 邮 编： | 100005 |
| 电 话： | 发行部：(010) 65255876 |
| | 总编室：(010) 65252135 |
| 印 刷： | 艺堂印刷（天津）有限公司 |
| 经 销： | 各地新华书店 |
| 版 次： | 2023年10月第1版 |
| | 2023年10月第1次印刷 |
| 开 本： | 880毫米×1230毫米 1/32 |
| 印 张： | 16.75 |
| 字 数： | 345千字 |
| 定 价： | 69.90元 |

版权所有，侵权必究，未经许可，不得转载

# 目录

- 第二版序言
- 谢辞
- 导言

**《理解人性》（1927）**
01 阿尔弗雷德·阿德勒　　　　　　002

**《偏见的本质》（1954）**
02 戈登·奥尔波特　　　　　　　　012

**《自我效能》（1997）**
03 阿尔伯特·班杜拉　　　　　　　024

**《恐惧给你的礼物》（1997）**
04 加文·德·贝克尔　　　　　　　034

《人间游戏》（1964）
05 埃里克·伯恩　　　　　　　　　　044

《天生不同》（1980）
06 伊莎贝尔·布里格斯·迈尔斯　　　054

《女性的大脑》（2006）
07 劳安·布里曾丹　　　　　　　　　064

《伯恩斯新情绪疗法》（1980）
08 戴维·伯恩斯　　　　　　　　　　074

《安静》（2012）
09 苏珊·凯恩　　　　　　　　　　　082

《影响力》（1984）
10 罗伯特·西奥迪尼　　　　　　　　094

《创造力》（1996）
11 米哈里·希斯赞特米哈伊　　　　　104

《终身成长》（2006）
12 卡罗尔·德韦克　　　　　　　　　114

《理性生活指南》（1961）
13 阿尔伯特·埃利斯和罗伯特·A.哈珀　126

《催眠之声伴随你》（1982）
14 米尔顿·埃里克森和史德奈·罗森　134

《青年路德》（1958）

**15 埃里克·埃里克森**      144

《人格的维度》（1947）

**16 汉斯·艾森克**      154

《追求意义的意志》（1969）

**17 维克多·弗兰克尔**      162

《自我与防御机制》（1936）

**18 安娜·弗洛伊德**      170

《梦的解析》（1900）

**19 西格蒙德·弗洛伊德**      180

《智能的结构》（1983）

**20 霍华德·加德纳**      190

《撞上幸福》（2006）

**21 丹尼尔·吉尔伯特**      196

《眨眼之间》（2005）

**22 马尔科姆·格拉德威尔**      202

《情商 3》（1998）

**23 丹尼尔·戈尔曼**      210

《获得幸福婚姻的 7 法则》（1999）

**24 约翰·戈特曼**      220

《孤独症大脑》(2013)
25 坦普尔·葛兰汀　　　　　　　　　230

《咨询室的秘密》(2011)
26 斯蒂芬·格罗斯　　　　　　　　　242

《爱的本质》(1958)
27 哈利·哈洛　　　　　　　　　　　254

《我好，你好》(1967)
28 托马斯·哈里斯　　　　　　　　　264

《狂热分子》(1951)
29 埃里克·霍弗　　　　　　　　　　270

《我们内心的冲突》(1945)
30 卡伦·霍妮　　　　　　　　　　　278

《心理学原理》(1890)
31 威廉·詹姆斯　　　　　　　　　　288

《原型与集体无意识》(1968)
32 卡尔·荣格　　　　　　　　　　　298

《思考，快与慢》(2011)
33 丹尼尔·卡尼曼　　　　　　　　　308

《人类女性性行为》(1953)
34 阿尔弗雷德·金赛　　　　　　　　320

《分裂的自我》(1960)
35 R.D. 莱恩　　　　　　　　　　　330

《人性能达到的境界》(1971)
36 亚伯拉罕·马斯洛　　　　　　　340

《对权威的服从》(1974)
37 斯坦利·米尔格拉姆　　　　　　350

《棉花糖实验》(2014)
38 沃尔特·米歇尔　　　　　　　　360

《潜意识》(2012)
39 伦纳德·蒙洛迪诺　　　　　　　372

《条件反射》(1927)
40 伊万·巴甫洛夫　　　　　　　　384

《格式塔治疗》(1951)
41 弗雷德里克·皮尔斯　　　　　　394

《儿童的语言与思想》(1923)
42 让·皮亚杰　　　　　　　　　　404

《白板》(2002)
43 斯蒂芬·平克　　　　　　　　　414

《脑中魅影》(1998)
44 拉马钱德兰　　　　　　　　　　422

《个人形成论》(1961)
45 卡尔·罗杰斯 　　　　　　　　　　432

《错把妻子当帽子》(1970)
46 奥利弗·萨克斯 　　　　　　　　　440

《选择的悖论》(2004)
47 巴里·施瓦茨 　　　　　　　　　　450

《真实的幸福》(2002)
48 马丁·塞利格曼 　　　　　　　　　460

《超越自由与尊严》(1971)
49 B. F. 斯金纳 　　　　　　　　　　470

《看得见的黑暗》(1990)
50 威廉·斯泰伦 　　　　　　　　　　480

- 英文参考书目　　　　　　　　　　488
- 按照出版年代排序的书单　　　　　491
- 再加 50 本经典　　　　　　　　　 493

# 第二版序言

《50：伟大的心理学书》于2007年首度出版时，目标单纯，只是想要提供"50本关键著作的见解及给人的启示"。

时至今日，本书的英文版本销量超过10万册，被翻译成15种语言，包括德文、中文、荷兰文、葡萄牙文、匈牙利文、韩文、罗马尼亚文、瑞典文、日文、波兰文、意大利文、西班牙文、爱沙尼亚文、阿拉伯文和土耳其文。这本书的有声书版本也大受欢迎，读者在健身房聆听，也在搭巴士和地铁上班的途中聆听。这本书还被列入大学书单，目的是让学生具备基本知识，掌握心理学历史，并且了解心理学大师及他们的贡献。

这本书的成功令人感到惊讶，然而或许不应该惊讶，地球上的每个人都有兴趣去了解是什么在驱动自己和他人。无论你是不是心理学者，人性总是吸引着我们每个人。而我的书是小小的尝试，让可能永远不会正式学习心理学的人，也能接触到心理学观念。

面对这些关键著作，我的处理方式有别于大部分心理学导论，后者通常聚焦于重要的观念或人物。不过正因为经典很容易吓到非专业读者，针对重要观念适当评介，说说这本书的写作脉络，并且提供作者背景，永远是有助益的。阅读重要著作为学习每一门学问打下深厚基础，简单来说，就是我们需要知道前人的成就。例如受训的治疗师应该至少浏览过卡尔·罗杰斯的《个人形成论》；攻读认知心理学的学生应该读过阿尔伯特·埃利斯的作品；性学研究人员必须熟悉阿尔弗雷德·金赛的成果；从事人格测试的专家需要了解布里格斯·迈尔斯的著作；而以条件或服从为研究主题的博士候选人必须对巴甫洛夫的《条件反射》和米尔格拉姆的《对权威的服从》了若指掌。

修订版新增九章节，包括第一版中没有专章论述的两位重要心理学家，戈登·奥尔波特和阿尔伯特·班杜拉；同时评述了更近期的著作，作者分别是卡罗尔·德韦克、坦普尔·葛兰汀、斯蒂芬·格罗斯、丹尼尔·卡尼曼、沃尔特·米歇尔。自从本书第一版完成之后，他们又丰富了我们心理学知识的库藏。如同第一版，我的选择在某种程度上是偏离正统的，例如苏珊·凯恩并不是心理学家，不过她的书把内向的议题带入公众视野，在这一点上比起之前的任何著作都要成功。伦纳德·蒙洛迪诺也不是学院派心理学家，而是物理学家，但是针对潜意识心灵，他有重要观点。总之这些选择提醒我们：心理学并不仅仅属于心理学家，正如经济学并不仅仅属于经济学家。

当然，就一门学科来说，心理学必定会通过研究不断改变和发展，而学术期刊是这个进化过程的主要记录。不过书籍是特别有力的方式，能够进入一个主题，深度发掘，这种亲近学问的方式启发我撰写《50：伟大的心理学书》。我希望对你也一样，这本书能为你打开门，了解他人的心灵和想法。

汤姆·巴特勒-鲍登，2017年

# 谢辞

读懂经典系列中的每一本书都是浩大工程，要投入大量时间去研究、阅读和写作。除了费尽心力的核心工作，该系列的成功要感谢尼古拉斯·布里雷出版社（Nicholas Brealey Publishing）的团队。

我非常感激出版社伦敦办公室的尼古拉斯·布里雷（Nicholas Brealey）和莎莉·兰斯戴尔（Sally Lansdell）在编辑上花费的心力，是他们让《50：伟大的心理学书》成为更好的作品。同样感谢出版社在国际版权上的努力，确保了这本书在全世界尽可能有最多读者。

还要深深感谢波士顿办公室的帕特里夏·奥黑尔（Patricia O'Hare）和查克·德雷纳斯（Chuck Dresner），谢谢他们对这本书和读懂经典系列的投入，并且提升这套书在美国的知名度。

最后，如果没有书中涵盖的经典著作呈现出来的精彩想法和概念，没有这些丰富的知识宝藏，这本书显然不可能写成。感谢所有作者，感谢你们对这个领域的贡献。

# 导言

囊括50本书和数百种观念，时间跨越一个世纪，《50：伟大的心理学书》探讨最吸引人的一些心理学问题，例如是什么力量驱动我们，是什么让我们以特定方式理解和行事，我们的大脑又是如何运作，以及我们如何建立自我意识。在这些领域的深入了解可以引导我们达到自我认识，更加了解人的本性，并且改善人际关系，提升效能。简单来说，就是让你的生活发生真正的改变。

《50：伟大的心理学书》探讨的著作，有的出自心理学标杆人物笔下，例如弗洛伊德、阿德勒、荣格、斯金纳、詹姆斯、皮亚杰和巴甫洛夫；同时也注重当代思想家的作品，例如塞利格曼、卡尼曼、德韦克和吉尔伯特。每一本著作都有评论揭示关键论点，同时提供围绕此书的观念、人物和运动的背景。新书、旧书杂陈，即使你不打算去一一阅读这些著作，本书也会让你对这些应该至少略知一二的著作有点概念。而其中比较新、非常实用的书籍涵盖了最新科学发现。

这本书是"写给门外汉的心理学"，将重点放在人人都能阅读，并且能够启迪人心灵的著作，或者特意为一般大众写的书籍。除了心理学家，书单还包含了神经学家、精神科医师、生物学家、沟通专家和新闻记者的作品。其中还有一位码头工人的作品，因为他是关于暴力的专家，也是小说家。人类行为的秘密太过重要，不可能由单一学科或单一观点来界定，因此我们得聆听各家声音，集各家所长。

这本书的主要焦点并不是精神医学，尽管收录了奥利弗·萨克斯（Oliver Sacks）、埃里克·埃里克森（Erik Erikson）、R.D. 莱恩（R. D. Laing）和维克多·弗兰克尔（Viktor Frankl）的作品，又加上著名治疗师的杰作，包括卡尔·罗杰斯（Carl Rogers）、弗雷德里克·皮尔斯（Friedrich Perls）和米尔顿·埃里克森（Milton Erickson）。《50：伟大的心理学书》宗旨不在解决问题，而是针对人们为何如此思考、如此行动，提供整体洞察。

虽然本书包含一些关于潜意识的著作，但重点不是深度心理学，或是关于心灵或灵魂的概念。在心灵或灵魂这一领域最受爱戴的作家包括：詹姆斯·希尔曼（James Hillman），著作《灵魂的密码》（*The Soul's Code*）；托马斯·摩尔（Thomas Moore），著作《关怀灵魂》（*Care of the Soul*）；卡罗尔·皮尔森（Carol Pearson），著作《内在英雄》（*The Hero Within*）；约瑟夫·坎贝尔（Joseph Campbell），著作《神话的力量》（*The Power of Myth*）。这些是更偏向蜕变和灵性方面的心理学著作，因此我将以上作品归类于本系列的其他书籍。

50本经典的书单绝非定论，只是涵盖了一些重要的名字和著作。这一类选集多少带有个人特质，也不可能全面覆盖心理学各个领域和子领域。我们追求的是针对最吸引人的心理学问题和概念有基本观点，同时对人的天性有更加丰富的认识。

## 一门科学的兴起

> 心理学是精神生活的科学。
>
> ——威廉·詹姆斯

正如早期研究记忆的心理学家赫尔曼·艾宾浩斯（Hermann Ebbinghaus，1850—1909）所说："心理学有长久的过往，却只有短短的历史。"他的意思是，几千年来人们一直在思索人类的思考、情绪、智力和行为，然而成为以事实而非臆测为基础的学科，心理学仍然处于婴儿阶段。他这句话是在一百年前说的，但到如今心理学依旧被公认为尚未成熟。

心理学是从其他两门学科——生理学和哲学——脱胎出来的。一般认为德国人威廉·冯特（Wilhelm Wundt，1832—1920）是心理学之父，因为他坚持认为心理学应该是独立学科：心理学与哲学相比更偏向经验，而与生理学相比则更多聚焦于心灵。19世纪70年代，冯特创建了第一个专门研究心理学的实验室，并且写下皇皇巨著《生理心理学原理》（*Principles of Physiological Psychology*）。

由于今日只有对心理学特别感兴趣的人才会阅读冯特的作

品，所以并未将他的著作收录于这份经典书单中。不过，同样被视为当代心理学"开山祖师"的美国哲学家威廉·詹姆斯（William James，1842—1910），其作品依旧被广泛阅读。他是小说家亨利·詹姆斯（Henry James）的哥哥，接受过医学训练，之后改学哲学。与冯特一样，他认为心灵的运作有资格自立门户，成为独立的研究领域。以德国神经解剖学学者弗朗茨·加尔（Franz Gall）的理论——所有思考和心理过程皆属生物学范畴——为基础，詹姆斯推动了这样一个非凡观念的传播：人的自我，包括所有的希望、情爱、欲望和恐惧，都包容在头颅里面那团柔软的灰色物质里。他觉得把思想解释成某种比较深沉的力量，例如灵魂的产物，其实已经进入形而上学的领域。

詹姆斯或许促成了心理学范围的界定，然而是弗洛伊德的著作真正让一般大众对心理学产生了兴趣。弗洛伊德出生于1856年，他的父母知道他很聪慧，然而他们也想象不到弗洛伊德的想法将对这个世界产生怎样的冲击。高中毕业时，弗洛伊德决定要攻读法律，不过最后一刻他改变主意，进入了医学院。他研究大脑结构，治疗"歇斯底里"的病患。人的潜意识心灵对行为究竟有什么影响引发了他的好奇，点燃了他对"梦"的兴趣。

今日，我们对于自我、潜意识之类的心理学概念，习以为常，然而无论好坏，这些观念和许多其他观念都是传承自弗洛伊德。《50：伟大的心理学书》里涵盖的许多著作，若不属于弗洛伊德学派或是后弗洛伊德学派，便是标举自己反弗洛伊德。现在说弗洛伊德的研究不科学，说他的著作是文学创作而不是真正的心理学，似乎已经成为一种潮流。无论这种说法是否正确，弗洛伊德依旧是这个领域最有名的人物，遥遥领先其他心理学家。尽管目前精神分析（弗洛伊德开创的谈话治疗，用来窥探一个人的潜意识）的专家很少了，一名维也纳医师挖掘出躺椅上的病患埋藏最深的思维，这样的意象仍然是我们想到心理学时最普遍的联想。

如同一些神经科学家暗示的，或许弗洛伊德将要重返光荣了。弗洛伊德强调潜意识在塑造行为方面的重要性，大脑造影技术和其他研究并没有证明这点是错误的，而他另外一些理论则尚待验证。就算如此，他是心理学最具原创性的思想家，这个地位不太可能改变。

对抗弗洛伊德的专家，最明显是来自行为主义的阵营。伊万·巴甫洛夫以狗为对象的著名实验显示，动物行为只是面对环境刺激产生的条件反应之总和。这项研究启发了行为主义代表人物 B. F. 斯金纳，他写道，人是自主的，由内在动机驱动，这样的观念是浪漫神话。斯金纳建议，与其试图找出人头脑里发生的事（唯心论）、了解人们行事的动机，我们更需要知道的是什么样的情境让人们以特定的方式行动。环境塑造了我们，并且我们会根据学到的对生存有利的经验，去改变我们的行动方针。如果我们想要建设一个更好的世界，就需要创造环境，让人们以比较道德或比较有成效的方式来行动。对斯金纳来说，这就涉及一套行为技术，奖励特定行动而惩罚其他行动。

20 世纪 60 年代认知心理学兴起，采取和行为主义同样严格的科学路径，依旧是回过头来解答老问题：行为究竟是如何在脑中生成的。从环境接收刺激到产生回应，当中必定有特定过程在我们大脑里面发生，而认知派研究人员揭示了人类心智是了不起的诠释机器，会建构模式，创造我们对外在世界的意识，形成我们认知现实的地图。

上述研究引领亚伦·贝克（Aaron Beck）、戴维·伯恩斯（David D. Burns）、阿尔伯特·埃利斯（Albert Ellis）等认知学派治疗师，围绕着"我们的思想形塑我们的情绪，而非反过来"这个观念建立治疗方法。通过改变思维方式，我们可以缓解抑郁，或对自己的行为有更强的控制力。这种形式的心理治疗，目前广泛取代了弗洛伊德派精神分析在处理人们的心理议题上曾经拥有的地位。

认知领域内比较新的发展是正向心理学。这一派的专家寻求把心理学的焦点从心理问题移开，放在研究是什么让人们幸福、乐观、具有生产力。某种程度上，人本主义开拓者、心理学家亚伯拉罕·马斯洛（Abraham Maslow）预见了这个领域的发展，他探究人的自我实现或圆满。还有卡尔·罗杰斯，他曾经表示他对世界感到悲观，然而对人保持乐观。

过去的几十年中，行为主义和认知心理学都越来越受到大脑科学的影响。行为主义者认为仅靠猜测去探究大脑里面发生的事情是错误的，现在科学已经让我们看到大脑内部，同时绘制出实际上产生动作的神经通路和突触。这方面研究有可能最终颠覆我们看待自己的观点，而且几乎可以确定结果是好的。尽管有些人担忧,把人的存在概括为大脑的神经通路的连接,会剥离我们的人性。事实上,对大脑认识得越清楚,我们便越能懂得欣赏大脑的运作。

今日的大脑科学让我们能够回归威廉·詹姆斯的定义——心理学是精神生活的科学,不同的是这一次可以根据我们在分子层面的了解来提升心理学知识。部分心理学是从生理学演化出来的,或许现在正在回到它的物质根源。讽刺的是,关注到细微的身体层面解答了一些最深沉的哲学问题,例如意识的本质、自由意志、记忆的生成,以及情绪的体验和控制。甚至有可能"心灵"与"自我"只不过是由极为复杂的大脑神经通路和化学反应创造出来的幻觉。

心理学的未来是什么?或许我们能够确定的只是:心理学会变成越来越植根于大脑知识的科学。

## 心理学经典快速导览

心理学之所以成为广受欢迎的研究领域,部分原因是早期的心理学巨擘,包括詹姆斯、弗洛伊德、荣格和阿德勒等,写出了一般人都可以理解的书籍。今日我们随手拿起其中一本,仍然可以读得入迷。虽然其中有些概念是艰深的,但人们对于心智如何运作、人的动机与行为这类知识,有深切的渴望。而在最近20多年,大众心理学的书写出现了新的黄金时代,丹尼尔·戈尔曼(Daniel Goleman)、斯蒂芬·平克(Steven Pinker)、马丁·塞利格曼（Martin Seligman）、米哈里·希斯赞特米哈伊（Mihaly Csikszentmihalyi）等作家满足了人们的需求。

以下是50本心理学经典的简介。我把这些书分成七个范畴，虽然不是传统分类，却也可以帮助你根据主题选择最感兴趣的书籍。在本书最后，你会找到另外一份"再加50本经典"的书单。同样的，这也不是决定性的书单，但是如果你想要多读一点心理学书籍，或许可以帮助你选择。

每一章都会从介绍的书中撷取几段简短的引言开头，目的是捕捉这本书的精髓，传达重要的主题，并让读者领会到作者的风格。"总结一句"和"同场加映"，让你能迅速掌握每本书的要义，以及这本书在心理学文献中的定位。

## 行为、生物学和基因：大脑科学

劳安·布里曾丹《女性的大脑》

坦普尔·葛兰汀《孤独症大脑》

威廉·詹姆斯《心理学原理》

阿尔弗雷德·金赛《人类女性性行为》

让·皮亚杰《儿童的语言与思想》

斯蒂芬·平克《白板》

拉马钱德兰《脑中魅影》

奥利弗·萨克斯《错把妻子当帽子》

对威廉·詹姆斯来说，心理学是以大脑的运作为基础的自然科学，然而在他的年代，还没有能够充分研究大脑这个神秘器官的工具。现在，随着科技进步，许多关于心理学的洞见是得自大脑本身，而不是来自观察大脑产生的行为。

把大脑科学当成重点的新趋势引出了令人不安的问题，那就是有多少行为取决于生物基础和基因遗传？我们的表现在很大程度上是否无法改变？或者我们是块白板，准备好让环境把我们社会化？关于天性还是教养的陈旧辩题获得了新能量。遗传学和演化心理学为我们阐释，大部分我们称为"人性"的东西（包括智力和人格）是在娘胎里建好的，或者至少是受激素影响。斯蒂芬·平克在《白板》中指出，因为文化或政治原因，人们有时候会否认生物学在人类行为中扮演的重要角色，然而随着知识增长，人们会越来越难维持这种假象。例如劳安·布里曾丹的精彩著作展现了在人生不同阶段女性受生物学因素影响的程度，这是她多年来研究激素对女性大脑产生的效应成果报告。而坦普尔·葛兰汀关于孤独症的书则阐述，人们原本把这个病症看成是"父母冷漠"的产物，但随着时间推移和观念转变，人们才更深入了解神经和基因方面的原因。研究的成果完全改变了人们对待孤独症儿童的方式，曾经人们视他们为怪异、反社会的人，需要送进收容机构，现在对孤独症的特征有新看法：孤独症患者只是与我们有差异，甚至这是强项而不是弱点，并且可以善用在工作领域里。

当今的神经科学显示，我们最好把自我理解成大脑创造的幻象。例如奥利弗·萨克斯出色的著作说明了大脑如何持续运作来创造和维持由"我"主控的感觉，即使事实上大脑没有任何部位可以被指认为自我感觉的发生地。神经科学家拉马钱德兰关于幻肢的研究似乎证实了大脑拥有不寻常的能力，即使现实更复杂（有好多个自我、好多层意识），也能创造出整体的认知意识。

让·皮亚杰从来没有在实验室里研究过大脑，不过在成长过程中他在瑞士山区研究过蜗牛。他把幼年时在科学观察方面的天赋应用于研究儿童，注意到儿童在不同年龄各有明确的发展阶段，只要环境给予足够刺激，儿童的心智就会循序成长。同样的，最初是生物学家的性学专家阿尔弗雷德·金赛（Alfred Kinsey）指出哺乳动物因素如何驱动我们的性行为，借此寻求打破围绕着男性和女性性欲的禁忌。

皮亚杰和金赛的著作都显示，尽管生物因素对行为始终具有支配性影响，但能否表现出来，环境也非常关键。即使目前关于行为的基因或生物基础有许多新发现，我们也永远不应该下结论，以为生而为人，我们是由DNA、激素或大脑结构决定的。我们跟其他动物不一样，能觉察自己的本能，因此会尝试去形塑或者控制本能。我们不是纯粹天性或纯粹教养下的产物，而是两者有趣的结合体。

## 挖掘潜意识心灵：不同类型的智能

戈登·奥尔波特《偏见的本质》

加文·德·贝克尔《恐惧给你的礼物》

米尔顿·埃里克森、史德奈·罗森《催眠之声伴随你》

西格蒙德·弗洛伊德《梦的解析》

马尔科姆·格拉德威尔《眨眼之间》

卡尔·荣格《原型与集体无意识》

丹尼尔·卡尼曼《思考，快与慢》

伦纳德·蒙洛迪诺《潜意识》

　　心理学涉及的不仅是理性、思考的大脑，我们挖掘潜意识的能力能够产生庞大的智慧宝库。弗洛伊德试着说明，梦不只是无意义的幻觉，而是进入潜意识的门户，可能透露出一个人压抑的愿望。弗洛伊德认为，就"动机"来说，意识到的部分就像冰山一角，而沉没在水下的庞大部分才是重心。荣格更进一步指出独立存在于个人之外的整个非理性结构（也就是"集体无意识"），不断制造出习俗、艺术、神话和文化的文本。对弗洛伊德和荣格来说，深入觉察"底下藏着什么"，意味着更加不容易被生活绊倒而跌跌撞撞。潜意识里储藏着智力和智慧，如果我们知道方法就可以取用，而获得这些宝藏的伟大任务就是让我们与更深刻的自我重新联结。

　　在治疗方面，"深度"心理学至多也只是中等程度的成功，而且往往只有特别厉害的治疗师，他们的见解或技巧才有效。例如著名的催眠治疗师米尔顿·埃里克森，他的名言是："人们能做到的事确实令人惊叹，只不过他们并不知道自己能做什么。"他也认为潜意识是一口深井，里面充满明智的解答，可以让他的病患从中取用，重新获得已然被遗忘的个人力量。

直觉是意识与潜意识之间的桥梁，是我们可以加以培养的一种智慧。在《恐惧给你的礼物》这本书里，加文·德·贝克尔提供了许多例子，说明在生死攸关的紧急情境下，我们天生有能力知道该如何行动——只要我们准备好倾听并且跟随我们内心的声音。马尔科姆·格拉德威尔的《眨眼之间》也强调了"不假思索的思考"的力量，表明人们对某种情境或某人的瞬间评估，其准确度往往跟长时间形成的判断一样。尽管不言自明，逻辑和理性很重要，然而聪明的人会去探触自己心智的所有层面，同时信任自己的感受，即使那些感受的起源有些神秘。

荣格和弗洛伊德尽他们所能探究潜意识的奥秘，然而当今医学技术提供了实证，让我们更清楚了解大脑及其运作过程。物理学家伦纳德·蒙洛迪诺论证道："潜意识不是精神上的现实，反而具有坚实的生理基础，远在文明出现之前，人类为了生存就在大脑中发展出来了。"事实上，如丹尼尔·卡尼曼阐明的，我们演化出来保护我们免受伤害的直觉，在某些情境和背景下表现优异，然而在其他情境和背景下则表现不好。我们是"跳到结论的机器"，但那些结论往往是错误的。卡尼曼揭示了我们思考时使用的两种截然不同的方式："快思"（系统一）和"慢想"（系统二）。他的研究可能让我们摆脱会导致错误判断和肤浅推理的思考偏好。例如种族偏见似乎深植人心，那是因为我们聚焦在视觉上的差异。不过如同戈登·奥尔波特在他开创性的种族主义心理学的

梦从来不会浪费时间在细琐小事上：
我们不会让无足轻重的梦来打扰睡眠。

—— 西格蒙德·弗洛伊德
《梦的解析》

《50：伟大的心理学书》　　　[英]汤姆·巴特勒-鲍登/著

研究中阐释的，教育及与其他族群的接触能够让我们知道这些差异确实只是表面。我们不需要成为自己心智运作方式的囚徒，理性思考可以发挥更大的力量，压过直觉反应。

## 想得好，感觉好：快乐和心理健康

戴维·伯恩斯《伯恩斯新情绪疗法》
阿尔伯特·埃利斯、罗伯特·哈珀《理性生活指南》
丹尼尔·吉尔伯特《撞上幸福》
斯蒂芬·格罗斯《咨询室的秘密》
弗雷德里克·皮尔斯《格式塔治疗》
巴里·施瓦茨《选择的悖论》
马丁·塞利格曼《真实的幸福》
威廉·斯泰伦《看得见的黑暗》

多年来，心理学家对探讨"幸福"的兴趣缺缺，这点真是让人诧异。马丁·塞利格曼把"幸福"这个主题提升为正经的研究和观察，他的正向心理学通过科学揭示了保持心理健康的妙方，颇有些出人意料。巴里·施瓦茨则区别了"追求极致的人"和"满意即可的人"，为我们提供了反直觉的见解：限制生活中的选择，实际上可以让我们获得更大的幸福和满足。而丹尼尔·吉尔伯特的书指出了一个令人惊讶的事实：尽管人类是唯一可以展望未来的生物，但关于什么可以带给我们幸福，我们往往想错了。上述著作中极为有趣的观点显示，要获得幸福绝对不是像我们希望的那样简单。

认知心理学革命对心理健康产生了剧烈冲击，认知心理学领域的两位大师是戴维·伯恩斯和阿尔伯特·埃利斯。他们的口头禅是"思想创造情感"，而不是反过来。这句话帮助许多人重新掌控自己的生活，因为我们可以应用逻辑和理性来挣脱情绪的泥淖。而且他们的著作蕴含了许多普遍获得快乐的方法，因此我们大多数人的确可以"选择"快乐，只要我们了解"思想—情绪"这个心理机制。最后，丹尼尔·吉尔伯特针对"预期心理"的研究显示，基由于大脑的运作方式，我们对于自己在特定情境下感受的预测，包括快乐的程度，经常是错误的。我们认为会让自己快乐的事物，不一定真的带来快乐。

有些精神分析师并不认同上述观点，例如斯蒂芬·格罗斯，他相信有些议题埋得很深，需要长时间研究，才能揭露这些问题的本质。精神分析作为一种心理治疗方法早已过时，然而如同柏拉图转述苏格拉底的话："未经检视的人生不值得过。"层层剥开我们的实存，能够揭露一套认知心理治疗疗程可能揭露不了的真相。

威廉·斯泰伦在其经典著作中，叙述自己如何和抑郁症奋战，据此说明这个病症的成因往往神秘难解，而且任何人都可能抑郁上身。他指出，抑郁症仍然是人类精神世界的癌症，我们就快要找到解药了，但有些患者对药物或心理治疗没有迅速回应，解药依旧在远方。

## 为什么我们是这个样子：关于人格和自我的研究

阿尔伯特·班杜拉《自我效能》

伊莎贝尔·布里格斯·迈尔斯《天生不同》

苏珊·凯恩《安静》（或译《内向性格的竞争力》）

卡罗尔·德韦克《终身成长》

埃里克·埃里克森《青年路德》

汉斯·艾森克《人格的维度》

安娜·弗洛伊德《自我与防御机制》

卡伦·霍妮《我们内心的冲突》

R.D. 莱恩《分裂的自我》

沃尔特·米歇尔《棉花糖实验》

古人训示我们要"认识自己"，而在心理学中这样的探索表现在许多方面。艾森克对人格中外倾和神经质层面的研究，为许多其他人格模型铺好了路。当代心理学者普遍将人格特质分为五大类——外向性、尽责性、亲和性、情绪稳定性和开放性（即接受新事物的能力），并据此来评估他人。近些年，苏珊·凯恩的著作则让人们的目光聚集在"内向气质"上，尤其是工作场所中内向者的特质。在我们的社会里外向或许是吸引人的，然而外向也成为"让人感到压迫的标准",让数百万比较安静的人无法表现他们天生的人格和力量。凯恩的书让人们将他们内向者的身份展示给世人,而且以此为荣。如今,有很多测验可以帮助人们断定自己的人格类型。虽然对于这些测验的有效性保持怀疑是比较明智的,不过其中有些的确能带来真正的见解。现代最著名的测验表则是由伊莎贝尔·布里格斯·迈尔斯原创设计的。

当然,我们是什么样的人,在人生的不同阶段或许会不一样。埃里克·埃里克森创造了"自我认定危机"这个词语,在他为宗教改革家马丁·路德撰写的引人入胜的心理传记里,他既阐述了自我认定不确定的痛苦,又表明了人们在终于明白自己是谁时可以获得的力量。

人类有时候必须处理仿佛互相竞争的自我。安娜·弗洛伊德接手父亲留下的问题,把研究焦点放在自我(ego)心理学上,她指出,人们会尽可能做任何事来回避痛苦,并且保存自我意识,而这种强迫性的驱动力往往导致人们创造出心理防御。新弗洛伊德学派的卡伦·霍妮相信,童年经历会决定我们创造的自性(self)是"接近人"还是"躲开人"。这两种倾向都是面具,如果我们不愿意克服这些倾向,可能发展成神经症。而她将面具之下的人称为全心全意的人,或者说真实的人。

大多数人都拥有强大的自我意识,不过正如 R.D. 莱恩在他关于精神分裂的里程碑作品中阐明的,有些人欠缺这种基本安全感,企图用虚假自我来替代这份空虚。很多时候我们把自我意识视为理所当然,只有在失去时,才充分意识到大脑非凡的能力——它能创造出泰然自若的感受，或是对自己是谁感到自在。

阿尔伯特·班杜拉谈到"自我系统"，包括一个人的态度、才能和认知技巧。我们在生活中最终表现出什么样子，不单单是我们拥有的技巧或是四周环境影响的结果，而是取决于我们发展出来的自我信念。"自我效能"是我们相信自己有能力塑造这个世界，让事情发生。

卡罗尔·德韦克发展出了相关的概念：心态。她的研究指出，看待智力、才能和成功有两种截然不同的方式。拥有成长心态的人从实现潜能的角度看人生，拥有固定（或定型）心态的人希望证明自己聪明或有才华。我们可以把成长型或固定型心态看成是基本的心理范畴，如同内向和外向，不过德韦克的重点是：辨识出自己的心态，给我们提供了可以改变的空间。唯一能让我们保持跟别人相关、契合，对别人有价值的方式，就是持续不断地重塑与发现自我。

自我的另一重要方面是意志力。沃尔特·米歇尔指出，人人都急切想要拥有更强的意志力，因为人生成功与否，意志力看起来会起到非常重要的作用。《棉花糖实验》叙述了他针对"自我控制"的科学进行的研究。自我控制跟情绪稳定及工作成就同样相关。有些人天生意志力就比别人强，但意志力是我们可以靠学习增强的。如同笛卡尔所说："我思，故我在。"而米歇尔的箴言是："我思，故我变。"

# 为什么我们会做这样的事：
# 伟大的思想家探讨人的动机

阿尔弗雷德·阿德勒《理解人性》

维克多·弗兰克尔《追求意义的意志》

埃里克·霍弗《狂热分子》

亚伯拉罕·马斯洛《人性能达到的境界》

斯坦利·米尔格拉姆《对权威的服从》

伊万·巴甫洛夫《条件反射》

B. F. 斯金纳《超越自由与尊严》

阿尔弗雷德·阿德勒是弗洛伊德原始小圈子的成员，不过后来他与弗洛伊德决裂了，因为他不同意"性"是人类行为背后的原动力。阿德勒更感兴趣的是，幼年的环境如何塑造我们。他相信我们都试图通过弥补自以为的童年匮乏的事物来寻求更大的权力，这就是他著名的"补偿"理论。

如果阿德勒的人类行为理论与权力相关，集中营幸存者维克多·弗兰克尔自创的"意义治疗"（存在主义心理学派分支）则认定，人类这个物种得天独厚，是创造出来追求意义的。我们的责任就是寻找人生的意义，不论人生多么黑暗，也不论落入什么境地，我们始终会保有残存的自由意志。

不过业余心理学家埃里克·霍弗在《狂热分子》中写道，人们让更伟大的目标将自己席卷而去，为的是不必为自己的人生负责，同时逃避眼前的平庸或悲惨生活。斯坦利·米尔格拉姆著名的实验显示，只要条件刚好，人类会展现出令人惊骇的意愿，可能为了让掌权者和善地对待自己，而让旁人承受痛苦。另外，人本主义心理学家亚伯拉罕·马斯洛指出，少数达到自我实现的人，他们不会只是附从社会去行动，而是选择自己的道路，努力激发出自己全部的潜能。这类型的人跟不用大脑的从众者一样，都代表了人性。

虽然长久以来，诗人、作家和哲学家都赞颂引导人类自主行为的内在动机，斯金纳却把自我单纯定义为"适合应付一些特定突发事件的全套剧目"。并没有所谓的人类天性，良心和道德都可以归结到促使我们行为举止依循道德的环境。斯金纳的想法是基于伊万·巴甫洛夫的研究产生的。巴甫洛夫成功地控制了狗的行为，同时引出人的行动是否全然自由的问题。

尽管在动机解读上南辕北辙，这些著作共同提供了精彩的见解，探索为什么我们会如此行事，或者至少探究我们能够做出什么样的事，包括好事和坏事。

## 为什么我们喜欢自己做事的方式：关系的动力

埃里克·伯恩《人间游戏》

约翰·戈特曼《获得幸福婚姻的 7 法则》

哈利·哈洛《爱的本质》

托马斯·哈里斯《我好，你好》
卡尔·罗杰斯《个人形成论》

传统上，爱情是诗人、艺术家和哲学家的领地，然而在过去的50年，亲密关系的版图渐渐改由心理学家来绘制。20世纪50年代，灵长类研究专家哈利·哈洛已用传奇的实验（用布偶取代猴子宝宝真实的母亲）证实猴子宝宝需要一定程度充满爱意的身体关注，才能长成健康的成年猴子。值得注意的是，这种身体抚摸与当时的育儿观念相悖。

更近代一点，婚姻专家约翰·戈特曼检视关系动力的另一方面内容，结果发现，人们以为能让伴侣维持长久浪漫关系的老生常谈，往往是错误的。如何维持或挽救关系，最宝贵的信息来自以科学方法观察行动中的配偶，包括细微的脸部表情，以及日常对话中明显空洞的言辞。

大众心理学的先锋埃里克·伯恩和托马斯·哈里斯把我们与人的亲密交接理解为"交易"，可以根据"成人、小孩和父母"三个自我来分析。伯恩的评述是，我们永远在互相做戏、耍花招。或许这样看待人性是一种愤世嫉俗的观点，不过，觉察了这些人际游戏，我们就有机会摆脱和超越。

包含卡尔·罗杰斯在内的学者都认可了人本心理学对于改善人际关系的贡献。罗杰斯深具影响力的著作提醒我们，如果人与人之间不具备倾听的氛围并且不做判断就全盘接纳，关系就不可能发展成熟，而且同理心是"真人"的标记。

# 在巅峰状态工作：创造力和沟通技巧

罗伯特·西奥迪尼《影响力》
米哈里·希斯赞特米哈伊《创造力》
霍华德·加德纳《智能的结构》
丹尼尔·戈尔曼《情商3》

关于智力的本质，学术界进行着激烈争辩，然而在工作时我们关心的是如何应用智力。在这个领域有两本杰作，分别出自丹尼尔·戈尔曼和霍华德·加德纳笔下，两位作者都主张智力不只是单纯的智商所能涵盖的。关于情绪或社交方面的多元智能可能成为共同因素，决定我们在生活中表现如何。

事业上的成功和生活上的成功一样，其中一项决定性因素是说服别人的能力。如果你的工作跟营销有关，罗伯特·西奥迪尼关于说服心理学的里程碑著作是必读之书。如果人们想要了解自己是如何不由自主做了正常状况下不会选择去做的事，应该也会有兴趣读一读。

工作上要成功的另一项要件是创造力。米哈里·希斯赞特米哈伊影响深远的《创造力》，以系统的研究为基础，阐释了为什么创造力是丰富有意义人生的核心，以及为什么许多人直到晚年才完全成熟，大放光彩。最重要的是，这本书说明了有创造力的人具备的许多特征，让我们得以效法。

## 心理学和人性

> 研究人性的科学……找到了自己当前的地位，如同化学在炼金术时代的处境。
>
> ——阿尔弗雷德·阿德勒

> 每个人对人性都有一套理论。每个人都必须预测他人的行为，这意味着我们都需要有理论来了解是什么驱动了人。
>
> ——斯蒂芬·平克

威廉·詹姆斯定义了心理学是精神生活的科学，不过心理学同样可以被定义为人性的科学。在阿德勒发表上述评论大约80年之后，心理学家尚未创造出一门扎实科学，能够与物理学和生物学比肩。从这个角度来说，我们仍有长远的路要走。

而同时，关于人是由什么驱动，我们都需要一套个人理论。要想生存和茁壮成长，我们必须知道自己是谁及自己是什么，并且敏捷掌握别人的动机。要取得这方面的知识，一般是通过人生经验，然而通过阅读我们也可以快速增进对这个主题的领会。有些人从小说中获得见解，有些人从哲学中思索人性。不过心理学是唯一专心研究人性的科学，而大众心理学文献（这本选辑所评述的著作）便是传达这些不可或缺的智慧。

# 1927

# 《理解人性》
## *Understanding Human Nature*

是自卑感、不足感和不安全感决定了个人生存目标。

所有形式的虚荣都有一共同动机,虚荣的人树立了此生无法达到的目标。他想要比世界上任何人都重要、更成功,而这个目标是他感觉自己不足的直接结果。

在课堂以外,每个孩子都得靠自己来评估个人经验和发展个人特征。但我们还没有真正认识人类传统的精神内涵。于是,研究人性的科学找到了自己当前的地位,如同化学在炼金术时代的处境。

**总结一句**

自认缺少的事物,决定了我们在生活中会成为什么样的人。

**同场加映**

埃里克·埃里克森《青年路德》(第15章)

安娜·弗洛伊德《自我与防御机制》(第18章)

西格蒙德·弗洛伊德《梦的解析》(第19章)

卡伦·霍妮《我们内心的冲突》(第30章)

# 阿尔弗雷德·阿德勒
## Alfred Adler

1902年,有一群人(其中大多数是医生,他们全是犹太人)开始每星期三在维也纳的一间公寓聚会。"维也纳精神分析学会"的前身是弗洛伊德的"星期三学会",而其第一任会长就是阿德勒。

虽然身为维也纳圈的第二号重要人物,也是"个体心理学"的创建者,然而阿德勒从来不认为自己是弗洛伊德的弟子。弗洛伊德盛气凌人、带着贵族气息,来自高知家庭,住在维也纳的繁华地区,而阿德勒是粮商之子,相貌平平,在市郊长大。弗洛伊德以丰富的古典知识和古董收藏闻名,阿德勒则是孜孜矻矻于提升劳工阶层的健康与教育及女性权利。

两人著名的决裂发生在1911年,弗洛伊德只相信所有心理议题都是源自压抑的性感受,阿德勒对这一观点越来越恼怒。在此之后的几年,阿德勒出版了《器官缺陷及其心理补偿的研究》(*Study of Organ Inferiority and Its Psychical Compensation*),主张人们对于自己的身体与身体缺陷的认知,是塑造他们人生目标的主要因素。弗洛伊德相信人类完全受潜意识心灵的骚动驱使，而阿德勒把人类看作社会性存在，创造出了自己的生活方式，来回应环境及自己觉得缺乏的东西。每个人都自然而然地追求个人权力与自我认同感，如果心理健康，我们也会努力适应社会，并且为大义贡献一己之力。

## 补偿弱点

跟弗洛伊德一样，阿德勒也相信童年初期形塑了人的心灵，而且那些行为模式会惊人地保持不变，延续到成年。不同的是弗洛伊德聚焦于婴儿的性行为，而阿德勒更感兴趣的是儿童如何寻求加强自己在这个世界的权力。其他人似乎都比自己高大、有力量，在这样的环境中成长的每位孩童都会寻找最容易的途径来获得他们需要的。

阿德勒因"出生顺序"（或者我们在家庭的位置）的观点而闻名。举个例子，家庭中最小的孩子因为明显地比其他人幼小而且权力小，往往会努力"超越家里其他成员，成为最能干的一员"。发展途径上的岔路会把孩子导向不同的路，有的模仿大人让自己变得更加果断和强大，有的则刻意展露弱点以取得大人的协助和关注。

简单来说，每个孩子的发展方式都是最能补偿他们弱点的。阿德勒指出："一千种才华和能力都是源自我们自觉不足。"想要获得认可的渴望其实也是一种自卑感。良好的抚育应该能够化解这种自卑感，得到良好抚育的孩子不会发展出不平衡需求，一心求胜不惜牺牲别人。我们可以假定，小时候承受的某种精神、身体或环境上的障碍是个问题，然而这些究竟是一个人的资本还是负累取决于环境。最关键的是，我们是否把缺点看成缺点。

企图驱除自卑感的心理往往会形塑一个人的一生，有时候人们会试图以极端方式来补偿。阿德勒为此发明了一个词，那就是著名的"自卑情结"。自卑情结可能让人更加胆怯或容易退缩，同样也可能让人们产生以超高成就来补偿的心理。这就是"病态的权力驱动力"，不惜以他人和社会整体为代价来展现自己。阿德勒将拿破仑作为自卑情结作祟的经典案例，评价拿破仑是对世界造成巨大冲击的小个子。

## 性格是如何形成的

阿德勒的基本原则是，我们的心灵不是由遗传因素而是社会影响塑造的。性格源自两股相反力量之间独特的交互作用。这两股力量是：对权力或者个人扩张的需求，以及对"社会情感"与和谐共融的需求。

两股力量互相对立，而我们之所以独一无二，是因为我们会以不同方式来接纳或排斥这两股力量。例如正常状况下，人们对支配地位的追求会因为意识到社群期待而收敛，虚荣或骄傲会有所节制。不过，当野心或虚荣占据主导地位时，一个人的心理成长就会突然停止。如阿德勒戏剧性地陈述："对权力饥渴的人会走向自己的毁灭。"

如果忽视或轻蔑其中一股力量（社会情感和社群期待），当事人会显露出某些带有侵略性质的性格特征，比如虚荣、野心勃勃、眼红、嫉妒、好扮演上帝、贪婪；也有可能表现出不带侵略性质的性格特征，比如退缩、焦虑、胆怯、不懂社交礼仪。无论是哪股力量占上风，通常都是因为根深蒂固的自信心的缺乏。不过这种力量也会产生一种强度或张力，能够带来巨大能量。这样的人生活在"期待伟大的胜利中"，以补偿那些不足的感受，然而结果却是他们膨胀的自我意识让他们丧失了某些现实感。他们在意的只剩下会在世上留下什么印记，以及别人对他们的看法。尽管他们自认是英雄人物，旁人却能看得出来，他们以自我为中心实际上限制了他们好好享受人生的各种可能性。他们忘记自己是跟其他人联结的人类。

## 社会公敌

阿德勒指出虚荣或高傲的人通常会试图隐藏他们对未来的展望，表示自己只是"有野心"，更温和的说法是他们"充满活力"。他们会巧妙地伪装自己的真实感受。为了显示自己不虚荣，他们可能刻意不注重衣着，或者表现得过度谦虚。不过阿德勒犀利地评述道："虚荣的人把生活中的每件事归结为一个问题——我能从中得到什么好处？"

阿德勒想弄清楚，伟大的成就只是虚荣心给人类带来的好处吗？想要改变世界，"自我扩张"当然是必要动机。要正面看待虚荣吗？他的答案是否定的。在真正的天才身上，虚荣心起不了什么作用，事实上只会降低成就的价值。真正造福人类的伟大功业都不是受虚荣心激发的，与之对立的"社会情感"才是原动力。我们多少都有点虚荣，不过健康的人能够通过为别人奉献来升华他们的虚荣心。

虚荣的人本质上不允许自己"屈服"于社会需求。他们专注于获取特定的地位、身份或目标。对于社区或家庭应担负的正常义务，别人视为理所当然，他们却觉得自己可以推脱。而结果通常是他们变得更孤立，与人关系不好。这种人太习惯于把自己放在第一位，而且善于怪罪旁人。

共同生活必然涉及一些律法和原则，是人们绕不开的。我们每个人都需要社群中的他人，才能身心健康地生存下来。如达尔文指出的，弱小的动物永远无法单独存活。阿德勒断言："适应社群是个人要掌握的最重要心理功能。"人们可能获得许多外在成就，但如果少了这种至关重要的社会适应，他们或许会觉得自己什么都不是，而亲近他的人也是这么看待他。阿德勒说，这样的人实际上是社会公敌。

## 为目标奋斗的存在

阿德勒心理学中的一项核心观念是：个人永远努力朝目标前进。弗洛伊德认为我们受过往种种所驱动，而阿德勒抱持目的论的观点，认为目标是我们的驱动力，无论你是否意识到这些目标。我们的心灵不是静态的，而是必须通过目标（无论是为私或为公）来激活，并且会持续朝着实现目标前行。我们"编造"了自己是什么样的人、会变成什么样的人，活在这种虚构之中。本质上，这些编造不会总符合事实，不过可以让我们充满能量地活着，让我们永远朝向某个目标前进。

正是目标导向让我们的心灵坚不可摧，并且十分抗拒改变。阿德勒写道："人类最难做到的就是认识自己和改变自己。"或许，更重要的原因是，社会集体的聪明才智平衡了个人的渴望。

## 总评

阿德勒强调"个人权力"和"社会情感"这两股双生的形塑力量，他的用意在于说明，当人们了解之后就不会不知不觉受其摆布。从他书中描述的真实人物片段，我们可以看到与自己的共通处。或许我们蜗居在家庭或社区里，忘记我们曾拥有的职业梦想；或许我们把自己看作"世界之王"，能够任意违抗社会习俗。而这两种状况都是不平衡的，终究会限制我们的可能性。

《理解人性》的大部分内容读起来比较偏向哲学，而不是心理学。书中有过多关于个人性格的概括、论述来自传闻轶事，而不是以实证经验为依据。缺少科学数据的支撑是阿德勒的著作遭受批评的主要原因之一。不过，自卑情结这类概念已经成为日常用语了。

阿德勒和弗洛伊德一样，都有坚定的知识进程想要达成，不过受到社会主义倾向的影响，阿德勒的目标放得低一点。他想要实际了解童年如何塑造了成年的生活，而这方面的知识可能造福整个社会。与文化精英弗洛伊德不同，阿德勒相信理解人性的工作不应该只留给心理学家来完成，而是每个人都要承担的重要任务，因为无知会带来不好的后果。《理解人性》一书是以阿德勒在维也纳人民学院为期一年的讲座为基础整理而成，通过这种路径来研究心理学具有异乎寻常的民主色彩，也就再适切不过了。这是一本人人都能阅读且能理解的著作。

## 阿尔弗雷德·阿德勒

阿德勒于1870年出生于维也纳，他在家中七个孩子中排行第二，5岁时罹患严重肺炎，还曾目睹过弟弟去世。因为个人经历，他立誓成为医生。

阿德勒在维也纳大学攻读医学，1895年取得博士学位。1898年他写了一篇医学专论，探讨裁缝的健康与工作条件，第二年遇见了弗洛伊德。从此之后，阿德勒一直参与维也纳精神分析学会，直到 1912 年与其他八人决裂，创立了个体心理学学会。之后他也出版了影响深远的《论神经症性格》(*The Neurotic Constitution*)、《生活的科学》(*The Science of Living*)。第一次世界大战期间，阿德勒中断事业到军医院服务，这次经历坚定了他的反战立场。

战后，他开了第一家专注儿童心理健康的诊所，而后在维也纳各地陆续成立了 21 所。因为阿德勒是犹太人，维也纳当局在 1932 年关闭了这些诊所。于是阿德勒移民美国，在长岛医学院担任教授一职。从 1927 年开始，他担任哥伦比亚大学的客座教授，同时他在欧洲与美国的公开演讲让他名声大噪。

阿德勒殁于 1937 年，死因是心脏病突然发作。当时他身在苏格兰的亚伯丁，那里是他欧洲巡回演讲的其中一站。阿德勒与妻子拉伊萨在 1897 年结婚，婚后生育了四名子女。

阿德勒其他著作包括《个体心理学的实践与理论》(*The Practice and Theory of Individual Psychology*)、《生活的科学》(*The Science of Living*)，以及备受欢迎的《自卑与超越》(*What Life Could Mean to You*)。

# 1954

# 《偏见的本质》
# The Nature of Prejudice

❦

需要多年的努力和数十亿的金钱才能获取原子的秘密。而要获取人类非理性本质的秘密，需要更大投资。有人说打破原子比打破偏见容易。

人们把种族和族群的特质混淆时，就混淆了什么是自然赋予的，什么是通过学习获得的。这样的混淆带来了严重的后果……因为会导致夸张不实的信念，以为人的特征固定不变。遗传赋予的只能渐渐改变，学习得来的可以……在一代之间就完全变更。

**总结一句**
种族偏见在人的心里似乎根深蒂固，那是因为我们聚焦于视觉差异。接受教育并接触别的群体可以让我们知道，这些差异确实只存在于表面。

**同场加映**
丹尼尔·卡尼曼《思考，快与慢》(第33章)
伦纳德·蒙洛迪诺《潜意识》(第39章)

# 戈登·奥尔波特
## Gordon Allport

20世纪50年代中期，哈佛大学心理学教授戈登·奥尔波特表示，大众媒体、旅游和国际贸易拉近了人与人之间的距离，然而并没有带来四海之内皆兄弟的新感受，关系上的紧密往往引发摩擦和偏见。奥尔波特指出，我们已经制造出原子弹，然而"我们尚未学会如何去适应人类新近拥有的心理和道德上的亲近感"。如果人类要存活下来，社会科学必须赶上物理科学的进步速度。

奥尔波特1937年的著作《人格：心理学的解释》（*Personality: A Psychological Interpretation*）让他在心理学界享有盛名，而他所著的《偏见的本质》成为社会科学经典，与许多学科相关，马丁·路德·金（Martin Luther King,Jr）和马尔科姆·X（Malcolm X）都引用过。几十年过去了，任何剖析偏见的严肃研究，依旧是以这本书为基准。

《偏见的本质》这本著作在美国民权运动中有着重要意义。这本书是在1954年5月美国最高法院裁决"布朗诉教育局"一案之前刚刚出版的。这一案件令美国最高法院下令"以审慎的速度"废除美国学校中的黑白种族隔离制度。奥尔波特自然欢迎这项判决,不过他坚信应该确定实施的明确期限和行政命令。他在1958年版图书的序言里,写了这么做的部分理由:因为人们会接受行政上的既定事实,只要那符合他们的良心,即使不吻合他们的偏见。肯尼迪政府凭直觉知道,在社会正义的议题上,例如种族平等,政府必须扮演领导角色,民意终究会随之改变。

## 我不是你以为的那个人

奥尔波特详细叙述了瓦克斯(S. L. Wax)1948年的著名研究,作为这本书的开头。瓦克斯给加拿大的100家度假村分别写了两封信。这两封信内容一模一样,要求订同一天的房间;唯一不同之处是署名,分别是洛克伍德先生和格林伯格先生。针对洛克伍德先生的来信95%的度假村回应了,而且93%同意提供住房。而只有52%的度假村对格林伯格先生的信做出了回应,同时只有36%的度假村同意提供住房。度假村的管理阶层对寄信者一无所知,除了他们的名字。显然"格林伯格先生"不是以个人身份接受评估,而是被认定属于某个族群(犹太人)。

奥尔波特对"偏见"的定义是:对属于某个群体的某人持有厌恶或敌意的态度,只因为他属于那个群体,便假设他拥有属于那个群体的让人反感的特质。如果人们敌视纳粹这个群体,那么他们并不是真的有偏见，因为有压倒性的证据显示，纳粹几乎在所有案例中都是邪恶的。但是敌视犹太人是偏见，或许你认识的某位犹太人不讨你喜欢，然而并没有证据显示犹太人有普遍存在的某种负面特质。奥尔波特写道："偏见的最终效应就是，把承受偏见的对象置于不利处境，但那不是由于他的不当行为导致的。"人们以为"过度归类"是节省时间的捷径。偏见，无论是好是坏，都是快速、简便评估别人的方法，而不需要拥有一切必备知识。然而，如果"接触到新知识，看法也不会翻转的话"，这样的预判就成为偏见。人们不允许新信息反驳他们的偏见时，他们会变得情绪化。要突然卸除我们珍视的观点得付出代价。

## 与我们相像的人

奥尔波特说，人们非常容易陷入种族偏见有两个理由：第一，我们特别容易一概而论和过度归类；第二，我们很自然就会对其他群体怀抱敌意。

人类会自然而然倾向于与相似的人黏在一起。这在一定程度上是为了方便，比如我们愿意让最好的朋友住在自己附近；而如果与他人能经常见面，就会变成比较好的朋友。我们也很自然地会受到相似的人吸引，部分原因是这样我们需要投入的精力比较少。如果我们知道别人跟我们有类似的观点或假设，每一次我们要开启一段关系时，就不必从头开始。成为宗教团体的一分子，与团体中其他人拥有共同价值观，这让人自在；同学聚会这样单纯的事也会让人非常开心，因为你们年纪一样，在同一个地方长大，接触到的是同样的歌曲、电影等。为什么要辛辛苦苦去结交外国人？为什么要邀请门房来打桥牌？我们看不出他会享受机智对答，那真的是太难了。

早在丹尼尔·卡尼曼的研究问世前，奥尔波特就预先指出，我们在心里做出不合理的归类与做出合理的归类同样容易，事实上更容易，因为情绪通常会助长我们的偏见。人们很容易因为在巴黎的一次恶劣遭遇就建立起对整个"法国人"的看法，即使在与其他法国人有过中性或正向的接触后，要卸除最初的看法还是很困难。而偏见还可以以一种隐秘的方式运作，那就是接受"有些好的犹太人"。这种例外潜藏的思想是仍对这些群体中的"多数人"抱持偏见。甚至让人们在不打破潜在偏见的前提下，抗议道："我有些好朋友是犹太人。"

奥尔波特引用了斯宾诺莎说的"爱的偏见"（现在我们称之为"晕轮效应"），也就是以过度美化的眼光看待一个人、一个地方或一种观念。然而相信我们的配偶或孩子不会做错事，不会在社会上造成任何不良后果，但是带着"恨的偏见"的人会。奥尔波特指出了偏见的五个层级。

**仇恨言论：** 说出偏见，通常是在想法相似的朋友之间。

**回避：** 采取措施避免接触不喜欢的群体，即使会带来不方便。

**歧视：** 积极尝试将某个群体的成员排除在雇佣、教育、住房、医疗、教会、社团等之外。

**身体的攻击：**一旦偏见混杂了强烈情绪，就可能引发暴力行为。

**消灭：**动用私刑、进行集体迫害、大屠杀、种族灭绝。

奥尔波特表示，从表面上看公开表达偏见似乎不是那么糟糕，但是这么做替实际的歧视和人身暴力打下了基础。奥尔波特评述道："从言语攻击到暴力、从谣言到暴动、从闲言闲语到种族灭绝，都有一个自然的发展过程。"在暴力爆发之前，针对少数人进行的长期不容置疑的预判，以及言辞抱怨和自家群体经济上的失败，为攻击外部群体创造了完美条件。外部群体就成了所有坏事的祸因。在正常状态下通常不引人注意的事件（例如白人警察逮捕黑人）变得无比重要，甚至引发暴动。

## 偏见与"种族"

奥尔波特时代的教科书展现了不同的"人种"，包括白色、黑色、棕色、黄色人种，仿佛他们之间有着什么不可言喻的不同之处。奥尔波特走在时代前面，指出"种族"这个字眼和概念是不合时宜的。不管外貌是什么样子，所有人类都有相同的DNA，而且几乎所有看起来是"高加索人"的人（举个例子），都有一些非洲或亚洲的血统。

奥尔波特指出："问题是，即使是一小片看得见的地方，……人的心智都会聚焦于一切跟这一小片或许有关的可能事物上。一个人的性格跟他斜视的眼睛有关，凶恶的攻击性跟黑皮肤相关。"比起欣赏种族与族群之间的差异，或是种族与社会阶级之间的差异（根据社会、文化或民族特征来区分），人们根据肤色来界定族群要容易多了。而且有视觉倾向、习惯寻找模式的人类很容易就错误假定，若两个人在基本特征上看起来相像（比如肤色），就必定是相像的。过去的假定是，既然黑人跟人猿是同一个颜色，比起白人，黑人必定更接近人猿。但这种想法忽略了一个事实：大多数种类的猴子的毛发之下，是白色皮肤，而且大多数白人的毛发长得比黑人更长、更浓密。即使是在奥尔波特的时代，人们已经知道美国黑人在基因上离"纯黑种人"很远了，因为他们的混血血统实际上更接近美国白人。

奥尔波特写道："除了极偏远地区的极少数人属于纯种，地球上的大多数人都是混血（从种族上来说）。"血统的概念并没有科学依据。每一个种族里都存在不同的全部血型，然而"我们和他们"的观点一直是建立在血统概念这种有害观念的基础上。一旦某一族群被归类为生理上的不同人种，就更容易变成替罪羔羊，为所有不幸负责，方便其他族群逃避和转移焦点，不必去努力解决自己的麻烦。

我们是根据看得见的标记在心里对人进行归类，如果标记不可靠，心里就会希望让分类变成可见的。在纳粹统治下的德国，犹太人被迫戴上黄色臂章，因为单靠脸部特征或服饰不一定能将他们识别出来。在麦卡锡时代，有关人士费了好大工夫去指认"共产党"，因为他们没有明显可见的特征。"除非我们能识别出敌人，否则没有办法攻击他们。"奥尔波特指出。

奥尔波特观察到：受到直接挑战时，人们发现自己很难为偏见辩护。确切地说，"歧视是以隐蔽和间接方式进行的，而且主要不是发生在会引起难堪的面对面情境中"。他提到有一项研究显示，写信要求订位时，如果聚餐的人包含"有色人种"，餐厅通常不会回复。不过如果这群人没有预订，直接到场，要求一张空桌，所有人都会获得招待。显然，要终结种族偏见，这场战争必须两条阵线同时开打，既要通过立法，也要进行公共教育，例如我们今日所见"拒绝种族主义"的广告。基因检测已经确认奥尔波特的说法，现代人的基因传承混杂，显示现在只有极少数人是"纯种"白人、"纯种"黑人，或者其他"纯种"人种。面对这一事实，即使是深入骨子里的种族主义者都会发现自己很难坚持不合理的信念。

## 面对偏见的防御机制

社会上的非优势族群会发展出对付偏见的性格特征，包括被动和退缩。他们会回避可能遭遇歧视的情境和场所，而且如果受到歧视，他们也不会出声抗议来维护自己拥有的权利或自由。非优势族群的另一种防御是，认为自己在某些方面比优势族群更加优越（有时犹太人会留给人们这样的印象），认为优势族群粗野、无知或庸俗。

被歧视的对象还有一项特征，那就是尽可能仿效优势族群的外观、特质和习俗，否认自身历史、文化和习俗的价值。法国思想家托克维尔在19世纪游历美国时，注意到美国黑人的这项特征。而在20世纪，许多移民到美国的犹太人则把姓名英语化来融入美国。其中一些人否认自己与犹太教有关系，另一些人则表明自己痛恨犹太语。

反击或是战斗，大概是面对偏见的最自然反应。做不到的话，饱受偏见之苦的族群通常会支持比较开明的政党（非裔美国人向来投票给民主党）。他们倾向于认为自由主义的政党更有可能改变现状，提升少数族群的权益。面对偏见，人们的另一种反应是"努力奋斗"，于是少数族群会在经济和教育上力争上游，这样就不会再被看作边缘人物。不过还有另一种反应：经济上的权利被剥夺越多，就更加会追求代表地位的象征。也就是说，一个贫穷的人，会想要通过珠光宝气来遮掩这项事实。

奥尔波特有个吸引人的观点：身为受压迫族群的一员，可能让你对别的族群更有偏见，或许这是显示你比某个族群优秀的方法。当然，身为受压迫族群的一员，也可能让你的偏见比平常人少得多。举个例子，奥尔波特时代的许多研究显示，美国犹太人一般对黑人的偏见比白人少得多。简单来说，歧视要么使人对其他群体的偏见大于常态，要么使之小于常态。

# 总评

这部具有里程碑意义的著作问世超过60年了,事情有什么改变吗?

从一个例子便可看出端倪:奥尔波特提到,20世纪50年代,人们通过将脸部弄白和将头发弄直让自己"融入"由白人主导的社会。这两件事现在仍然盛行于印度等地,那些地区的人认为白的肤色更好,或者在社会上更具优势。好在许多国家现在都制定了相关法律,防止肆意的种族嘲弄和谣言演变成社群暴力或导致种族灭绝。可以说,如果20世纪30年代的德国存在这样的法律,或许就不会发生屠杀犹太人的事了。

20世纪90年代晚期,华盛顿大学的研究人员发展出"内隐联结测验"(the Implicit Association Test,IAT),根据视觉闪卡来测量我们表述的信念跟潜意识中的真实态度之间有多少差距。这项测验的研究人员一再发现,绝大多数人有着自己很难察觉的根深蒂固的偏见。然而,奥尔波特的"接触假说"表示,如果让不同的族群共事,就可以减少偏见。他指出,第二次世界大战期间,由不同人种组成部队,起初士兵们对彼此保持戒心,然而后来证明这种组成是成功的。当然,竞赛队伍也必定是把焦点放在如何赢,而不是队友长什么样子上。后来的研究者发现,让恐惧同性恋的人和同性恋共事也有相同效应，此外，"跨种族"婚姻必然会进一步打破僵硬的社会认知。这个领域的一名研究员托马斯·佩蒂格鲁（Thomas Pettigrew）研究的主要理论是："你对其他族群的刻板印象不一定会改变，但你还是会渐渐喜欢上他们。"尽管在奥尔波特写作之时，"偏见如棋盘纵横交错"，在整个美国都很普遍，他还是有理由怀抱希望。他指出，人们普遍爱仁慈、友善与和平胜过憎恨和战争。随着孩童成长为大人，就会沿着同心圆发展出对家庭、城市和国家的忠诚感，并且忠诚感通常止于国家。但是他认为，没有理由可以证明在将来发展出忠诚于全体人类的情感。

## 戈登·奥尔波特

1897年，奥尔波特出生于印第安纳州，在俄亥俄州的克利夫兰长大。他就读于哈佛大学，拿到学士和硕士学位，后于1922年取得哈佛的心理学博士学位。获得"谢尔顿旅行奖学金"（Sheldon Traveling Fellowship）后，他前往德国与格式塔心理学家一起做研究，然后到剑桥大学待了一年。

在美国达特茅斯学院及伊斯坦布尔执教一段时间后，奥尔波特回到了哈佛，在此度过了他后半生的学术生涯。他的专长是人格心理学，他的"人格特质理论"及关于人类驱动力的研究，影响深远。

奥尔波特曾经担任美国心理协会会长，主持过全国民意研究中心。著作包括《人格：心理学的解释》(Personality: A Psychological Interpretation，1937)、《谣言心理学》(The Psychology of Rumor，1947)、《个体与宗教》(The Individual and His Religion，1950)、《成长：关于人格心理学的基本看法》(Becoming: Basic Considerations for Psychology of Personality，1955)。奥尔波特卒于1967年。

# 1997

# 《自我效能》
## Self-Efficacy

❖

  对个人效能的信念是影响人的能动性的关键因素。如果人们认定自己没有力量做出成果,就不会尝试让事情发生。

  因为拥有自我影响的能力,人们至少是自己部分命运的建筑师。有争议的并不是决定论原则,而是决定论应被视为一个单方的过程还是一个双向的过程。

  相信自己不一定能确保成功,但是不相信自己肯定会导致失败。

  简单来说,人的行为是决定好的,不过部分取决于个人,而不是完全由环境决定。

**总结一句**

  人们对自己实现某些目标的能力的信心,往往决定了他们的最终成就。

**同场加映**

  卡罗尔·德韦克《终身成长》(第 12 章)
  沃尔特·米歇尔《棉花糖实验》(第 38 章)
  B. F. 斯金纳《超越自由与尊严》(第 49 章)

# 阿尔伯特·班杜拉
## Albert Bandura

人类起初认为，成功取决于神祇的一时兴起。丰饶的收成、孩子的健康或者新技术的发现，都是降临我们身上的外在赐福。随着社会与科技发展，"自我效能"（即相信自己可以达到特定成就并且形塑自己或社群命运的个人信念）成为进步的推动力。不过阿尔伯特·班杜拉指出，今日我们体验到的改变步伐越来越快，造成了巨大的不确定性，影响了人们的感受，不知道自己是否有能力形塑未来。因此他认为深入检视自我效能的概念非常重要。

班杜拉的这本著作的原版超过500页，不过核心论点可以总结成一段话：

人们的动力强弱、情感状态和行动，更加建立在他们所相信的，而不是客观事实为何。

如果我们的心态和行动受到信念的影响大过"客观事实"的影响，那么要成功，首先是心理建设要成功，这一点也是最重要的。这个理论不只适用于个人，也适用于想要改变社会的团体。班杜拉说，你对自己可以取得什么成就的信念会影响许多事情，包括：

*你选择追求什么样的行动路径或人生道路。

*你会花多少力气来达成目标，面对障碍你会坚持多久，失败时你的复原能力。

*你的思想帮助你迈向成功，还是成为阻碍。

*追求目标时你会体验到多少压力或沮丧。

设想的结果越成功，我们就会越渴望能够形塑未来。"成功孕育成功"，对各种可能性怀抱着热情就会取代无动于衷。个人行动是如此，集体行动也是如此。

## 自我成就

班杜拉的"自我效能"理论，是在回应"人类主要或者可以说完全是环境的产物"这类理论。在《超越自由与尊严》一书中，B. F. 斯金纳写道："人对这个世界产生不了作用，是世界在他身上起了作用。"班杜拉却表示："事实上，人是积极主动、怀抱志向的有机体，他们可以参与、形塑自己的人生。"另外，情境主义者认为："人们修正自己的行动来符合社会情境，也在这样的社会情境中恰巧找到自我。"然而班杜拉主张："人们是社会环境的产物，也是社会环境的创造者。"有效能的人能迅速看出社会和政治环境中的人为限制，并且机敏地找出改变方法或绕过这些限制。他们也善于运用现有体制达到个人目标。

一个人的态度、才能和认知技巧构成了班杜拉口中的"自我系统"。这套系统发挥了重大作用，可以影响我们如何认知当下的情境，以及采取什么样的行为来回应不同情境。而自我效能是自我系统不可或缺的部分。

自我效能的信念不同于心理学家所说的"结果预期"。结果预期只是对事情会有什么结果的期待或展望，不一定涉及关于自我与自我能力的信念。结果预期也许会对发生的事产生正面效应（"怀抱最好的期待，你就会得到"是用来激励人的常见套语），但与自我信念（比如有信心可以在考试中发挥良好、赢得竞赛或是顺利发表演讲等）造就结果的力量相比，就是小巫见大巫了。

事实上，班杜拉指出："能动性（或主动性，agency）的信念和表现之间的正向关系，随着年纪增长而增强。"我们年轻时可能无限乐观，不需要支持的证据就相信会发生好事，然而随着年纪渐长，我们更能领会到，对自己的能力有多少信念才是预测成功的最佳指标。而信念是建立在经验与反馈的基础上。

## 关于人的能动性的哲学

自我效能理论引出了一个有趣的哲学问题：人们是如何产生想法、如何在想象中构思事情，以及如何制定他们接下来要着手实现的目标和人生使命的。在班杜拉写作之时，神经科学的研究结果似乎表明自由意志是一种幻觉，然而他坚持认为人不只是"旁观的主人，任由环境中的事件编排大脑机制"。相反，大脑与身体是人们运用来达成目标、开创人生方向的工具，人们形成的意图会导致大脑和身体发生改变，为最终目的服务。此外，人们不只受环境影响，也会受自己影响。我们选择行为的准则或决定奉行特定的信念，规范自己的言行。我们创造或者选择待在能够支持这些信念并且协助我们达成目标的环境。

班杜拉以巴赫为例，论证了不能将人简化为环境的输入。巴赫惊人的音乐天赋，还有他的多产，并不能归结于他接受的音乐教育、在他之前音乐发展的程度，或是他所处的环境。从某种程度上来说，他是身处特定时代与地域的产物，但是他也为声音艺术创造出一个全新世界，一个之前不存在的新环境。他的作品不是产物，而是创作。

B. F. 斯金纳不否认人们有能力反制他们的环境，有刺激就有反应。但班杜拉的论点是，人不只是会反应而已，人更会"先发制人"。他指出，否认个人能动性的人（通常是哲学家）生活在许多人为之牺牲以维护能动性的政治制度里，这是最终极的讽刺。他们伪善地把自己看成是具备自我觉察的意图和能动性的尖端人物，而芸芸众生只是环境产物。

## 如何增强自我信念

《自我效能》不只是自我成长畅销书《大思想的神奇》（*The Magic of Thinking Big*）的学术版，班杜拉审慎地区分了自我效能和自尊。后者是20世纪八九十年代的流行观点。自尊涉及的是我们对自我价值的判断，而自我效能是关于个人能力的判断。从精准预测当事人会做什么的角度来看,班杜拉说:"效能的信念可以非常精准地预测行为,然而自我概念的影响就比较薄弱而且不明确了。"一个人在工作上可能不抱希望,但是不会因此降低自尊。同样地,一个人可能痛恨自己,却依旧知道他在某些方面非常能干(想想看,有人知道自己是整个州最厉害的强制拍卖房屋的高手,同时承认他的工作会导致许多家庭被赶出他们的房子)。简单来说,你喜欢或者不喜欢自己对任何事的成功没那么重要,真正要紧的是:你对自己可以执行这项计划或任务的自信程度。

班杜拉也反对"多重自我"的模型。这套模型主张我们想象自我有各种可能的未来版本,然后选择一个。实际上,我们只有一个自我,那便是志向,再加上关于才能和表现的自我评价,形塑了我们采取的路径。"要有出色的表现,程序知识和认知技巧是必要的,然而这些不是充分条件。"班杜拉写道。对事情了若指掌或聪明过人是不够的,我们需要某种动机、某个目标,或是强烈渴望来牵引我们追求成就。

人们如何培养自我效能受四个因素影响:

**来自亲身实践的直接性经验**。投入某项工作可以让你获得最清楚的回馈,知道自己是否有可能成功。

**代替性经验**。看到别人成功或失败会影响我们估算自己成功的概率。通过仿效成功人士,我们提升了"我们也能完成他们所做的事情"的信心。

**他人的说服**。当人们听到别人说他们可以在某件事情上成功，或是有人相信他们时，他们就会更加努力，不怕障碍继续前进。

**压力和负面情绪。**身心健康能让我们在进步时得到正确的回馈，并且能坚持不懈。如果你精疲力竭，你可能想要放弃。保持精力充沛，更容易保持正面心态。

班杜拉有个吸引人的观点："一旦人们对自己在特定情境中的效能形成了一种心态，就会根据已经建立好的自我信念来行事，不会再进一步重新评估自己的能力。"换句话说，过高的自我信念意味着，即使表现令自己失望或是遇到挫折都不会影响你对自己有能力"制造产品"的信心。拿这种心态跟面对第一道跨栏就放弃的人相比，你就能体会出自我效能的重要性。

## 总评

班杜拉指出，自我效能有时会被误认为西方的个人主义。个人因为有信心造成改变或赢得胜利，而且愿意为此努力，获得重视和尊敬。然而自我效能对任何地方的任何团体要达成目标，都是至关重要的。如果团队中的一名成员不相信某件事可以完成，就可能拖垮整个团体。因此自我效能不仅是普遍存在的，人们也低估了自我效能对形塑世界的影响力。正如班杜拉所说："备受怀疑摧残的人不会成为社会改革者，也不会成为激励人心的导师、领袖和创新社会的人。……如果他们不相信自己，就不可能赋予别人力量。"在《异类》(Outliers)一书中，马尔科姆·格拉德威尔主张，成功主要是幸运环境下的产物。沃伦·巴菲特把他的巨大财富归因于赢了"人生彩票"。对于满心相信这个世界可以改变，而且他（或她）就是要去完成改变的人，成功人士给出的环境解释浇了他们一盆冷水。当然环境和基因是重要的，不过更重要的，是可以超越极限的强烈信念。

## 阿尔伯特·班杜拉

班杜拉生于1925年，出生在加拿大亚伯达省的草原小镇——曼达尔。他的父母是来自乌克兰的开垦者。高中毕业后他到育空地区建造阿拉斯加公路，然后在温哥华的不列颠哥伦比亚大学攻读心理学。搬到美国（而且后来加入美国籍）之后，他获得了爱荷华大学的心理学硕士和博士学位。

班杜拉开拓了许多心理学的实验方法和概念，让这门学科的发展离开弗洛伊德和B. F.斯金纳的路径。1953年，他开始在斯坦福大学任教，在那里度过后半生的学术生涯。

班杜拉在20世纪60年代初期主持了著名的"波波玩偶（Bobo doll）实验"，研究儿童的攻击性。同时他关于社会学习和仿效的研究带出了"社会认知理论"，这套理论主张，人们的学习有大部分是通过观察别人以见识他们的行动后果。他的《思考和行动的社会基础：社会认识论》（*Social Foundations of Thought and Action : A Social Cognitive Theory*，1986）提出一个观点，认为人是主动的，并不受制于外在，也不是环境力量下的产物。他另一本著作是《道德疏离：人们如何造成伤害而不愧疚》（*Moral Disengagement: How People Do Harm and Live With Themselves*，2015）。在2014年进行的调查中，艾德·迪纳（Ed Diener）和他的同事把班杜拉排在"现代最重要心理学家"的第一位。

# 1997

# 《恐惧给你的礼物》
## The Gift of Fear

就像所有生物一样,你可以知道你什么时候处于危险之中。你拥有一份天赐的礼物——一位聪明的内在守护者,随时准备好警告你有危险,引领你通过危机四伏的情境。

虽然我们想要相信暴力是有因果关系的,但实际上暴力是一个过程,是一条锁链,而暴力的结果只是其中一个环节。

对于某些人来说,被拒绝会威胁他们的身份、形象,以及整个自我。在这层意义上,他们的罪行可说是为了自我防卫而杀人。

**总结一句**

要保护自己免于暴力,信任你的直觉,而不是科技。

**同场加映**

马尔科姆·格拉德威尔《眨眼之间》(第22章)
伦纳德·蒙洛迪诺《潜意识》(第39章)

# 04

# 加文·德·贝克尔
## Gavin de Becker

❖

"或许他已经监视她一阵子了。我们不确定，不过我们的确知道，她不是他的第一位受害者。"这段令人毛骨悚然的文字是《恐惧给你的礼物》的开头。这本书讲述了暴力受害者，或者几乎沦为受害者的人的真实人生故事。每一则案例的当事人不是因听从直觉而幸存，就是因忽视直觉而付出代价。

正常来说，我们会认为恐惧是不好的东西，不过德·贝克尔试图说明为什么恐惧是礼物，可以保护我们免于伤害。《恐惧给你的礼物》能让我们了解别人的内心，这样他们的行动才不会变成恐怖的意外。虽然这么做可能会让人不舒服，尤其是要深入了解潜在杀人犯的内心，但绝对好过吃到苦头才发现真相。

在13岁之前，德·贝克尔在自己家里目睹的暴力已经超过大多数成人一辈子见识过的暴力。为了生存，他必须学会在令人害怕的情境中预测接下来会发生什么事，他把这件事当成一生的功课，试图找出公式并详尽分析暴力者的思维模式，以便其他人也可以看出暴力的征兆。德·贝克尔成了评估暴力风险的专家，接受知名人士、政府机关和公司客户的委托，保护顾客安全。可以说他是反家庭暴力的代言人。

德·贝克尔不是心理学家，不过他的著作让我们对直觉、恐惧及暴力心理有了更深刻的了解，胜过你可能曾经想阅读的正规心理学教科书。这本书如同出色的犯罪小说那样引人入胜。《恐惧给你的礼物》或许不只能改变你的人生，甚至可能救你的命。

## 直觉保障安全

德·贝克尔观察到，生活在现代世界的我们已经忘记了如何依赖本能来照顾自己。绝大多数人会把暴力这一议题留给警察和司法体系来处理，相信他们会保护我们。然而，在我们让政府机关介入时，往往已经太迟了。人们抱着的另一种心态是，相信更先进的科技会保护我们免于危险，配备越多的警报装置和高墙，就觉得越安全。

然而更可靠的保护资源，就是我们的直觉或内心感受。通常我们也拥有一切必要的信息警告我们远离某些人或某些情境，就像其他动物一样，我们也拥有内建的警戒系统来侦测危险。人们极力夸耀狗的嗅觉，不过德·贝克尔主张，实际上人类的直觉胜过狗，问题是我们不太愿意信任直觉。

德·贝克尔描述过一位遭受暴力攻击的女性受害者，她说："即使我知道发生的事不太对劲，会导致后来发生的事件，我也没有让自己脱身。"不知道为什么，帮忙提包或是尾随进入电梯的攻击者，就是有办法让这些女人顺从他们的意愿。德·贝克尔认为有一个"普遍的暴力准则"是我们大多数人能够自动感知的，然而现代生活往往会减弱我们的敏锐度。我们要么是根本没看到信号，要么就是忽略了这些危险信号。

自相矛盾的是，德·贝克尔主张"信任直觉就不会活在恐惧之中"，真正的恐惧不会吓瘫你，反而会赋予你能量，让你能够做到平常做不到的事。在他讨论的第一则案例中，一名女子被困在自己的公寓里，遭到强暴。在攻击她的人说他要进入厨房时，直觉告诉她要蹑手蹑脚地尾随上去看看。然后，她看到对方翻抽屉，找出了一把大刀子，想要杀她，她便从前门逃跑了。有意思的是在回忆中她并不害怕。真正的恐惧包含了我们的直觉，实际上是一种正向、积极的感受，这是老天设计来拯救我们的。

## 每个人身上都有的暴力气质

德·贝克尔驳斥了一种观点，即"犯罪心理"将暴力犯和我们其他人区分开的观点。大多数人都会说自己永远不可能杀害别人，但是接下来你通常会听到这样的事先声明："除非我必须保护我爱的人。"我们都可能有犯罪念头，甚至已经付诸行动。德·贝克尔观察到，我们常用"非人"来描述许多杀人者，然而可以百分之百肯定的是，他们就是人，不可能是别的什么。如果有人能够做出某项行为，在特定的条件下，或许我们也可能做出同样的行为。德·贝克尔在他的著作中，没有特意去区分"人"和"怪物"。他想探究的是，人是否有伤害他人的意图或能力。他的结论是："暴力的根源在每个人身上，不同之处在于我们是否能有进行暴力的'正当理由'。"

## 是连锁反应而不是孤立的行为

为什么人会有暴力行为？德·贝克尔总结了四项因素：

**正当理由：** 当事人判定别人故意不公正地对待他们。

**选项：** 要纠正过失或寻求正义时，暴力似乎是唯一可行的方式。

**后果：** 当事人认为自己可以承受暴力行为的可能后果。例如只要能够缠上受害者，跟踪者不在乎进监牢。

**能力：** 他们有信心自己能够使用身体、子弹或炸弹达成目标。

德·贝克尔的团队若必须预测威胁他们顾客的人有没有可能使用暴力时，便会核对上述"事前指标"。他说，如果我们注意观察，会发现暴力绝对不会"凭空出现"。事实上人们"突然发作"去谋杀别人的现象并不常见。德·贝克尔评论道，一般而言，暴力就像"水逐渐沸腾"那样可以预测。

明白"暴力是个过程"这一点也有助于预测暴力。"在过程中暴力的结果只是一环。"当警察在寻找动机时，德·贝克尔和他的团队则更深入去发掘暴力历史或是通常先于行为产生的暴力意图。

《恐惧给你的礼物》有一章专门探讨配偶之间的暴力，指出大多数谋杀配偶的案件都不是发生在激烈争执的当下，反而通常是有预谋的决定。比如丈夫跟踪太太已久，因为太太拒绝复合而爆发杀机。对于这些男士，遭到拒绝对他们的自我意识来说是一种巨大的威胁，而杀害伴侣似乎是恢复他们自我认定的一种方法。德·贝克尔揭露了让人惊恐的事实：四分之三的谋杀配偶的案件发生在受害女性离婚之后。

## 懂得如何辨识出精神病态

掠夺性罪犯有下列几项特征：

* 鲁莽轻率和虚张声势。

* 一意孤行。

* 对会吓到其他人的事情，他不会感到震惊。

* 在冲突中冷静得诡异。

* 需要掌控一切。

最能预测暴力犯罪的是什么？德·贝克尔的经验是：混乱或受虐的童年是重要因素。一项针对连续杀人犯的研究发现，其中100%的人在小时候遭受过暴力对待和羞辱，或是被忽略。射杀女演员丽贝卡·希弗（Rebecca Shaeffer）的凶手罗伯特·巴尔多（Robert Bardo）小时候被关在自己的房间里，像家庭宠物一样接受喂养，他从来没有学过如何社交。这样的人形成了扭曲的世界观，却让公众付出代价。

不过有暴力倾向的人可能非常善于掩藏他们的精神病态。他

们可能处心积虑地模仿常人的言行,因此可以做到一开始看起来是"好人一个"。需要产生警惕心理的信号包括:

* 他们过分和善。
* 他们说得太多,给我们不必要的细节让我们分心。
* 是他们主动接近我们,绝对不会反过来是我们接近他们。
* 他们硬给我们贴标签或者轻微冒犯我们,迫使我们回应,跟他们交谈。
* 他们运用"强行称兄道弟"的技巧,使用"我们"这个字眼让他们和受害者好像是同路人。
* 他们找到方法帮助我们,让我们觉得亏欠他们(这跟放高利贷一样)。
* 他们忽略或不理睬我们的拒绝。那么你一定要坚持拒绝,绝对不要让他说服你放弃拒绝,因为那样他们就知道可以掌控你。

但是你也不需要疑神疑鬼地过日子,我们担心的大多数事情都不会发生,然而完全信任家中或办公室的安全系统或完全指望警方就有点傻了。德·贝克尔指出,是人带来了伤害,所以我们必须了解人。

## 深入跟踪者的内心

《恐惧给你的礼物》中非常精彩的部分是,德·贝克尔讨论跟踪者如何试图接近他的客户,这些客户通常是公众人物。任何时刻，著名的歌手或演员都可能有三四名粉丝追着他到处跑，寄给他们如山的信件，或者试图突破安全防护。这些跟踪者中只有少数真的想要杀掉他们的目标（其他人则相信自己跟这位明星有某种"关系"），而共通的因素是跟踪者极度渴望获得认可。

每个人或多或少都想要获得认可、荣耀和重要性，而通过杀害名人，跟踪者本人也出了名。例如马克·查普曼（Mark Chapman）与约翰·列侬（John Lennon）、约翰·辛克利（John Hinckley Jnr）与里根总统，跟踪者与他们目标的名字永远联结在一起。对这样的人来说，暗杀完全合理，这是成名的捷径，而且精神病态的人根本不在乎他们获得的关注是正面的还是负面的。

疯子追逐明星或总统的意象盘踞了大众想象，不过德·贝克尔好奇为什么名流的跟踪者这么吸引大众目光，而对"光是美国每两小时就有一位女性被丈夫或男朋友杀害"这项事实却习以为常。附带一提，德·贝克尔对于保护令没什么信心，认为那只会激化矛盾。有暴力倾向的人面对战斗状态反而会更加充满战斗力，而且如果他们都心理失衡了，保护令也无法保障人身安全。

## 总评

《恐惧给你的礼物》是一本具有浓厚美国特色的书，是在枪支使用泛滥的文化背景下写成的。与其他社会相比，美国社会也更不强调社会凝聚力。如果你生活在英国村庄或是日本城市，或是美国的宁静角落，这本书可能让人觉得有点被迫害妄想。不过，德·贝克尔指责晚间新闻让他的国家看起来比实际危险多了。他指出，比起遭遇陌生人暴力攻击而丧生，我们死于癌症或是车祸的可能性大得多。

2001年纽约世贸中心遭受恐怖袭击之后，我们对可能发生的随机暴力事件有了一种偏执的相信，然而大多数袭击和杀人事件还是发生在家里，认清眼前的暴力征兆或许可以拯救你免于伤害。从个人安全的角度来看，德·贝克尔说男性与女性生活在两个不同的世界里。美国知名主持人欧普拉告诉她的电视观众："美国每位女性都应该阅读《恐惧给你的礼物》一书。"在写《恐惧给你的礼物》时，德·贝克尔受到了三本书很大的影响：《FBI心理分析术》(*Whoever Fights Monsters*)，作者是美国联邦调查局的行为科学家罗伯特·雷斯勒（Robert Ressler）；《预测暴力行为》(*Predicting Violent Behavior*)，作者是心理学家约翰·莫纳汉（John Monahan）；带领读者进入精神病态者内心世界的《良知泯灭》(*Without Conscience*)，作者为罗伯特·黑尔（Robert D. Hare）。目前关于暴力心理学已经有大量文献，不过德·贝克尔的书仍然是绝佳的入门书。

# 加文·德·贝克尔

德·贝克尔生于1954年,是"评估威胁,预测和处理暴力"这一领域公认的先锋。他的公司为企业、政府机构和个人提供咨询和保护服务。他领导的团队为里根总统的客人提供安全保护,同时他与美国国务院合作,保护来访的外国领袖。他也发展出一种安全系统,以应对美国最高法院大法官、参议员和众议员面临的人身威胁。德·贝克尔为许多法律案件提供专业意见,包括针对运动员辛普森(O. J. Simpson)的刑事和民事案件。

他是加州大学洛杉矶分校公共事务学院的资深研究员、家庭暴力理事会咨询委员会共同主席,也是美国兰德公司的顾问。

他的其他著作包括:关于孩童安全的《预知暴力:如何让你的孩子免受侵害》(*Protecting the Gift*)、《少一点恐惧:在恐怖主义时代关于危险、安全和保障的真相》(*Fear Less: Real Truth About Risk, Safety and Security in a Time of Terrorism*),以及《只要两秒钟》(*Just 2 Seconds*),带读者透视安保这门专业与方法。

# 1964

# 《人间游戏》
## Games People Play

"午餐袋"的婚姻角力。丈夫虽然可以在餐厅吃午餐,还是选择每天早上自己做三明治,放在纸袋里带去办公室。这样他就能妥善利用面包皮、昨晚的剩菜及太太省下的纸袋;他便可以完全控制家庭财务,因为面对这样的自我牺牲,哪位太太还好意思为自己买貂皮披肩?

父亲下班回家,找女儿的碴儿,女儿顶回去;或者女儿出言不逊在先,父亲便加以指责。他们的音量提高,冲突升级……事情的发展有三种可能:一、父亲进卧室去,把门甩上;二、女儿回她的房间,把门甩上;三、他们俩各自回房,把门甩上。无论是哪种情况,这一场吵闹终结的标志是甩上的门。

**总结一句**

人们互相角力来替代真正的亲密,而每一次角力,无论多么不愉快,一方或两方玩家都会有特定收获。

**同场加映**

托马斯·哈里斯《我好,你好》(第28章)
卡伦·霍妮《我们内心的冲突》(第30章)
弗雷德里克·皮尔斯《格式塔治疗》(第41章)

# 埃里克·伯恩
# Eric Berne

1961年，精神科医师埃里克·伯恩出版了一本书名非常无趣的书——《心理治疗中的人际沟通分析》(Transactional Analysis in Psychotherapy)。这本书成为这个领域的奠基著作，被大量引用，而且有不错的销售成绩。

三年后，他出版了续集，不过这回写得比较口语化，书名也比较亮眼。他还用机智、风趣的方式把人的动机分门别类。《人间游戏》这本新书势必会吸引更多的关注，但首印的3000本卖得很慢。不过两年后，良好的口碑，再加上适度广告，这本书的精装版卖出了30万本，在《纽约时报》的畅销书榜停留了两年（对于非虚构作品来说非常难得），为未来写作者创造了可以参照的模式。五十几岁的伯恩写了一本大众心理学畅销书突然发了财，买了新房子和玛莎拉蒂跑车，还再婚了。

当时他没有意识到，《人间游戏》预示着大众心理学蓬勃发展的开端，与各据两端的自我成长类图书和学院派心理学专著有所区隔。主流心理学家看不起伯恩的书，认为他的书既肤浅又讨好大众。实际上这本书的前五六十页，风格相当严肃，在第二部分笔调才轻松起来，大部分人买书也是为了后面这些章节。

如今，《人间游戏》的销售量超过500万本，英文书名"*Games People Play*"也成为英文的惯用语。

## 抚触和交流

伯恩提到了一项关于婴儿的研究。如果剥夺了身体的接触，婴儿的心智和身体往往会陷入不可逆转的退化。他也指出，有研究显示，若成人的感官被剥夺可能导致暂时性的精神失常。成人跟孩子一样，需要身体接触，但不一定总能获得，因此成人会妥协改成追求他人象征性的情感"抚触"。例如电影明星可能从每星期数百封表达仰慕的粉丝来信中获得他的"抚触"，而科学家可以从一名科学界顶尖人物的一次赞扬中获得"抚触"。

伯恩对抚触的定义是"社交的基本单位"。交换抚触就是交流，是人际沟通，因此他创造了"人际沟通分析"（Transactional Analysis，TA），并用这个语词来描绘社会互动的动力。

## 为什么我们玩游戏

伯恩评述道，由于需要接受抚触，从生物学角度来看，人类认为社交往来，即使是负面的也好过什么都没有。这种亲密的需求也是人们投入"游戏"的原因，游戏成为真实接触的替代品。

他定义游戏是"一系列进行中的互补暧昧交流，进展到定义清楚、可预测的结果"。我们玩游戏是为了满足某种隐藏的动机，而且总是能从中得到回报。

大多数时候人们并没有觉察到自己在玩游戏，认为那只是正常的社会互动的一部分。游戏很像是打扑克，我们隐藏真实动机，那是要获得回报（赢钱）的一种策略。在工作场合，回报可能是达成交易。人们说投入"房地产游戏""保险游戏"，或是"玩股票"，不知不觉承认了他们的工作包含一系列想要谋取特定收益的花招。而在亲密关系中，回报往往包括情绪满足或是增强掌控。

## 三个自我

人际沟通分析是从弗洛伊德学派的精神分析演化出来的，伯恩学习过精神分析，也以精神分析师的身份执业过。有一次，他的一名成年男性病患承认自己其实是"穿着大人衣服的小男孩"。在后续的交谈中，伯恩询问他，现在是小男孩还是大人在发言。从这些执业经验中，伯恩形成了他的观点，那就是每个人身上都有三个自我（或自我状态），而这些自我往往互相抵触。三个自我的特征如下：

* 父母角色的态度与思考（父母）。
* 成人的理性、客观，以及接受事实（成人）。

*儿童的立场和固着[1]（儿童）。

这三个自我和弗洛伊德的超我（父母）、自我（成人）和本我（儿童）大致呼应。

伯恩论证道，在任何一次社交互动中，我们都会展现出父母、成人、儿童这三个基本状态中的一个，而且能够转换自如。在每个模式里，我们都可能具有生产力和/或不具有生产力。举个例子：我们可能表现出儿童的创意、好奇心和可爱，也有小孩的脾气和执拗。

跟别人玩游戏时，我们采用三个自我中的一个。为了得到自己想要的，我们可能会根据需要表现得像个发号施令的父母或装可爱的小孩，也可能扮演极度理性的成人，而放弃了无倾向性的自我、真诚与亲密。

## 让游戏开始

《人间游戏》这本书的主要部分是汇集人们玩的许多"游戏"，详加剖析。例如下述。

### "要不是为了你"

这是配偶之间最常玩的游戏，其中一方抱怨另一方阻碍了他

---

[1] 编者注：发育过程中，个体的力比多（寻求快感的心理能量）或内驱力部分地停留于某一较早的发育阶段，不随年龄的增长而发展的现象。

去做自己人生中真正想做的事。

伯恩表示，大多数人在选择配偶时其实是潜意识地想要配偶在自己身上施加某些限制。他举了一则例子，一名女性极其渴望学跳舞，但她先生痛恨出门，因此限制了她的社交生活。她报名上跳舞课，但是发现自己非常害怕公开跳舞，便退出了。伯恩的论点是，我们怪罪另一半的事情往往会暴露自己的内心问题。玩"要不是为了你"的游戏，让我们可以卸下责任，不去面对自己的恐惧或短处。

**"你为什么不——是的，不过……"**

当有人讲述他们生活中的问题，另一人提供建设性的解决方案来回应他时，这场游戏就开始了。当事人说："是的，不过……"然后继续挑出解决方案中的问题。若人们处于成人模式，会仔细审视，然后试着采纳一个解决办法，然而这不是交谈目的。交谈是让当事人获得他人同情，安慰能力不足以应付情境（儿童模式）的当事人。反过来，帮助解决问题的人则是获得机会扮演明智的父母。

**义肢**

玩这种游戏的人摆出防卫姿态："对于装有义肢、童年悲惨、有神经症或酗酒的人，你期待什么？"他们把自身的某些特质作为缺乏才干或动力的借口，认为不需要为自己的人生负完全责任。

伯恩举出的其他游戏包括：

**生活游戏：**"现在我逮着你了，你这狗娘养的""看看你逼迫我做了什么"。

**婚姻游戏：**"性冷淡的女人""看我有多努力"。

**"好人"游戏：**"平实的圣人""他们会高兴认识了我"。

每一场游戏都有正题与反题，正题是基本前提是什么及如何开展；反题则是达到结论的方式，其中一位玩家采取了在心里让自己成为"赢家"的行动。

伯恩表示，我们玩的游戏就像是播放已经坏掉的录音带，那些童年的磁带被保存下来，而我们让它们继续转个不停。虽然这些游戏限制了我们，而且具有破坏力，但也是一种安慰，解除我们的负担，使我们不需要去正视尚未解决的心理问题。对某些人来说，玩游戏成为他们本质的一部分。许多人感觉有必要跟最亲近的人相爱相杀或跟朋友尔虞我诈，这样才能保持对彼此的兴趣。无论如何，伯恩警告，如果我们花太多时间玩太多"坏"游戏，最后就是在玩火，带来自我毁灭。我们玩越多游戏，就会越容易设想别人也在玩游戏。毫不留情的玩家最终可能变得神经兮兮，对自己的动机有太多解读，同时对他人的行为产生偏见。

## ✍ 总评

虽然许多专业的精神科医师抨击《人间游戏》过于通俗且空洞，但伯恩的这套人际沟通分析法却持续发挥影响力，许多心理治疗师和咨询师在需要应付难以处理或选择逃避的病患时，也会把这套理论加入他们的"弹药库"。可以说这是本开创性著作，因为它把心理学家的精确性带入通常保留给小说家和剧作家的领域。的确，美国小说家库尔特·冯内古特（Kurt Vonnegut）写过一篇著名的书评，认为这本书的内容可以带给具有创造力的作家的灵感，许多年都用不完。

请注意，《人间游戏》是相当典型的弗洛伊德学派，许多游戏的分析是根据弗洛伊德关于抑制、性紧张和潜意识冲动的观点进行的。作者使用的语言和表现的社会态度也清楚地显示，这本著作是20世纪60年代的遗物。

不过它仍然是一本能开启心智的经典读物，虽然主题是"人们一直在玩游戏，而且大概会一直玩下去"这样简单的观点。正如伯恩指出的，我们教导孩子所有他们需要的休闲娱乐、仪式和常规，以适应我们的文化，能够好好过日子。我们也花很多时间为孩子选择学校和课外活动，然而我们没有教导他们"游戏"，游戏是每个家庭和体制的动力中，那个不幸而真实的特性。

> 关于人性,《人间游戏》或许看起来提供了不必要的黑暗观点,然而这不是伯恩的本意。他说,只要我们知道有别的选项,我们都可以不再玩游戏。童年经历让我们丢掉了孩童时代天生就拥有的信心、自发性和好奇心,对于自己能做到什么和做不到什么,我们接受了父母的看法。通过对三个自我更宽广、深刻的认识,我们可以回到更舒服自在的状态。我们不再觉得需要别人同意才能成功,也不再愿意用游戏取代真正的亲密。

## 埃里克·伯恩

埃里克·伯恩斯坦(Eric Bernstein)生于1910年,在加拿大的蒙特利尔长大。父亲是医生,母亲是作家。1935年,他从麦吉尔大学的医学院毕业,进入耶鲁大学接受精神科医师培训。他后来加入美国籍,在纽约的锡安山医院工作。1943年,他把名字改成了埃里克·伯恩。

第二次世界大战期间,伯恩成为美国陆军的精神科医师,战后他追随旧金山精神分析研究所的埃里克·埃里克森(详见第144页)继续深造。20世纪40年代末伯恩定居加利福尼亚。他不再着迷于精神分析,转而投入"自我状态"(ego states)的研究,经过十年形成了"人际沟通分析"。他成立了国际人际沟通分析协会，除了私人执业，还同时担任顾问和医院的职务。

伯恩的写作题材广泛，除了另外一本审视"生活中的脚本"的畅销书《人生脚本》(*What Do You Say After You Say Hello*，1975)，还出版了《精神医学与精神分析入门指南》(*A Layman's Guide to Psychiatry and Psychoanalysis*，1957)、《组织与团体的结构和动力》(*Structure and Dynamics of Organizations and Groups*，1963)、《人类爱中的性》(*Sex in Human Loving*，1970)，以及他去世后才出版的《超越游戏与脚本》(*Beyond Games and Scripts*，1976)。另外可参阅伊丽莎白·沃特金斯·乔根森（Elizabeth Watkins Jorgensen）撰写的传记《埃里克·伯恩：游戏大师》(*Eric Berne: Master Gamesman*，1984)。

伯恩承认他内心有个发展良好的小孩，他曾经描述自己是"56岁的青少年"。他热衷于扑克游戏，有三段婚姻，1970年去世。

# 1980

# 《天生不同》
## Gifts Differing

　　我们无法理所当然地认定，别人心智运作的依据、原则跟我们的一样。很多时候，跟我们有接触的人不像我们那样推断事物，他们可能不珍视我们珍视的，或对我们感兴趣的不感兴趣。

　　发展良好而内向的人必要时能够干练地应付周围世界，不过他们表现最佳之处是运用自己的脑袋，也就是思考。同样地，发展良好而外向的人能够有效处理观念，不过他们表现最佳之处是对外的工作，也就是行动。天生的偏好会一直保持下去，就像右撇子或左撇子。

**总结一句**

如果你摸清了对方的人格类型，就能理解他的行为了。

**同场加映**

　　苏珊·凯恩《安静》（第 09 章）
　　汉斯·艾森克《人格的维度》（第 16 章）
　　卡尔·荣格《原型与集体无意识》（第 32 章）

## 06

# 伊莎贝尔·布里格斯·迈尔斯
## Isabel Briggs Myers

"迈尔斯-布里格斯类型指标"(The Myers-Briggs Type Indicator,MBTI)是 20 世纪 40 年代就已经存在的检测方式,用来评估人格类型。这套测验帮助今日雇主采用的各种心理测验方法打下了基石。

这项测验的缘起有些趣味。据说某个圣诞节,伊莎贝尔·布里格斯把男朋友克莱伦斯·迈尔斯(Clarence Myers)带回家过假期。伊莎贝尔的父母很喜欢这个年轻人,但伊莎贝尔的母亲凯瑟琳注意到,这个年轻人的个性跟自家人不一样。凯瑟琳因此产生了兴趣,想要根据人格类型把人分类,并且阅读了不同人的自传,最后发展出了沉思型、随兴型、实干型、社交型几个基本类型。她阅读了荣格的书《心理类型》(Psychological Types),这本书成为她一生研究的理论基础。后来她的女儿(婚后成为伊莎贝尔·布里格斯·迈尔斯)接手了凯瑟琳的研究工作。

虽然伊莎贝尔从来没有正式研读过心理学,但作为地方银行主管的她学习了统计学和人事测验,于是她在 1944 年制作了最初的人格类型测验表格。伊莎贝尔说服了宾夕法尼亚州一所学校的校长，让数千名学生接受检测，医学生和护理生也进行了检测。一家私人教育测验公司听闻了这套检测法，在1957年公开发行。直到20世纪70年代这套方法才获得广泛使用。此后，"迈尔斯－布里格斯类型指标"应用在数百万人身上，主要用于工作招聘，也用于教学、婚姻咨询和个人发展。数十年来测验表格被不断修正、改进，不过凯瑟琳·布里格斯的初衷——了解"为什么人们是这个样子"，始终是这套测验方法的灵感来源。

在《天生不同》中，伊莎贝尔·布里格斯·迈尔斯以个人角度解读自己的研究。这本书是在她儿子彼得·布里格斯·迈尔斯的协助下写成的。写成这本书后不久，伊莎贝尔就去世了。如果你对人格类型的背后理念有兴趣，这本就是你要阅读的关键著作。

在实际的"MBTI"测验（由是非题组成）中，人格倾向以四个字母的代码来表示，比如ISTJ或ESFP。下面概述了16种类型的关键区别，同时说明如何实际应用这些知识。

## 知觉方式：通过感官或是直觉

在《心理类型》一书中，荣格提到，人们以两种截然不同的方式来看这个世界。有些人可以只通过五种感官来理解现实（感官型）；有些人则依赖潜意识，等待内心来确认什么是真相或真实的，这一种属于直觉型。

采用感官模式的人全神贯注于周遭一切，只关注事实，对处理思想或抽象事物则没什么兴趣。而直觉型的人喜欢沉浸在看不见的观念和可能性的世界里，不信任具体现实。无论人们喜欢使用和最信任哪种模式，往往是从年幼时就开始采用这种方式了，然后在一生中加以修正、改善。

## 判断方式：通过思考或感受

在荣格和布里格斯·迈尔斯的理解中，人们从以下两种下结论或判断的方式选择其一：通过思考，运用无关个人的逻辑程序，或者通过感受，判定某件事对他们的意义。

人们执着于他们偏爱的方法。思考者信任自己的判断方式，认为感受者是非理性和主观的。而感受者好奇思考者怎么能对攸关自己的事保持客观，怎么可能这么冷静、一副事不关己的态度？

整体来说，偏爱感受模式的孩子很可能成为处理人际关系的高手，而偏爱思考模式的孩子会变得善于对照、运用和组织事实与观念。

## 四种倾向

感官（S，Sense）、直觉（N，Intuition）、思考（T，Thinking）

和感受（F，Feeling）的取向构成了四种基本倾向，产生特定的价值、需求、习惯和特质。组合如下：

ST 型：感官加思考。

SF 型：感官加感受。

NF 型：直觉加感受。

NT 型：直觉加思考。

ST 型的人，喜欢只根据他们的感官能验证的事实行事，心态务实，他们在需要抛开个人感受进行客观分析的领域有最好的工作表现，例如外科手术、法律、会计及机械操作工作。

SF 型的人，也只信赖自己的感官，不过更倾向于根据自己对事实的感受来下结论，而不是通过冷静分析。他们是"善于跟人打交道的人"，更适合进入可以表达个人温暖的工作领域，例如护理、老师、社工、推销及需要"笑脸相待"的服务业。

NF 型的人，也更加温暖和友善，但不会把注意力放在眼前的情境和事实上，反而对事情可能会有什么变化或未来的可能性更感兴趣。他们适合的工作要能发挥他们的沟通天赋，并且满足他们喜欢让事情变好的需求，例如较高等的教学、传教、广告、心理咨询、写作及研究。

NT 型的人，也专注于可能性，不过会运用理性分析的能力来取得结论。他们比较可能投入需要巧妙解决问题的专业，尤其是带有技术性质的，例如科学、计算机、数学或金融领域。

## 外向与内向

偏外向（从外在世界的角度看待人生，E，Extraversion）还是内向（对内在的思想世界更感兴趣，I，Introversion），跟你倾向于感官、思考、直觉或感受，没有关联。例如，你可以是外向的 NT 型（ENT×），或者内向的 SF 型（ISF×）。四字代码的第一个字母，E 或 I，代表你是外向型或内向型。

外向的人往往行动迅速，并且试图直接影响自己的处境，而内向的人在接触世界之前会给自己时间形成自己对世界的看法。外向的人乐于在事件如火如荼的当口做决定，而内向的人希望在采取行动之前好好想想。不是说哪种偏向做出的决定更好，这只不过代表了让自己比较舒服、自在的风格。

## 主宰与辅助程序

虽然我们每个人都会偏爱特定的存在方式，但其中一种会主宰其他模式。以 NT 型的人为例，虽然这类人同时拥有直觉与思考的倾向，如果他们发现思考更有吸引力，思考就会成为他们的主宰程序。可能直觉告诉他们某件事是正确的，但是他们必须通过客观思考来确认。既然思考是判断的程序，当事人人格类型的最后一个元素就是"判断"（J，Judgment）。他们便是 ENTJ 型（外向—直觉—思考—判断）。另外一类人最后一个字母是 P（Perception），代表知觉，表示他们强烈渴望想了解得更透彻。

人们需要主宰程序以凝聚自我，这点很好理解，不过荣格更进一步提出，每个人还需要辅助程序。内向的人以外向为辅，因此必要时可以"摆出对外的面孔"。外向的人以内向为辅，以关照自己的内心世界。在这两种情况中，如果辅助程序几乎没有派上用场，当事人就会生活在极端中，人生也因此受苦。伊莎贝尔指出，在我们这个外向导向的社会里，没有发展出辅助程序的内向者，相比缺失关照内心的外向者，会活得更加艰难。

将人格分类是为了拥有更强大的认知与判断力量，两者都需要使用辅助程序来协助。伊莎贝尔评述道："没有判断的知觉少了主心骨，没有知觉的判断是盲目的。内向少了外向是不切实际，外向缺乏内向则是肤浅。"

## 觉察人格类型以建立良好关系

人们不可能总是相处融洽，这个事实表明，我们不了解或不重视其他人看待世界的方式。例如思考型会低估感受型的判断，因为前者不了解后者怎么可能不用逻辑而做出正确的决断。思考型会这样假设是因为他们自己的感受是不稳定且不可靠的。但感受型已经精进了自己的主宰程序，因此他们的感受可以提供良好的感知与判断，而这是思考型做不到的。

同样地，感官型必须根据他们看见、听到、嗅闻和触摸的事物来感知和判断，而直觉型就是"知道"一件事是好是坏，他们的见解和结论在感官型看来是无法理解的。而对直觉型来说，感官型少了像呼吸那样自然又是生命之所需的灵感，因此举步维艰。再举另外一则例子，思考型认为感受型话太多了。思考型与别人谈话时，他们想要的是信息。因此如果感受型想从思考型那里得到信息，应该要记得，保持简洁。

在上述所有例子中，每一种人格类型都无法欣赏他人运作且运作良好的主宰程序。试图跟别人说他们的知觉或判断是错的，就好像跟草说，它不应该是绿的。

## 工作中如何应对不同的人格类型

在工作场合中，如果你对同事是如何思考有所了解，就可以更有效地让他们接受你的想法，并且减少摩擦。你会知道：

* 跟感官型共事，你必须非常快速地说明问题，抢在他们提供解答之前。
* 只有拿出诱人的可能结果来吸引，直觉型才有出手帮忙的兴趣。
* 思考型需要知道他们要达成的是哪种结果，而且必须用一套符合逻辑的论点跟他们解释情况。
* 感受型需要你限定整个情境，以呈现对参与者具有什么意义。

不管面对哪种类型，我们最好记得：永远不要把焦点放在参与者身上，而是去解决问题。如果我们清楚每种类型的人可以带来的贡献，就会减少冲突，也比较不会丢了面子，而且更容易找出完美的解决方案。

## 总评

伊莎贝尔·布里格斯·迈尔斯缺少正式的心理学专业资格，这是心理学界一直没有完全接受她的原因。有人质疑她对荣格的诠释是否正确，因此认为她鉴定人格类型的整个方法是不可靠的。荣格本人很谨慎，不会随便把他发展出来的通则套用在特定的个人身上。持怀疑立场的人也宣称伊莎贝尔对类型的解释太模糊，可以适用于任何人。你自己测试看看，或许你会发现，拿这项测验或是略有变更的版本来检测自己，得到的描述都非常准确。

根据伊莎贝尔自己的检测方式，她的人格是"内向—直觉—感受—知觉"型（INFP）。她指出，内向的人做这项测验往往收获最大。由于每四人当中有三人偏外向，而每四个人中就有三名感官型和一名直觉型，因此她这样的人是活在"外向感观者"的世界里。身为较不普遍的类型，不意外地，要成为跟自己本质不一样的人，内向的人可能会感受到一些压力，而"迈尔斯－布里格斯类型指标"让他们第一次觉得，或许做自己也是可以的。

《天生不同》其中一项吸引人的观点是，想要自己的人生成功，认可并且发展自己的类型或许比智商更重要。伊莎贝尔的观点是，人格类型和惯用左手还是右手一样，都是天生的，如果你是左撇子却想要成为右撇子，就是自寻压力和麻烦。顺着自己的长处行事，才会大大提升机会，让我们生活更圆满、幸福，并创造出丰硕果实。

## 伊莎贝尔·布里格斯·迈尔斯

生于1897年的伊莎贝尔，家住华盛顿特区，由母亲教导在家自学。父亲莱纳姆·布里格斯（Lynam Briggs）是一名物理学家，担任美国国家标准局局长十余年。1918年，伊莎贝尔嫁给克莱伦斯·迈尔斯，第二年从斯沃斯摩尔学院毕业，取得政治学学士学位。

她在乔治·华盛顿医学院主持的研究中，测试了五千多位医学生。十二年后她追踪这项研究，发现根据学生的人格类型大致可以预测出他们未来的道路（也就是从事研究、内科、外科或管理）。她后续的研究涵盖了一万多名学生。1957年，美国教育考试服务中心首度发表迈尔斯－布里格斯类型指标（MBTI）。

伊莎贝尔·布里格斯·迈尔斯于1980年去世。如今，迈尔斯与布里格斯基金会接手了她的研究工作。

# 2006

# 《女性的大脑》
# The Female Brain

❦

99% 以上的男性与女性的基因编码是完全相同的。在人类基因组的三万个基因中，两性之间的差异很小。不过这少数的差异影响了我们身体上的每一个细胞，从感受欢愉和痛苦的神经，到传送知觉、思想、情感和情绪的神经元。

女人处理情绪的路径是八车道的高速公路，而男人的是一条乡村小路；男人处理与性相关念头的中枢是芝加哥奥黑尔机场，而女人的是用来降落私人小飞机的机场。或许这些差异解释了为什么在 20 到 30 岁的男性中，有 85% 的人每 52 秒就想到性；而女人一天只想一次，在她们最具生育力的日子，提高到三四个小时想一次。这造成了两性之间有趣的互动。

**总结一句**

由于两性接触到的性激素有极大差异，男人和女人以不同方式体验这个世界。

**同场加映**

阿尔弗雷德·金赛《人类女性性行为》（第 34 章）
斯蒂芬·平克《白板》（第 43 章）

# 07

# 劳安·布里曾丹
# Louann Brizendine

---

身为医学院学生，劳安·布里曾丹清楚，全世界专家有明确结论，女性与男性深受抑郁之苦的比例是 2∶1。上大学期间正逢女权运动高峰，布里曾丹和其他许多人一样，相信导致这个结果的是"父权对女性的压迫"。但是她注意到，青春期之前，男孩和女孩的抑郁人数比例是相同的。她好奇，有没有可能是女孩在十几岁时的激素变化，让她们突然变得更容易抑郁？

之后，身为精神科医师的布里曾丹，工作对象是受苦于极端经前综合征的女性。激素与相关化学作用剧烈改变、形塑女性大脑，驱动女性行为，并创造女性实在[1]。激素的影响作用给她造成很大的冲击，留下不可磨灭的印象。1994 年，布里曾丹在旧金山开设了"女性心情与激素门诊"，这是世界上最早出现的该类型门诊之一。《女性的大脑》是她身为神经精神科医师执业二十年的集大成著作，汇聚了她自己的研究成果及相关学科的最新发

---

[1] 编者注：reality，在心理学中指客观存在的实体，包括情绪、人格等。

现。对比男性大脑相对稳定的激素状态，女性大脑往往涉及多种化学物质混合的复杂状态，而且从小女孩到青春期、成年初期，成为母亲及更年期，不同阶段都会产生剧烈变化。这本书出色地阐述了为什么女性大脑的状态与化学变化值得独立研究，还有为什么关于人类行为的概论通常是关于男性的行为。

《女性的大脑》中有不少吸引人的章节，探讨恋爱中的女性大脑、性爱的神经生物学、"妈咪大脑"（女性的思考如何随着怀孕期大脑的化学变化而改变），以及成熟和停经之后的女性大脑状况。这里我们只聚焦于布里曾丹关于婴儿期和青春期女性大脑的见解。

## 基本差异

布里曾丹指出，考虑到体型的差异，男性大脑比女性大脑大了9%左右。这项事实曾被解读为女性没有男性那么聪明。事实上，女性和男性有相同数量的脑细胞，不过女性的脑细胞比较紧密地塞在脑壳里。

在处理语言和听觉的大脑区域，女性的神经元比男性整整多了11%，而跟记忆有关的大脑海马体，也是女性的比较大。观察他人脸部情绪的神经回路依旧是女性的比男性旺盛。因此在语言、情商及储存丰富记忆等方面，女性有天生的优势。

另外，男性的杏仁核（大脑中管控恐惧和攻击性的部位）有更多的处理器。这或许解释了为什么男性比较易怒、比较容易采取暴力行动来应对眼前的危险。女性的大脑也演化出了一种机制来应对可能威胁生命的情境，不过方式不同。面对同样的事件，女性大脑会比男性大脑体验到更大的压力，这样的压力来自考虑孩子或家庭面临的所有可能风险。布里曾丹表示，这就是为什么现代女性有可能把未支付的账单看成是大灾难，因为那可能威胁家庭的生存。

现在，通过大脑扫描和造影技术我们可以看到大脑的实时运作。大脑扫描和造影显示，在恋爱、注视脸孔、解决问题、讲话或焦虑等不同情况下，大脑的不同部位会亮起来，而且男性大脑与女性大脑热点有差异。实际上，女性和男性是运用不同的大脑部位和神经回路来完成相同任务，包括解决问题、处理语言及大致感受世界。

还有一项值得注意的是：研究显示，男性平均每 52 秒就会想到性爱，而女性是一天一次。产生性爱念头和行为的大脑部位，男性比女性大两倍半，因此这也就没什么好讶异的。

## 女婴的大脑

孕妇怀孕八星期之前，男性和女性胚胎的大脑看起来是一样的。布里曾丹评述道："女性是天生的设定。"怀孕约八星期时，男性胚胎充满了睾酮，杀死了跟沟通有关的大脑细胞，并且协助跟性和攻击相关的细胞增长。此后，男性与女性大脑在生物化学这方面就有了显著的不同，等过了怀孕前半期，男性与女性大脑之间的差异大部分都定型了。

女婴来到这个世界时，就被赋予了更加善于注意面孔、听出声调语气差异的能力。三个月后，女婴"互相凝视"和眼神接触的能力会成长为刚出生时的四倍。而同一时期，男婴这些能力完全没有成长。

众所周知，女孩通常比男孩更早开始讲话，这归功于她们大脑中更为发达的语言回路。这项特质会持续到成年，女性平均一天讲两万字，而男性平均只讲七千字左右。（正如布里曾丹的评语，这项能力"不一定总是受到赞赏"，在某些文化中，有把女人关起来，或者用夹子夹住她的舌头，制止她喋喋不休的说法。）

婴儿时期另外一项重要差异是，女婴对母亲的神经系统状态更加敏感。因此女婴的母亲不要因压力过大而紧张焦虑，否则女婴长大后有自己的孩子时，养儿育女的能力会减弱。既然我们有了这样的知识，就有可能打破母亲和婴儿之间的压力循环。

## 青春期少女的大脑

青春期的时候，女孩的思考和行为会随着大脑中雌性激素（一种"好心情"的激素）、黄体酮（大脑的镇静剂）和皮质醇（压力激素）的浓度波动而改变。身体分泌的其他重要激素还有催产素（使我们想要与他人建立关系、相爱和保持联系）和多巴胺（刺激大脑的愉悦中枢）。

这些化学物质的作用使青春期少女有强大的社交需求，也乐于闲聊、逛街、交换秘密、尝试不同衣着和发型（所有跟建立联系和交流相关的事）。青春期少女总是在打电话，因为她们的确需要通过交谈来减轻压力。她们见到朋友开心得尖叫，遭到禁足的反应是惊慌失措，这些也都是改变的一部分。布里曾丹说："女孩经历的多巴胺和催产素浓度突然提高，是性高潮之外能够获得的最大、最丰厚的神经系统奖赏。"为什么对青春期少女来说，失去友谊是如此灾难性的事件？为什么社交小圈子对她是如此重要？青春期的少女在生理上几乎要到生育小孩的最佳年龄了，从演化角度来看，关系紧密的团体是一种良好的保护，因为如果她身边有小孩，她就无法像男性那样攻击或逃跑（在观察中，发现以"战斗或逃跑"来回应危险是男性的概念，不适用于女性）。紧密的社会联结实际上以非常正面的方式改变了女性的大脑，任何关系的丧失都会引发激素的变化，强化了遗弃或失去的感受，所以女性青春期友谊的强烈程度也是有生物化学基础的。

青春期女孩应付压力的信心和能力也会随着每个月的经期而改变。布里曾丹治疗过许多"问题"女孩，她们经历了超过一般水准的激素变化。最莽撞和好斗的女孩往往有高浓度的雄性激素（与攻击性相关的激素）。在正常浓度下，雄激素的波动会让女孩更加专注于权力，想要超越同龄人，或是想要凌驾男孩之上。

顺带一提，为什么十几岁的男孩往往变得心事重重、沉默寡言？他们体内大量的睾酮不只驱动他们陷入"不由自主的自慰狂热"，而且如果话题不涉及女孩或运动竞赛，他们便不想讲话或社交。

总体来说，在十几岁的年纪，激素对大脑造成的不同效应使男性和女性走上不同方向：男孩因为独立不依赖他人而获得自尊，女孩则是通过密切的社会关系获得自尊。

## 总评

布里曾丹最开始从事精神医学研究，后来转向神经学。这样的视角让她比较不愿意思索与大脑实际运作无关的心理学或社会学概念。她是一名女性主义者，但她警告读者，要了解人的行为是不能顾及政治正确的。是的，我们或许能改变文化态度或政策来创造一个更美好的世界，但是首先我们必须了解男性与女性截然不同的大脑生物结构如何形塑行为的事实。

布里曾丹参与了哈佛大学校长劳伦斯·萨默斯（Lawrence Summers）发起的辩论。萨默斯说，男性和女性在数学和科学成就上的差异源于两性天生的大脑差异。布里曾丹指出，青春期之前，男孩和女孩的数学或科学成绩几乎无差异。不过，男性大脑受睾酮影响使男孩竞争心更强，也让他们更愿意花许多时间一个人读书或是在电脑前做作业。相反，由于青春期少女的大脑充满雌激素，女性更感兴趣的是社会关系和她们的情感生活，结果就是她们不太会独坐好几个小时来思考数学题，或是奋力要在班上成为翘楚。即使是成年女性也会受迫于大脑的化学作用,想要交流和联系,使她们比较不喜欢单独工作,而数学家、科学家或工程师等工作往往有这方面的要求。布里曾丹的理论总结成一句,就是:并不是缺乏资质让女性远离这些领域,而是女性缺乏这些工作所需的心态,而心态是大脑决定的。

不过布里曾丹表示:"生物学强有力地影响着我们,但是不会让我们的实在锁定不变。"也就是说,如果我们清楚形塑我们的生理或基因力量,就能够把这些因素纳入考虑范围。药丸形式的雌激素很容易取得,而且我们可以替换激素(《女性的大脑》中有一长篇附录,探讨激素替换疗法),这意味着现在女性更能够控制她们的日常生活体验,或许这类治疗最终对女性生活和命运的巨大影响不小于避孕药。

去掉大量的附录和注解,《女性的大脑》原文只有两百页。行文有趣,而且不时闪现机智,内容深入浅出,综合了这个主题的相关研究,想必未来许多年都会有人捧读。书中还附加了许多对男性大脑的见解,所以这本书是写给每个人的。

## 劳安·布里曾丹

布里曾丹的第一个学位来自加州大学伯克利分校，主修神经生物学（1972—1976）。之后她前往哈佛大学，在那里深造、攻读了神经医学（1982—1985）。

在哈佛的教学履行期限结束后，她于1988年接受了加州大学旧金山分校兰利波特精神病研究所的职务。1994年，她在那里开设了女性心情与激素门诊。身为加州大学旧金山分校的精神医学教授，她持续结合研究、门诊和教学，聚焦于心情、能量、性功能的交互作用，以及激素对大脑的影响。布里曾丹还写了《男性的大脑》（2010）。

# 1980

# 《伯恩斯新情绪疗法》
## Feeling Good

❖

　　如果你愿意在自己身上投入一点时间，便可以学会如何更有效地控制自己的心情，就像运动员每天锻炼身体，可以培养出比较强大的耐力和力气。

　　将自己从情绪的牢笼释放出来的钥匙是什么？很简单，你的想法创造了你的情绪，因此，你的情绪不能证明你的想法是正确的。不愉快的感受只显示你正在想负面的事情，而且对其深信不疑。你的情绪尾随想法出现，就好像小鸭子必定会尾随鸭妈妈。

**总结一句**

　　感受不是事实，你可以通过改变自己的想法来改变感受。

**同场加映**

　　阿尔伯特·埃利斯、罗伯特·A.哈珀《理性生活指南》（第13章）
　　马丁·塞利格曼《真实的幸福》（第48章）
　　威廉·斯泰伦《看得见的黑暗》（第50章）

# 戴维·伯恩斯
# David Burns

想想这份统计数据：在美国，有 5.3% 的人在任何时刻都有陷入抑郁的风险；有 7%～8% 的成人一生中有陷入抑郁的风险，其中女性的风险更高。40 年前，抑郁症发病的平均年龄是 29.5 岁，如今这一数据已经减半为 14 岁。虽然发达国家的发病率各不相同，但自 1900 年以来，抑郁症的发病率增速惊人。

戴维·伯恩斯写道，在 20 世纪 80 年代之前抑郁就已经成为心理界的癌症，普遍而难以治疗。与抑郁症相关的禁忌让这个问题对大多数人来说更加严重。与癌症一样，找到有效的疗法极为重要。从弗洛伊德学派的精神分析到电击治疗，心理学界用尽了一切方法来对付这个问题，但始终没有取得非常好的成果。

伯恩斯协助建立了一种新疗法——认知疗法。他在《伯恩斯新情绪疗法》一书中，尝试解释这套疗法如何运作，以及为什么这套疗法与其他治疗方式不同。这本书曾经畅销一时，因为这是最先向大众解释认知疗法的著作，没有抑郁症的人读起来也认为出乎意外的有趣和实用。这本书提供了或许可以改变生活的见解，让读者明白思想与情绪是如何交互作用的。

## 认知的方式

以精神科住院医师的身份在宾夕法尼亚大学工作时，伯恩斯与开先河的认知心理学家亚伦·贝克（Aaron T. Beck）共事。贝克相信大部分的抑郁或焦虑都只是不合逻辑和负面思考的结果。他指出抑郁症患者会觉得自己是个失败者或认为他们的人生就是一个大错误，然而这与他们高成就的现实人生境遇，往往有显著反差。贝克的结论是，抑郁必然是因为"思考"出了问题，把扭曲的想法矫正了，就可以恢复正常。

贝克认知治疗的三项原则是：

* 我们所有的情绪都是因为"认知"或想法产生的。任何时刻我们的感受都是出自我们在想什么。
* 抑郁就是不停想着负面的念头。
* 大部分造成我们情绪骚动的负面想法明显就是错误的，或者至少扭曲了事实，然而我们毫不存疑地接受了。

在伯恩斯看来，上述说法听起来有些过于明显和简单了。但是当他真正尝试在抑郁病患身上，运用被称为"认知治疗"的这种创新谈话疗法时，他惊讶地发现许多长期病患如释重负，摆脱了破坏性的负面感受。几星期前曾尝试自杀的患者现在期待重建他们的新生活。

## 看穿黑魔法

认知疗法的革命性概念在于,抑郁不是情绪失调。让人陷入抑郁的不良情绪都源于负面想法,因此治疗必须包括挑战和改变这些负面想法。

伯恩斯列举出十种"认知扭曲",例如非黑即白的思维、以偏概全、妄自菲薄、妄下结论、给自己贴标签等。意识到这些扭曲,我们就会明白"感受不是事实",感受只是我们想法的镜子。

如果这些是真的,我们应该信任自己的感受吗?似乎有凭有据的感受就是"真相",不过伯恩斯指出,信任自己的感受就像信任游乐园的哈哈镜,以为哈哈镜照出的就是我们真实的样子。他提道:"不愉快的感受只是显示你正在想着负面的事情,而且深信不疑。"这就是为什么他认为"抑郁是一种极为强大的黑魔法"。

因为想法先于情绪,所以我们的情绪丝毫不能证明我们的想法是正确的。感受也没有特别了不起,尤其是根据扭曲的认知产生的感受。伯恩斯问:当我们心情大好时,我们的美好感受是否可以决定我们的价值?如果不能,那我们怎能说内心抑郁时的感受可以决定我们的价值?

伯恩斯不是说所有情绪都是扭曲的。举例来说,当我们体验到真实的悲伤或喜悦,这些都是健康而且正常的反应。真诚的悲伤,例如在失去亲人时,那是"灵魂"的悲伤,而抑郁永远是心智上的。抑郁不是对生命的适当回应，而是错误、绕圈的思考带来的疾病。

## 创造新的自我形象

伯恩斯指出了一套抑郁的循环规律：我们的感受越糟，想法就会变得越扭曲，而扭曲的想法让我们陷得更深，使自我感受更加灰暗。几乎他所有的病人都认为自己的处境是没有希望的，他们真心相信自己是糟糕的人，与自己的对话就像是坏掉的唱片，反复播放自我谴责和自我贬低。即使有人爱、有家庭、有好工作……抑郁的人也觉得自己是不幸的。我们可以拥有"一切"，但如果不爱自己，而且丢失了自我价值，就会觉得自己什么都不是。

采用认知疗法的心理治疗师往往会和病人陷入激烈的拉锯战，试图指出病人的断言有多么可笑或谬误。当病人终于学会挑战自己的错误想法时，就是对自己产生良好感受的开始。

### 总评

《伯恩斯新情绪疗法》中的概念真的有效吗？研究人员追踪了两组类似病患，一组让他们在一个月内读伯恩斯的书，一组没有读书。与对照组相比，阅读《伯恩斯新情绪疗法》的这一组不仅抑郁症状大幅改善,而且症状没有再出现。或许这本书发挥作用的关键是,让我们觉得自己不是被"处置"的,反而是获得工具来改变自己。

指定像《伯恩斯新情绪疗法》这样的书给精神患者阅读,被称为"阅读疗法",这方面专业人士对伯恩斯的著作通常评价很高。在帮助人们对抗抑郁症时,读一本书真的比药物或心理治疗的作用还要好吗?阅读疗法当然是值得尝试的。如伯恩斯本人在1999年修订版的导言中指出的,他的书的价格大约与两颗百忧解药丸相同,而且没有副作用。

的确,认知疗法的绝佳益处就是不需要吃药。不过在《伯恩斯新情绪疗法》的最后三章中,伯恩斯解释,对于很严重的抑郁症,最有效的治疗是结合认知疗法和抗抑郁药物,前者改变患者的思考,后者提升他们整体的心情。

伯恩斯指出,认知疗法的基本概念(我们的想法影响了自身的情绪和心情,而不是反过来)可以回溯到很早以前。古代哲学家埃皮克提图(Epictetus)一生都在阐述这个概念:不是事件决定你的心理状态,而是你决定要如何感受事件。这是所有快乐的人共同的秘密,任何人都可以学会这项技巧。

# 戴维·伯恩斯

伯恩斯生于1942年,大学就读于阿默斯特学院,从斯坦福大学拿到医学博士学位。他在宾夕法尼亚大学完成精神医学的学习,成为该校医学中心的精神科代理主任。1975年,他因为脑化学方面的研究赢得"生物精神病学协会"颁发的贝内特奖。

伯恩斯曾经担任哈佛医学院的访问学者,目前是斯坦福大学医学院精神医学和行为科学临床教授。

《伯恩斯新情绪疗法》卖了400多万册,除了成功的衍生品《伯恩斯新情绪疗法Ⅱ》(*The Feeling Good Handbook*),伯恩斯还出版了针对关系的《伯恩斯情绪疗法》(*Feeling Good Together*)、《伯恩斯新情绪疗法Ⅲ:十天重建内心强大的自己》(*Ten Days to Self-Esteem*),以及《伯恩斯焦虑自助疗法》(*When Panic Attacks*)。

# 2012

# 《安静》
## Quiet

内向，加上它的表兄妹（敏感、严肃和害羞），目前是次等的人格特质，介于让人失望和病态之间。内向的人生活在以外向为理想的社会里，就像女人生活在以男性为主导的世界里，因为自己的核心特质而受人藐视。外向是极有魅力的人格特质，然而我们把外向转变成压迫人的标准，让绝大多数人感觉自己必须去顺服它。

不管你参考的是哪一项调查，有三分之一到二分之一的美国人是内向的人，换句话说，你认识的人中每两人或三人就有一个内向的人……如果你本人不是内向的人，你也肯定会抚养、管理内向的人，或者跟内向的人结婚或成为伴侣。

**总结一句**

或许外向是迷人的特质，然而这已经成为一项"压迫的标准"，使数百万比较安静的人无法表现天生的人格和力量。

**同场加映**

伊莎贝尔·布里格斯·迈尔斯《天生不同》（第06章）

汉斯·艾森克《人格的维度》（第16章）

斯蒂芬·平克《白板》（第43章）

# 苏珊·凯恩
# Susan Cain

"内向者"（Introvert）这个词是通过卡尔·荣格的著作《心理类型》（1912）而普及的。荣格指出自古以来就存在两种人格类型：喜欢外出、个性快活、在喧闹的房间里最快乐的类型，以及好沉思、需要花时间独处来充电的类型。

荣格之后，心理学家提出各种轴线和象限来充实外向与内向的基本区别，但是很少有人了解这样的区别对大众来说是多么重要，直到苏珊·凯恩的《安静》（*Quiet*，又译为《内向性格的竞争力》）开始大卖（已销售了200多万册）。凯恩花了七年写成这本书，对自认是内向者的凯恩来说，这本书更像是某种使命而不只是一本书。凯恩不愧是内向者，把这本书写得极为出色，而且有研究的充分支持。

内向和外向是人格的最基本划分，凯恩认为那是南辕北辙的两种气质。不过说内向者不好社交，外向者善于社交，那就将两种人格概念太简化了，凯恩指出，他们是"不同的社交人格"。独自思考就可以给予内向者足够的刺激了，因此一屋子吵闹的人对他们来说实在是超负荷的，会耗尽他们的能量。相反地，外向的人如果一整天独自一人，可能会觉得有气无力或漫无方向，他们需要与人互动才会觉得有活力、思路清晰。在交谈风格上，外向的人倾向先寒暄几句，再谈比较重要的事。内向的人相反，他们乐于迅速深入有意义的谈话，最后再闲聊。不过如果身处自在的环境，内向的人也可以像外向者一样聊个没完。

## 这个世界为什么变得如此外向

凯恩强调，在西方国家善于交际和外向的人受到赞赏，而内向的人得到的形容通常是自我中心、反社会，甚至被认为是病态的。在东方，情况刚好相反，人们认为内向者善于学习、思考和倾听，并因刚毅、沉稳的秉性获得赞美，而外向的人被视为咄咄逼人和反社会。凯恩举出的内向者范例有一些是亚裔美国人，他们必须适应在美国的生活，还不习惯美国社会的观念（也就是认为华丽的表达方式跟内容或知识一样重要，甚至更重要）。简单来说，内向和外向的区别既是生物构造上的差异，也是由文化建构而成的。

戴尔·卡内基（Dale Carnegie）在20世纪30年代因他的公开演说课程和著作《人性的弱点》(*How to Win Friends and Influence People*）而声名鹊起，职业生涯达到鼎盛。他的成就象征了文化历史学者沃伦·萨斯曼（Warren Susman）所说的"品格的文化"（culture of character）转变成了"个性的文化"（culture of personality）。美国人过去赞赏认真、自律和品德高尚的人，而新的理想人物是拥有良好的个性（"个性"这个词眼在19世纪之前是不存在的，直到20世纪人们才开始普遍使用）。人口从农村移转到城市后，意味着人们必须随时和完全陌生的人互动，而良好的第一印象可能有助于得到一份工作。自我成长类图书试图帮助人们变得更加有魅力和迷人，而曾经这类书鼓吹的是坚毅和诚实的价值。无论是谁，只要没有展现出足够的外向性格就会被看作怪异和软弱，如果是男性，甚至会被当成同性恋。学校老师接受的训练是把内向看成是有社会适应问题，必须加以矫正。20世纪40年代，哈佛大学剔除害羞、神经质和智力型的申请人，偏爱喜欢交际的类型，即使前者的入学考试分数更高。一般的观念是，只有具备推销员那样的性格才能在"真实世界"表现优异。

这种不经思考的性格偏见一直延续到了今日，而且带来了危险后果。凯恩拜访哈佛商学院进行研究时震惊地发现，每一件事都是以"团队"为基础架构起来的，学校希望每个人都在课堂和研讨会上长篇大论，同时参与耗时费力的社交生活。当她读到一些关于期待学生如何参与的注意事项时，心中警铃大作："陈述意见要坚定。即使你只相信50%，说的时候也要像你百分之百地相信。"换句话说，如何说比说什么更重要，看起来信心十足比你独自研究某个议题得出来的任何见解都更加重要。

## 书呆子的反击

凯恩引用了一项研究,显示人们认为爱说话的人比寡言者更漂亮、有趣,而且更合适作朋友;说话快的人比说话慢的人更讨人喜欢,也更有能力。而且在团体中,话多的人总被认为智力较高,比他们安静的同事聪明,尽管爱说话跟智力并没有什么关系。凯恩提到菲利普·泰洛克(Philip Tetlock)对政治专家的研究著作《狐狸与刺猬:专家的政治判断》(*Expert Political Judgement:How Good is It? How can We Know?*)。这些权威人士在谈话节目和新闻频道中预测政局,而泰洛克发现他们其实比一般人的预测更失准。事实上,越出名或者越坦率直言的专家,成绩越糟糕。

在《从优秀到卓越》(*Good To Great*)一书中,吉姆·柯林斯(Jim Collins)研究企业领袖后发现,最成功的并不是具有魅力的外向者,而是那些极为谦逊且具有强烈专业意识的人。员工用来形容这些人的语词包括:安静、谦虚、谦和、内敛、羞涩、优雅、举止温文尔雅、不张扬和低调。换句话说,最好的公司是由全心全意投入公司而不是关注自己的人来领导的。心理学家亚当·格兰特(Adam Grant)写了《沃顿商学院最受欢迎的思维课》(*Give and Take: A Revolutionary Approach to Success*),他也发现,内向的领导者更善于让别人主动和独立工作,而外向的领导者倾向让别人复制他们的见解。

某个文化,无论是公司、大学或国家的,若以外向为核心价值，带来的一个显而易见的问题是：决策权掌握在更果断的人手里，而比较安静、往往也比较有见识的人则遭到忽视，让团体付出代价。

有专家研究过一家投资银行的64位交易人，得到一个有趣结果：表现最好的往往是情绪稳定的内向者。为什么？这是因为内向的人比外向者更加注重细节，而且善于捕捉微小的预兆。他们也比较能够觉察和承认自己的激动和渴望，客观看待事情。

凯恩访问华尔街杰出的对冲基金交易员博伊金·库里（Boykin Curry）时，对方惋惜道，在金融危机之前的繁荣岁月，争强好胜的冒险家掌握了决策权："特定人格类型的人掌控了资本、体制和权力。而天性比较谨慎、内向，思考上重视统计数字的人则被认为难堪重用，遭到冷落。"凯恩也注意到，美国能源公司安然公司在破产前也有这样的情况。显然，成功的组织不能只有争胜好胜的员工，也需要谨慎的个人来平衡，他们能保障企业20年甚至50年后依旧存在。这些人通常属于内向阵营。

## 安静的力量

因为外向者在社交和事业上可见的优势，有些内向的人试图仿效外向者的行为举止，就不让人意外了。在这样的社会制约下，许多人认为为了成功他们必须喜欢交际、在团队中工作、迅速决策，并且必须乐于成为关注焦点。然而纵观一些创造者，从牛顿的万有引力理论到爱因斯坦的相对论，从普鲁斯特的《追忆似水年华》到斯蒂芬·斯皮尔伯格的电影，凯恩强调，如果这些创作者被迫成为与他们本质不统一的人，许多我们珍视的科学和艺术成就都不会出现了。政治上也一样。凯恩评论道："虽然内向被当作缺点，但埃莉诺·罗斯福（Eleanor Roosevelt）、阿尔·戈尔（Al Gore）、沃伦·巴菲特（Warren Buffett）、甘地（Gandhi）及罗莎·帕克斯（Rosa Parks）等人物反而是因为内向，才取得了成功。"在这个善于社交等同于快乐、大胆甚至伟大的世界里，"安静的力量"更少获得颂扬。这是民权运动者罗莎·帕克斯自传的书名，凯恩标举她为强大内向者的原型。在她挺身而出、反抗种族歧视成名后，许多人疑惑为什么如此谦逊的人会这么勇敢。但是对凯恩来说，这一点都不难理解。凯恩曾经是华尔街的律师，而身为内向者，她非常害怕谈判。不过她不采取一般的对抗途径，一直问问题，从来不提高音量，也不寻求共同点。有一次谈妥协议之后，第二天对方打电话给她，不是要她重回谈判桌，而是给她工作，说他们从来没见过有人能这么和善又这么强悍。甘地年轻时曾担任律师，那时他非常害羞，而且终其一生他都不善于即兴演讲。然而他的"非暴力原则"成为"软实力"的典范。跟罗莎·帕克斯一样，甘地也向世人展现出，安静不一定意味着软弱。"信念就是信念……无论用多高的分贝来表达。"凯恩说。

## 为什么这个世界需要内向的人

没有研究显示外向的人和内向的人在智力上有任何差别，只不过他们的表现不一样。外向的人在小学阶段成绩往往比较好，然而在中学阶段容易被内向的人赶超。在大学，内向的人比起单纯的脑力是更好的成功预测指标。针对141位大学生的研究发现，对于各个学科，内向的人就是懂得比较多。他们在沃森－格拉泽批判性思维评价（Watson-Glaser Critical Thinking Appraisal test）上的表现也比外向的人优异得多。凯恩表示："企业在雇用和决定员工晋升与否时广泛使用这套批判思维能力评估测验。"

外向者和内向者工作风格也不一样。外向的人喜欢直接去解决问题，快速工作，然而遇到挫折时容易放弃。内向的人则会思考得比较久、比较深，锲而不舍，直到想出解决办法。正如爱因斯坦所说："并不是我有多聪明，而是我抓着问题不放的时间比较久。"外向的人关注身边发生的事，内向的人更喜欢运用他们的想象力，发展策略，并且试图看见大局。凯恩说，如果交给外向和内向的人相同任务，外向的人会问这是怎么回事，而内向的人问的是"如果……会怎样"。

## 新的群体思维

对于心理特质研究有诸多贡献的英国心理学家汉斯·艾森克

表示，内向的人偏爱单独工作，因为这样能"让心智专注于手上的任务，避免能量分散、消耗于跟工作无关的社交和性爱上"。成功而内向的人确实拥有社交技巧，但是他们清楚在独自一人和安静的状态下，工作成效最好。

安德斯·埃里克森（Anders Ericsson）在《要达到专家级的表现，刻意练习有多重要》（*The Role of Deliberate Practice in the Acquisition of Expert*，1993年刊登于《心理评论》）一文中，阐释了最棒的小提琴家会花最多的时间来"独自练习"。冠军级的国际象棋棋手也是如此，"独自认真学习"是预测成功最好的指标。在《创造力》（1996）中，心理学家米哈里·希斯赞特米哈伊指出，喜欢呼朋引伴的青少年往往很少独处，因此失于培养自己的才能，"练习乐器或研究数学需要处于孤独，那正是他们害怕的。"

如果孤独是创造力的一个重要方面，你会以为学校和工作场所允许更多的孤独，然而正如凯恩描述的，"新的群体思维"却假定成功来自群体互动和脑力激荡，把团队合作的地位抬举到最高。马文·邓尼特（Marvin Dunnette）1963年在针对3M公司管理阶层的研究证明，广告业高管亚历克斯·奥斯本（Alex Osborn）在20世纪50年代发明的"团体脑力激荡法"根本就不管用。邓尼特发现，最多和最棒的构想来自独立工作的主管和科学研究人员，而且之后40年的研究显示，团体人数越多，越产生不了好的构想。

公司和学校需要融合的环境，让里面的人既可以有面对面的互动,也可以安安静静地独自工作。皮克斯动画和微软让员工选择最适合他们的工作环境,设置了组合式办公空间,员工可以自己安排要不要有隔间。苹果的共同创立者斯蒂夫·沃兹尼亚克(Stephen Gary Wozniak)眷恋地回想起在惠普工作的那段日子:每天上午十点和下午两点,甜甜圈和咖啡就会被送进来,人们可以低调和轻松地交流,如果愿意,也可以谈谈自己的工作。这样的互动不是强迫性的,正适合沃兹尼亚克这种内向的人。如果有人待在自己的办公室,也不会有人介意。最近的研究显示,没有隔间的办公室会降低生产力,甚至会损害人们的记忆力。凯恩表示,在这种敞开的环境中人们变得"不舒服、有敌意、没有动力,而且没有安全感"。他们更容易感冒、血压高、和同事吵架。简单来说,过度刺激的环境大大不利于生产力。

## 总评

在心理学界有场持续进行的辩论,争执"内向"和"外向"的真正定义,凯恩指出她的书不过是呈现了这方面的研究。让事情复杂化的是,针对基本的内向与外向区分,心理学家早已提供了改进方案或备案,包括杰罗姆·卡根(Jerome Kagan)的"高反应"概念和伊莱成·阿伦(Elaine Aaron)的"高敏感"分类,这两种说法都有助于人们更加了解内向这种特质。

不难看出为什么《安静》会成为畅销书，它让许多人或许是生平第一次觉得，他们可以保持本色。凯恩让内向的人能够比较心安理得地拒绝一场宴会；主张自己有权利在家安静地工作或是拥有个人办公室，不必忍受开放环境的嘈杂；希望工作是分析和制定策略，而不是去建立人脉。凯恩并非渴望拥有一个纯属于安静而敏感之人的世界（虽然她嫁给了一个外向的人），只是希望世人能认可内外向应该平衡。

凯恩提出了"自由特质理论"做进一步探讨，这套理论是：尽管有固定的人格特质，例如内向，我们仍可以跳脱出自己的性格，去做那些帮助我们达成志向的事，或者为了爱去做一些事，例如活跃于学校的家长会或在工作中演讲和主持研讨会。她形容这本书出版后的第二年是她"危险生活的一年"，因为她必须到处公开演讲。尽管她容易紧张，2012年她还是录了一次TED演讲，观看者众多，至今仍是这个平台最受欢迎的演讲之一。事实上，最好将外向和内向看作是连续光谱的不同落点。凯恩引用荣格的话来表达："没有纯粹外向或纯粹内向这回事，这样的人会住进疯人院。"

# 苏珊·凯恩

凯恩生于 1968 年，是普林斯顿大学和哈佛法学院的毕业生。她的工作生涯始于在华尔街当律师，代表通用电器和摩根大通之类的公司。她创立了自己的谈判顾问公司，在这个领域耕耘数年。之后她开始写作，她也与人合笔，为孩童和青少年撰写了《安静的力量，从小就看得见》(*Quiet Power: The Secret Strengths of Introverts*, 2016)。她是安静革命公司联合创始人，这家顾问公司提供关于工作与培训的咨询服务。凯恩与家人住在纽约城外。

# 1984

## 《影响力》
## *Influence*

究竟是什么因素促使人们对别人说好？而哪些技巧能够最有效运用这些因素让别人顺从？我好奇为什么以某种方式陈述的要求会遭到拒绝，而稍微换个方式提出就会成功。

从社会认同的角度来看，似乎就比较容易理解，为何那些信徒走向一大桶毒药，面对自己的死亡表现出惊人的淡定，毫不惊慌。并不是琼斯催眠了他们，而是他们深信（部分是因为琼斯，然而更重要的是社会认同原则说服了他们）自杀是正确行为。

**总结一句**

了解有哪些技巧会影响心理，避免成为受害者。

**同场加映**

加文·德·贝克尔《恐惧给你的礼物》（第04章）
马尔科姆·格拉德威尔《眨眼之间》（第22章）
埃里克·霍弗《狂热分子》（第29章）
斯坦利·米尔格拉姆《对权威的服从》（第37章）
巴里·施瓦茨《选择的悖论》（第47章）

# 10

# 罗伯特·西奥迪尼
# Robert Cialdini

❖

《影响力》卖了 200 多万册,被翻译成 20 种语言。在导言中,罗伯特·西奥迪尼承认,他一直都是推销员、小贩和募款人容易盯上的目标。当有人要求捐钱时,直截了当地说"不"对他从来不是容易的事。身为实验社会心理学家,他开始好奇有哪些实际技巧可以让人们同意去做他们一般不会有兴趣的事。为了研究,西奥迪尼回复报纸上各种销售训练课程的广告信息,来亲身学习说服和销售的技巧。他潜入广告、公关和募款机构,从专业人员身上搜集"顺从心理学"的秘密。

他的成果就是这本营销学和心理学的经典著作,这本书让我们见识到,为什么面对劝说我们会毫无招架之力,从推销过程我们也可以深入了解人性。

## 播放我们的录音带

西奥迪尼以探讨火鸡的母性本能为开场。火鸡妈妈是非常保护小鸡的好妈妈，不过我们已经发现一件会触发它们母性本能的事，这件唯一能够触发母性的事就是小鸡吱吱的叫声。臭鼬是火鸡的天敌，每当火鸡妈妈看到臭鼬时就会立刻进入攻击模式。即使只是看到填充的臭鼬玩偶，它都会戒备。但是同样一只臭鼬玩偶发出和它的小鸡一样的吱吱声时，奇怪的事发生了，火鸡妈妈摇身一变，成了臭鼬玩偶的忠实保护者！

动物多么蠢啊，你或许会这样想。按个钮，就出现特定行为，即使那些行为是可笑的。然而西奥迪尼告诉我们，描述火鸡的行为只是为了让我们有个心理准备，接下来他要揭露的是关于人类自动反应的那些让人不自在的真相。人类也有我们"预先设定的录音带"，这种机制通常能对我们产生正面作用，例如保障我们的生存而无须思考太多，不过如果我们没有觉察那些触发机制，也可能危害我们。

西奥迪尼指出了六种"影响力武器"，会促使我们跳过正常的理性决策过程，自动产生行为。心理学家称这些容易触发的行为是"固定行动模式"。只要知道了触发机制，你就能八九不离十地预测别人可能产生的反应。

《影响力》这本书比较精确的书名是《如何让人们在理性思考之前就自动回应你的提议》。西奥迪尼指出，"说服人的专家"有六大基本武器让你不假思索地说"是"，包括互惠原则、承诺和一致、社会认同、投其所好、诉诸权威和物以稀为贵。

## 永远投桃报李

每个文化都存在互惠原则，无论别人给予我们什么，不管是礼物、邀请还是赞美，都应该回报。

你是否对自己喜爱的人更好？我们大多数人都会回答：是。然而心理学研究发现，喜爱这项因素完全不影响我们是否觉得自己有义务回报他人恩惠。对于给予我们某样东西的个人或组织，我们会感觉有所亏欠，即便那些东西很小，甚至是我们不想要的。西奥迪尼以"奎师那知觉运动"的战术为例，他们在街上或机场里给人送花或者小册子。尽管大多数人并不想要花，并且往往试图还回去，然而一旦把花拿在手里，他们就觉得有义务捐献。而慈善团体直白的募款信函的回复率通常不到20%，但是如果信函包含了礼物，例如印上收件人姓名和住址的贴纸，回复率就会大幅提高。

不只是回报的义务有强大约束力量，接受的义务也有。觉得不能说"不"，加上我们不愿意被看作不懂回报的人，使我们沦为精明营销人员的猎物。西奥迪尼警告，如果你收到不请自来的"礼物"，要明白这并不是出自善意，或许这可以让你收了礼物而不回赠时，不会良心不安。

他提到了著名的水门事件，尼克松因该事件下台。事后来看，非法闯入是愚蠢的，风险大、毫无必要（尼克松反正一定会赢得下场选举），而且要花大价钱。然而共和党连任竞选委员会同意这么做，不过是为了安抚其中一位比较极端的成员。G. 戈登·利迪（G. Gordon Liddy）之前呈交了两项更加奇特、昂贵的提案，从抢劫到绑架无一不包，因此当他提出不那么兴师动众的主意——潜入民主党总部时，委员会觉得有义务说"好"。如委员会成员杰布·马格鲁德（Jeb Magruder）事后之言："我们不愿意让他空手而归。"各位一定要提防互惠冲动的影响力。

## 前后一致

人类喜欢前后一致。如果我们专注于一件事，我们对这件事的感觉就会比较好，一旦承诺了，就会尽一切努力向自己证明自己的决定是正确的。为什么我们会这样？部分理由是社会压力，没有人会喜欢意见或心态摇摆的人。我们喜欢被别人看作是清楚自己想要什么的人。不幸的是，这一点成了营销人员的"金矿"。他们非常清楚人们不想改变心意的内在压力，而且充分利用这一点。当为慈善募款的工作人员给我们打电话问好时说"你今天好吗？太太……"十之八九我们会给予正向回复。接着对方恳请我们为某项灾难或疾病的不幸受害者捐款时，我们就不好突然变得刻薄或态度恶劣，拒绝帮助那些处境不好的人。为了保持一致，我们不得不捐款。

营销人员知道，如果得到了别人的一个小小的承诺，就掌握了他们的自我形象。这就是为什么有些不择手段的汽车销售人员一开始会提出非常低的车价，吸引我们进入展示厅，但是最后加上各种额外费用，价格根本不低。然而到了这个阶段，我们觉得已经承诺要购买了。另外一种把戏是，推销员让顾客自己填订购单或是销售协议，这样会大幅降低顾客改变心意的概率。公开承诺是一种强大的约束力。

西奥迪尼引用了爱默生的名言："呆板地坚持一致性实在是傻得没边了。"尤其当你面对营销攻势时，记住你自然会倾向想保持一致，这时你就会发现自己更容易退出那些其实并不好的交易。在你觉得有压力要保持一致、做出最初承诺之前，这件事值不值得去做，请听从你的直觉。

## 社会认同

为什么电视上的喜剧录影节目一定要加上预录的笑声，即使那些制作节目的创意人员会觉得受到了侮辱，而且大多数观众也表示不喜欢？因为研究显示，即使笑声并不是真实的，观众还是会觉得，听到别人的笑声让那些插科打诨更好笑了。

人类需要"社会认同"，旁人先做了一件事，然后他们才觉得可以自在地去做这件事。西奥迪尼提供了一个非常黑暗的例子——著名的凯瑟琳·吉诺维斯案件。1964年，这名女子在纽约市皇后区的街道上遭人杀害。在长达半小时的行凶过程中，凶手攻击了她三次，最终杀死她。更不可思议的是，虽然有尖叫和挣扎的声音，纵使有38人目睹了正在发生的事，却没有人停下脚步去干预。这只是一则纽约人冷酷无情的例子吗？或是目击者似乎过于震惊，所以没有采取任何行动？最后答案却是，每个人似乎都想着有人会采取行动，因此没有人出手。西奥迪尼指出，一个身处困境的人，如果身边只有一个人，反而比身边有一群人时获得帮助的概率更高。在人群中或是在城市的街道上，如果人们看到没有人伸出援手，就不会想要去帮忙。我们在行动之前需要"社会认同"（social proof）。

在"模仿性自杀"（copycat suicide）成为大众熟知的概念之前，西奥迪尼就探讨过这个概念。与自杀相关的社会认同，最著名的例子是1978年发生在圭亚那琼斯镇的骇人事件。当时有910名吉姆·琼斯的"人民圣殿教"成员，喝下桶里的有毒饮料结束自己的生命。怎么可能有这么多人心甘情愿地去死？大多数教会成员来自旧金山，西奥迪尼认为身处异国的孤立状态助长了人们"有样学样"的先天倾向。

换个比较轻松的话题。广告和营销往往是建立在我们需要社会认同的基础上。我们不愿意使用新产品，总会等其他人先试用，这往往是帮助我们搞清楚这个商品好不好的有效方法和捷径，不过营销人员轻易就可以避开这个问题。想想看"见证"的操作效果：即使见证人是演员，依旧能够影响我们的购买决定。

## 不想错过

英国作家切斯特顿（G. K. Chesterton）说："爱任何事物的方法就是意识到可能会失去。"人性就是物以稀为贵。事实上，想到会失去某样东西比想着去获取相同价值的东西来取代它，更能激励我们采取行动。商人清楚这点，这就是为什么他们总是嘶喊着"存货不多"，让我们担心买不到了，即便自己也不确定这件商品究竟是不是自己想要的。

西奥迪尼指出，一部影片或一本书遭遇审查或被禁止发行时，观影或阅读需求会激增。无论是人或事，只要我们被告知不应该拥有，就会获得人们的珍视。根据他所说的"罗密欧与朱丽叶效应"，如果双方父母反对，而且见面困难，十几岁的恋人之间的关系会更容易被强化。

我们应该觉察自己对稀有事物的反应，毕竟它们会影响我们清楚思考的能力。我们会做蠢事，例如与他人出价竞争商品，最后不得不为我们从来没有预算的东西买单。我们成为受害者，因为推销员的一句"存货只剩一件"，或者房产中介告诉我们"城郊有位医生和他太太也对这栋房子感兴趣"。审慎、冷静地评估事物的价值，而不要让对错过的担忧挟持你。

## 总评

你需要亲自阅读《影响力》这本书才能了解影响力的其他两个范畴："投其所好"和"诉诸权威"。关于后者的线索，西奥迪尼引用了斯坦利·米尔格拉姆的著名实验（参见第350页），这项实验探讨了人类敬重权威的倾向，纵使权威人物极为可疑。

对于人类是多么容易受到心理技巧的影响这一点，西奥迪尼提供了许多可怕但却有益的教训。但意识到这些不一定会让我们看低人性。事实上，深刻理解我们的自动行为模式可以提高我们保持独立思考的概率。要降低顺从策略对懵懂无知之人的影响力，最好的方法是让更多人清楚这些心理技巧，在这方面《影响力》这本书功不可没。

这本书的修订版的一项有趣特色内容是收录了读者来信。这些读者或者见证过书中讨论的技巧，或者曾为受害者，他们想要分享故事。关于营销人员如何成功诱使我们购买商品，《影响力》是一本杰出的入门书，不过在更深的层面，这本书是关于我们如何抉择，即你的决定是有人试图操控你心智或情绪的结果，还是你理性思考的结果。

# 罗伯特·西奥迪尼

罗伯特·西奥迪尼生于 1945 年，从北卡罗来纳大学取得心理学硕士学位，在哥伦比亚大学接受博士教育。他曾在俄亥俄州立大学和斯坦福大学担任过访问学者。

在"影响力和说服"这个主题上，他是公认的世界顶尖权威，目前是亚利桑那州立大学心理学系最高级别的终身教授，也是顾问公司"Influence At Work"的总裁，为企业提供服务。

西奥迪尼的著作有针对团体传授说服和顺从原则的《影响力》(*Influence: Science and Practice*)，以及根据新研究撰写的《先发影响力》(*Pre-suasion: A Revolutionary Way to Influence and Persuade*)。

# 1996

# 《创造力》
## *Creativity*

　　比许多过于乐观的叙述者所声称的,要困难而且奇怪得多。就一点来说(我会试着阐述清楚),值得被贴上"有创意"标签的观念或产品,不只是源自一个人的心智……真正具有创意的成就几乎从来不会是灵光乍现(宛如黑暗中灯泡突然发光)的结果,而是多年努力的收获。

　　创造力是我们人生意义的核心来源,这有几项理由……:第一,绝大部分有趣、重要而且关乎人的事,都是创造力的成果。我们与黑猩猩的基因有98%都是相同的……少了创造力,实际上就很难区分人类和人猿。

**总结一句**

　　只有当我们精通了工作的媒介或领域,真正的创造力才会浮现。

**同场加映**

　　马丁·塞利格曼《真实的幸福》(第48章)

# 米哈里·希斯赞特米哈伊
## Mihaly Csikszentmihalyi

❖

在转向研究创造力之前，心理学家米哈里·希斯赞特米哈伊写了一本著名的书《心流》(*Flow*)。这本书的观点是：追求快乐本身是错误的。更确切地说，我们应该识别出什么时候我们是真正快乐的（也就是当我们感觉真实而有力量的时候，正在做什么），然后多做一点这些事。我们进行"心流活动"是为了纯粹的愉悦或是获得智力上的满足，而不是想要获得外在报偿。比如，你可能想要赢一场棋赛，但你下棋是因为能够让自己的心思完全沉浸其中；你可能想要成为优秀的舞者，然而对你来说学习跳舞本身才是主要回报。

希斯赞特米哈伊应用上述观念来回答"某些人是如何变得真正具有创造力"这个问题。他感兴趣的不是他所谓的"小型创造力"（比如那些用来做蛋糕、选窗帘、小孩用想象力自言自语所涉及的创意），而是改变整个人类功业"范畴"或领域的那种创造力。真正有创造力的人拥有能力改变我们观看、理解、欣赏或做事情的基本方式，无论是通过发明新机器或写一系列歌曲。而希斯赞特米哈伊想要弄清楚是什么让他们与众不同。

《创造力》是希斯赞特米哈伊对创造力这一主题30年研究的集大成之作。探讨如何变得更有创造力的书籍和研讨会已经形成了一个小产业，但其中许多都是夸夸其谈，而这本书是少数的认真论述，希斯赞特米哈伊确实了解具有创造力的人和创意产生的过程是多么复杂。

## 研究具有创造力的人

在《创造力》开篇，希斯赞特米哈伊提供了从当前创意人身上所获得的信息，他声称这是第一次有人对此做出系统性研究。这项研究访问了91名在各自领域，包括艺术、商业、法律、医学或科学等，公认具有不可磨灭影响的人物。仅在科学领域就有14位诺贝尔奖得主。受访人士包括哲学家莫提默·J.艾德勒（Mortimer J. Adler）、物理学家约翰·巴丁（John Bardeen）、经济学家肯尼斯·博尔丁（Kenneth Boulding）、数学家玛格丽特·巴特勒（Margaret Butler）、天体物理学家苏布拉马尼扬·钱德拉塞卡（Subrahmanyan Chandrasekha）、生物学家巴里·科蒙纳（Barry Commoner）、历史学家娜塔莉·戴维斯（Natalie Davis）、诗人乔治·法鲁迪（Gyorgy Faludy）、作家内丁·戈迪默（Nadine Gordimer）、古生物学家斯蒂芬·杰·古尔德（Stephen Jay Gould）、经济学家哈泽尔·亨德森（Hazel Henderson）、艺术家埃伦·蓝侬（Ellen Lanyon）、动物学家恩斯特·迈尔（Ernst

Mayr)、心理学家布伦达·米尔纳（Brenda Milner）、化学家伊利亚·普里高津（Ilya Prigogine）、银行家约翰·里德（John Reed）、生物学家乔纳斯·索尔克（Jonas Salk）、音乐家拉维·香卡（Ravi Shankar）、儿科医师本杰明·斯伯克（Benjamin Spock），以及陶瓷设计师伊娃·齐塞尔（Eva Zeisel）。

就算只是为了阅读书中人物的故事，《创造力》都是一本值得购买的书。其中有些人大名鼎鼎，还有些人则主要闻名于自己的领域。几乎所有访谈对象都超过60岁，让希斯赞特米哈伊更能审视对方发展成熟的生涯，深入挖掘出成熟且具有创造力的成功究竟有什么奥秘。

## 环境中的创造力

希斯赞特米哈伊表示，"具有创造力的个人是在孤立状态下凭空构想出伟大的见解、发现、作品或发明"，这是一个错误的一般观念。创造力是个人与他所处环境、文化复杂互动的结果，而且要仰赖时间。

举个例子，如果杰出的文艺复兴艺术家，例如吉尔贝蒂和米开朗琪罗早生50年，艺术赞助的风气还没形成，没有资助的社会环境无法塑造出他们的伟大成就。再想想那些天文学家，若不是几世纪以来望远镜制造技术不断发展，加上前人所累积的宇宙知识，他们的发现是不可能出现的。

希斯赞特米哈伊认为重点是，我们关注在某个领域工作的人,也应该同样关注这个领域的发展,这样才能正确解释有多少进步。他指出,个人不过"是锁链中的一环,是过程中的一个阶段"。爱因斯坦真的发明了相对论吗?爱迪生真的发明了电力吗?这就好像是说火花要为燃火负责。而某项事物的发明过程当然是涉及许多元素的。

创造力的产物也需要观众接受并给予评价。如果没有获得认可,创造出来的事物就会消失。模因(meme)等同于文化基因,指如语言、习俗、法律、歌曲、理论和价值之类的事物,足够强大就会保存下来,否则就会消亡。有创造力的人追求的是创造能够影响文化的模因。创造者越伟大,模因的影响力就越长久、越深入。

## 首先,爱你的工作

创新的突破从来不会凭空出现,永远是多年辛勤工作并且密切关注某样事物的结果。许多创新发现有幸运的成分,尤其是科学方面的发现,不过通常"幸运"来自多年来在这个领域巨细靡遗的辛勤工作。希斯赞特米哈伊说了天文学家薇拉·鲁宾(Vera Rubin)的故事。她发现银河系中的星星并不是全部朝同一个方向旋转,有的是顺时针转,有的是逆时针转。如果她没使用比较清晰的新型光谱分析仪,就不会有这样的发现。而她有机会使用是因为她在这个领域的扎实贡献让她享有名声。鲁宾并不是一心追求大发现,相反,她的发现只是仔细观察星星和热爱工作的结果。她的目标是记录数据，然而她的全心投入带来了意外发现。真正具有创造力的人为工作而工作，如果他们的发现为大众所知，或者本人变得有名，那是额外红利。驱动他们的是渴望发现或是创造前所未有的秩序，这些动机超越追求报偿。

## 创造之前先要熟练

在大众心目中，创意者的形象是蔑视所有规范、教条和习俗。然而这是错误印象，因为每一位创造出真正改变的人首先需要精熟他的领域，这意味着完全沉浸其中和掌握这项领域的技巧和知识。唯有在自己的领域游刃有余之后，才有可能留下真正创新的标记。融会贯通工作领域的规则，让他们能变通或打破规则创造出新事物。简单来说，要做创新的事，首先必须把原有的事做好。

## 创造力的普遍特征

希斯赞特米哈伊的其他见解包括：

* "有创造力的人通常感到痛苦煎熬"，这样的观念大部分是错误的。绝大多数受访者对于自己的生活和创造力的发挥，都感到非常快乐。
* 有创造力而且成功的人通常有丰富的好奇心和强大的驱动力。他们绝对沉迷于自己投入的主题，尽管有人可能比他们聪慧，但决定性因素还是他们全心全意对成就的渴望。

* 有创造力的人会认真看待他们的直觉，在别人看来混乱的地方寻找模式，而且能够在不同领域的知识之间建立联系。
* 有创造力的人往往看起来傲慢，不过那通常是因为他们想要全神贯注在令他们兴奋的工作上。
* 尽管有创造力的人到哪里都能发挥创造力，但能够满足他们的兴趣，可以让他们遇见志同道合的人，以及在工作中会获得赏识的场域才吸引他们。
* 美丽或是能够启发人的环境更能够帮助人们成为较有创意的思考者，胜过让他们参加关于"创造力"的研讨会。
* 学校似乎对具有创造力的人影响不大，有创造力的人在大学时期往往不是风云人物。许多后来被公认为天才的人小时候并不特别突出，他们胜过别人的永远是好奇心。
* 许多具有创造力的成功人士要么是孤儿，要么就是跟父亲没什么接触。另外，他们通常有位极为投入而且慈爱的母亲，对他们期待很高。
* 绝大多数创意人才的家庭都属于两种类别：一、家境贫穷、弱势，然而父母还是督促他们接受好的教育或是取得专业素养；二、他们在父母是知识分子、研究人员、专业人员、作家、音乐家等的家庭里长大。由此可知，要成为强大的创意人才，最好是成长在重视才智培养而不是崇尚舒适的中产阶级家庭。
* 有创造力的人既谦逊又骄傲。他们毫无保留地投入个人领域，致力于可能达到的成就，然而他们也信心十足，知道自己可以有许多贡献并且留下自己的印记。

＊以为有一种"创造性人格",那是迷思。具有创造力的人共有的特质似乎是:复杂。他们"倾向于把整个人类的可能性带入自己身上"。

## ✍ 总评

希斯赞特米哈伊表示,把具有创造力的人看成是享有特权的精英,这种想法太简单。相反地,他们的人生向我们传递了一条信息:我们每个人应该都可以找到令人满足和热爱的工作。如他指出的,这项研究中的许多人并不是出身于条件优越的家庭,而是背负着经济压力或家庭压力,必须努力奋斗才能做想要做的事。事实上,有些受访者觉得他们最大的成就是:在不依赖社会期望的情况下就创造了自己的人生或事业。

为什么我们应该真正关心创造力?希斯赞特米哈伊关于"心流经验"的研究发现,这种经验最容易发生在人们投入"设计或发现新事物"的时候。我们发挥创造力之时最快乐,因为我们不再有自我意识,感觉自己融入了更伟大的事物中。希斯赞特米哈伊说,我们实际上先天就设定好了会从发现和创造当中获得满足和愉悦,因为产出的成果让我们这个物种生存下来。如果这个星球要继续生存下去,比从前更需要新构想,而最棒的构想很可能是来自真正具有创造力的人。

# 米哈里·希斯赞特米哈伊

米哈里·希斯赞特米哈伊于 1934 年出生在亚得里亚海边上的阜姆（Fiume，当时归属于意大利），他父亲是匈牙利派驻的领事。家族名字的意思是"来自奇克省的圣迈克尔"，奇克原本是匈牙利的一个省。

希斯赞特米哈伊在罗马度过了他的青春期，协助经营家庭餐馆，同时接受古典教育。毕业后他以摄影和旅行社代理人为业。他于 1958 年进入芝加哥大学，取得学士学位和博士学位。尽管他对卡尔·荣格的观念更有兴趣，还是必须修习行为主义心理学，一直到后来成为芝加哥大学的教授，他才能发展关于心流、创造力和自我的理论。

从 1999 年开始，希斯赞特米哈伊成为加利福尼亚克莱蒙研究大学的教授，他在那里主持"生活品质研究中心"，探讨正向心理学的各个方向。

其他著作包括《演化中的自我：第三个千年的心理学》(*The Evolving Self: A Psychology for the Third Millennium*，1993)、《超越无聊与焦虑》(*Beyond Boredom and Anxiety*，1975)，以及《发现心流》(*Finding Flow: The Psychology of Engagement with Everyday*，1997)。

# 2006

# 《终身成长》
## Mindset

人的品质可以培养，还是不可改变，是个老议题。你相信前者还是后者，对你会有新的意义。若你认为自己的智力和人格是可以开发的，并不具有固定且根深蒂固的特质，那会产生什么后果？

在固定型心态下，一切都与结果相关，如果你失败了或者你不是最好的，一切都是徒劳无功。保持成长型心态让人们能够看重自己的作为，无论结果如何。他们会去解决问题，规划新路径，着力于重要议题。或许他们尚未找到治愈癌症的疗法，然而追寻本身就意义深远。

**总结一句**

有两种截然不同的方式来看待智力、才能和成功。拥有"成长"心态的人，从实现潜能的角度看待人生；有着"固定"心态的人，关心的是证明自己的聪明或者才华。

**同场加映**

阿尔弗雷德·阿德勒《理解人性》（第 01 章）

阿尔伯特·班杜拉《自我效能》（第 03 章）

霍华德·加德纳《智能的结构》（第 20 章）

丹尼尔·戈尔曼《情商 3》（第 23 章）

沃尔特·米歇尔《棉花糖实验》（第 38 章）

## 12

# 卡罗尔·德韦克
## Carol Dweck

---

从自己的经验和观察别人的生活中，我们知道先天智力不决定成功与否。成功的方程式中还有很多其他因素，比如信念。

举个例子，如果你相信出生时就被赋予了一定的智力，那么你的人生方向将会是向别人证明你先天智力很高。如果想要别人认为你真的很聪明，你必须看起来聪明，而且表现得聪明。你不会问："我会从这件事学到什么吗？"而是问："我会成功还是失败？被接纳还是被拒绝？被看成是赢家还是输家？"总而言之，这是固定型思维模式（fixed mindset）。

而成长型思维模式（growth mindset）的人，会把自己天生的特质或能力仅仅看作起点，通过经验、努力和学习迈向目标，完成想做的事，成为理想的人。我们的智商或个性只是个人潜能的一部分，并不能限制我们。把兴趣和技能发展到极致，看看自己能走多远，人生就是要追求这种兴奋感。

上述两种观点截然不同，一种将我们的特质看作无法改变的既成事实，另一种则认为天赋只是"流动飨宴"的一部分。两种心态让我们走上截然不同的路径,有不同的思考和行动。

卡罗尔·德韦克关于心态的研究影响深远,揭示出人们终其一生怀抱却不曾言说的信念,如何影响他们获得自信、快乐和成功的机会。

## 成长超越智力

具有讽刺意味的是,德韦克写道,阿尔弗雷德·比奈(Alfred Binet,现代智力测验的发明者)发明智力测验的目的并不是要把受测者分门别类(把他们归在聪明、一般和蠢笨三个范畴)。相反地,他测试巴黎地区学童的目的是要学校设计新课程,让学童的智力能够提升到他们应该有的水准。对比奈来说,智力"经过练习和训练"完全是可塑的,"而最重要的是正确方法"。他说,"我们可以提升自己的注意力、记忆力、判断力,同时确确实实变得比之前聪明"。

德韦克指出,基因只是智力方程式的一部分,还受环境影响,包括为了达成特定目标,我们愿意"有目的"地投入多少心力。举个例子,学习小提琴可能要有一定的音乐天赋,然而也得接受磨炼,每天需要进行三小时的练习,好让自己达到成为专业人士所需的程度。在成功这道方程式中,愿意过着"有目的"投入的生活,比原始的天赋重要。"一开始最聪明的人,最后不一定也是最聪明的那位。"德韦克说道。

然而,固定型思维模式的人有时会让一次测验,例如智力测验，来定义他们往后的人生。而成长型思维模式的人认为这是荒谬的，如一位接受德韦克及其团队测试的学生所说："不可能！没有任何测验可以做到这点。"你不可能根据一次评估来预测人们会做什么或是最终会成为什么样的人。相反地，如同通用电气的传奇 CEO 杰克·韦尔奇（Jack Welch）所主张的，在选择雇用哪位应聘者时，不应该根据他们到目前为止做了什么，而是要看重他们成长的潜力。

德韦克撰写《终身成长》的动机是要让人获得解放。她谈到，自己教导过一名男孩关于固定型和成长型思维模式的不同，那男孩的感想是："你的意思是我不一定总是这么笨？"

## 成功、努力和思维模式

美国军事教练约翰·博伊德（John Boyd）经常问新来的海军军官："你想要成为某号人物，还是建立某项功勋？"换句话说，你想要"独特"，还是想要成为一个有潜力能够对他人产生积极影响的人？

拥有固定型思维模式的人的目标可能是成为诺贝尔奖得主，或是地球上最有钱的人。德韦克指出，成长型思维模式的人可能同样乐于追求和拿到这些奖项，但他们之所以追求并不是为了证明自己的价值，或是为了高人一等。固定型思维模式的人显著的特点是，他们得时时刻刻"呵护自己的信心，并且加以保护"。

保持固定型思维模式，若遇到事情，除非真的有信心能完成，否则不会觉得自己应该去处理。然而有成长型思维模式意味着，不一定要有信心才可以去做，因为这类人的目标是尽可能地学习和成长。这种根本差异表示这两种人对失败的看法可能大相径庭。对于固定型思维模式的人，没有赢可能表示他们所有的努力都浪费了。而对于成长型思维模式的人，失败也可能是痛苦的，但是经历本身就有极大价值。重要的是他们追寻了有意义的事物，即使没有得到奖赏，实际上还是赢了。

分析天才的心理结构时，德韦克指出，让他们与众不同的不只是天赋，还有异乎寻常的渴望——吸收知识、追求挑战、从事要求高的工作。他们受好奇心驱使，其强烈程度是固定型思维模式的人不会了解的。

德韦克提到的研究显示，固定型思维模式的人不善于评估自己的能力，成长型思维模式的人则擅长。她引用哈佛心理学家霍华德·加德纳的话，杰出的个人拥有"识别自己的长处和短处的特别天赋"。这是有道理的，如果你偏好学习，那么就会获得一大堆关于自己的反馈；如果你对自己的概念只是建立在概念本身，那无论如何都找不到方法去验证这些概念。

最后，固定型思维模式的人不相信努力，害怕挑战，不太愿意冒险。如果事情不顺利，他们很容易放弃，会问："有什么意义呢？"对比之下，德韦克指出："即使（或者说尤其）是在事情不顺利的时候，竭尽所能、坚持不懈地保有热情，是成长型思维模式的特点。"

## 思维模式与自我形象

如果你的焦点不是自我学习或自我发现,那么你在做的事结果如何就变得极其重要了。当你成功时,你优越的表现显然是你优越特质的结果。你有权利觉得你比他人优秀(确实,固定型思维模式的人倾向于通过比别人赢得更多的赞许、为自己的表现或行为找借口或责怪别人来维持自尊)。

但只建立在成果基础上的自尊和自重,会是纸牌屋。德韦克提出了一个令人发寒的问题:"如果你成功时是号人物,那你不成功时是什么呢?"这就是为什么你会发现,在一次失败之后固定型思维模式的人整天坐在黑漆漆的房间里。失败似乎剥夺了他们的价值,而这绝对不可能发生在成长型思维模式的人身上。

固定型思维模式可能导致人们做出不道德的选择,因为他们只想要眼下看起来光鲜亮丽,而不想承受真正成功必经的多年学习和艰难险阻。德韦克提到为《华盛顿邮报》和《新共和》撰稿的两位明星记者,这两位后来都被揭穿曾经捏造报道。人们把他们看成是通晓内情的人,这让他们感觉良好,而承认自己的无知会让他们看起来像失败者。尽管可以把他们单纯看成骗子,德韦克的观点是,这些人不过是有才华而不顾一切的年轻人,他们"屈服于固定型思维模式造成的压力",他们想要"当下十全十美"的需求凌驾其他一切。

在一项针对大学生的研究中,德韦克发现固定型思维模式的人抑郁程度较高。严苛地评断自己之后,他们停止去上课和做作业,也不再打理自己。拥有成长型思维模式的抑郁学生反应方式不同:他们越抑郁就会越努力爬起来,无论感受如何,都会尽力维持上课和社交生活。需要再次强调的是,对于成长型思维模式的人,他们把努力看成是进步的关键。

## 思维模式与小孩

德韦克探讨过赞美如何影响小孩,这项研究目前广为人知,总结在她的著作《自我理论》(*Self-Theories*,2000)里。简要来说,你跟小孩说的每一句话要么意味着"你拥有恒久不变的特质,而我正在评判它们",要么就是"你是不断发展的人,而我对你的发展有兴趣"。如果你告诉小孩他们非常聪明,他们不会想要尝试去做可能会让你改变判断的任何事;如果你告诉孩子,他们是下一位毕加索,他们或许会感觉良好一分钟,但是下次坐下来画画时,就不会想要尝试任何困难的事,以防万一他们配不上那个标签。

当然,小孩喜欢因为他们的智力或才华获得赞美,但是这类赞美的增强效果不会持续太久。当他们遭遇困难的事,就会产生自我怀疑和负面感受,觉得他们没有该有的样子。你无法通过赞美小孩的聪明或才华给他们信心或勇气,这么做只会有负面效果。德韦克写道:"如果父母想要送孩子一份礼物,他们能够做的最好的事,就是教导孩子热爱挑战、对错误感兴趣、享受努力,同时不断学习。这么一来,他们的孩子就不会受赞美奴役。他们可以用一辈子来建立和修复自己的信心。"

不要赞美智力或才华，要赞美孩子为某件事下的功夫，以及他们学到的技巧。与其说"你是下个毕加索"，不如留意他们绘画中的细节（如颜色、形状、意义），同时要他们谈谈是如何做到或者为什么要那样呈现。

许多小孩喜欢固守自己已知、擅长的事，而另外一些小孩确实乐于从事辛苦的事。前者已经表现出他们固定型思维模式的倾向，后者则是成长型思维模式。不过这只是倾向，父母和老师可以扮演举足轻重的角色，影响孩子的选择，影响他们是出于恐惧而追求确定，还是走另一条道路，让大人看见他们心智变得越来越开放。最后，德韦克指出，我们不应该试图保护孩子免于失败。如果孩子失败了，就向他们解释，如果想要做得更好，就必须更加努力。给予诚恳和有建设性的反馈，不要只是说些让他们感觉良好的话。对孩子可以有高度期许，不过要以温暖、不带评判的方式表现。

## 爱情中的成长型 VS 固定型思维模式

德韦克的这本书有一章关于人际关系中的思维模式的内容。如果一对伴侣的思维模式分别属于不同类型，那就避免不了冲突。成长型思维模式的人会想要沟通，接受批评，而且想要做新鲜的事，他们也会想要伴侣成长和发展。而固定型思维模式的人在关系中只会想要成为"另一人的上帝"。任何让他们发展、改进或尝试新鲜事的建议，都会使他们心烦意乱。

任何人都可能在关系中落入惯性的固定型思维模式。不过，好在我们是能够改变的。两个成长型思维模式的人可以拥有真正充满活力的关系，固定型—成长型、固定型—固定型的伴侣也可以，只要他们觉察并接受彼此的差异，而且至少愿意在看法和行动上做点改变。

## 总评

德韦克的见解可能会被指责为"加州人"意识形态，也就是要求不断成长与改变，明显偏爱成长型思维模式。不过，她的想法恰好与佛教中"一切皆无常"的观点吻合。的确，拥有成长型思维模式的人经营公司更可能比别人成功，因为他们会不断去适应环境。他们比较容易固执于被证实为错误的远大构想。"成长"心态偏爱事实、知识和回馈，不受限于我们"认为"什么可能是真的。

德韦克的理论不是孤立发展出来的。她称赞社会学家本杰明·巴伯（Benjamin Barber）把世人分为学习的人和不学习的人。此外，尽管书中没有提及励志作家厄尔·南丁格尔的名字，德韦克的想法也让人联想起这位作家将人划分为"河流型"和"目标型"。目标型的人完全聚焦于特定目标，而且不在乎如何达成目标。河流型的人把自己投入他们热爱的独特事物，活动本身比任何结果都重要。米哈里·希斯赞特米哈伊的"心流"概念与此相似，当我们从事对自己极有意义的活动时，心流是我们最高等的心智状态。我们为了活动本身而投入，不是为了可能带来的奖赏。

成长型与固定型思维模式可以看成是基本的心理范畴，就像内向与外向，不过德韦克的著作整个重点是：辨识出自己的心态，提供给我们可以改变的空间。一旦你认为自己懂得一切，应该获得认可和奖励，你就停止了学习，而且会招来失败。持续的创新和发现自我是唯一做法，让你对别人来说永远是有意义、有用和有价值的。

## 卡罗尔·德韦克

卡罗尔·德韦克生于1946年。德韦克起先就读于巴纳德学院，后来前往耶鲁大学求学，并于1972年获得耶鲁大学的博士学位。她曾在哥伦比亚大学、哈佛大学和伊利诺伊大学教过书，目前是斯坦福大学心理系路易斯心理学和弗吉尼亚·伊顿心理学教授。德韦克关于"思维模式"的研究被广泛引用，并且应用到工作与教育的场域里。2009年，她获得教育心理学领域的桑代克终身成就奖。

其他著作包括:《一生的动机与自我调节》(*Motivation and Self-regulation Across the Life Span*,与 J.赫克豪森合著,1998)、《自我理论:对动机、人格与发展的影响》(*Self-Theories: Their Role in Motivation, Personality and Development*,2000)、《才干与动机手册》(*Handbook of Competence and Motivation*,与安德鲁·J.埃利奥特合著,2005),以及《思维模式:你如何实现自己的潜能》(*Mindset: How You Can Fulfil Your Potential*,2012)。

# 1961

# 《理性生活指南》
## A Guide to Rational Living

你永远不能期待每分每秒都会兴高采烈。你也绝对不可能有运气可以免于身体的所有病痛。不过,你也许可以不让自己陷入精神和情绪上的悲伤——如果你认为自己做得到,而且致力于你所相信的。

人类是唯一一会创造语言的动物,从很小就开始学习用词、短语和句子阐述他的思想、看法和情感……如果事实是如此(而且我们不知道有什么证据说明事实是相反的),那么实际上,我们一直跟自己说的短语和句子通常就代表或化为我们的思想和情绪。

**总结一句**

如果知道自己是如何从某些特定的想法,尤其是不理性的想法中滋生出负面情绪,就掌握了秘诀,永远不会再次极度不快乐。

**同场加映**

戴维·伯恩斯《伯恩斯新情绪疗法》(第08章)
马丁·塞利格曼《真实的幸福》(第48章)

# 13

# 阿尔伯特·埃利斯和 罗伯特·A.哈珀
## Albert Ellis & Robert A. Harper

❧

《理性生活指南》是大众心理学中最长销的著作之一，卖出了百万本以上。曾有数千本励志书籍出现又消失，然而自从60多年前出版之后，这本书持续改变着人们的生活。

这本著作让大众注意到一种新的心理学形式——理性情绪疗法（Rational Emotive Therapy，RET）。这套疗法反对数十年来被视为正统的弗洛伊德精神分析法，引发了一场心理学界的革命。理性情绪疗法说的是，情绪的产生不是如弗洛伊德所坚持的是压抑欲望和需求的结果，而是直接来自我们的思想、观念、态度和信仰。对我们的心理健康最要紧的不是神秘的潜意识，而是在日常生活中我们说给自己听的喃喃话语。总的来说，这些自言自语代表了我们的人生哲学，如果我们愿意改变对自己习惯性说的话，就可以轻易更改情绪。

理性思考可以让自己摆脱情绪的纠结，这似乎让人难以置信，不过埃利斯开创性的见解，以及40年来认知心理学的发展，展示了这套理论真的有效。

## 注意自己内心的话语

埃利斯和哈珀指出，人类是创造语言的动物。我们倾向于通过词和语句表述自己的情绪和想法，这些词和语句会实质上成为我们的思想和情绪。因此，如果我们就是对自己陈述那些事物，并要做出任何形态的个人改变，都需要首先检视自己的内心对话，明确这些对话是扶持我们还是在给我们挖坑。

谈话治疗的目标是揭露人们认为的正确的事物中所存在的逻辑错误。举个例子，如果我们有焦虑或害怕的糟糕感受，治疗师会要求我们回溯导致目前焦虑的一连串想法，找出最初的那个想法。我们必然会发现那时正对自己说着类似下述的语句："如果……那不是糟透了？"或是"我竟然……不是很可怕吗？"就是在这个关头我们必须介入，问自己到底为什么认为如果某事发生会很糟糕？或者问自己，目前的处境真的如自己所说的那样恶劣吗？即使确实如此，糟糕的情况会永远持续吗？

这样自我发问乍一看似乎很天真，不过实践之后我们开始明白，内心的语句是如何塑造了我们的生活。毕竟，如果把某事件贴上"大灾难"的标签，那肯定就会变成大灾难。我们只能活得吻合自己的内心陈述，无论这些陈述是好的、坏的还是中立的。

## 永远不会再次极度不快乐

人类已经征服了太空和原子，然而我们大多数人依旧无法摆脱恶劣心情，为什么会这样呢？随着我们物质上的进步，似乎社会上神经症、焦虑和精神问题的病例却不断提升。现代人的主要挑战变成了在生活中掌控自己的情绪。

在标题为"永远不会极度不快乐的技巧"这一章节里，埃利斯和哈珀据理说明，悲惨和抑郁永远是心态问题，因为这些情绪是自我固着的。举例来说，在失去一段关系或一份工作之后，我们垂头丧气，这是可以理解的。然而，如果让这样的感受久留不去，结果就像滚雪球，它会越来越强大。我们因此变得"凄凄惨惨，陷在自己的悲惨里"，而不是试着去理性看待情境。《理性生活指南》指出，如果不是通过反复出现的想法来支撑，实际上情绪的爆发是不可能持续下去的。只有我们不断告诉自己这是一件坏事，这件事在我们心里就依然是"坏"的。如果我们不一直去制造坏感受，这样的情绪怎么可能持续下去？没错，如果我们经历的是身体疼痛，不可能会忽略不管，但是一旦疼痛结束了，就不会有刺激和感受的自动联系。

即使在20世纪60年代，埃利斯就表示药物用来治疗抑郁是有问题的，因为一旦停止服药，抑郁症就很可能复发。永久性的改变需要当事人确实改变他们的思想，这样每当顽强的负面感受浮现时，才能够"说服自己摆脱掉"。埃利斯一针见血地指出，有些人私下里很享受抑郁的状态，这样就不需要采取任何行动来改变。在某些情况下，我们必须下定决心不会陷入抑郁，于是感受就会随之改变。

## ✍ 总评

人类是理性的还是非理性的？两者都是，埃利斯和哈珀说。我们很聪明，但是仍然喜欢去做幼稚、愚蠢、带有偏见和自私的行为。美好生活的关键是，把理性应用在最不理性的生活层面——情绪。

理性情绪疗法强调约束自己的思考，找到极端情绪之间的中庸之道，的确与一些佛教思想如出一辙。这套理论认定，无论过去发生什么事，要紧的是当下，以及现在能做什么来缓解。埃利斯在小时候就发现了这个道理。他的母亲患有躁郁症，父亲又经常出差在外，埃利斯担负起照顾弟弟妹妹的责任，确保他们每天穿好衣服去上学。而他因为肾脏问题住院时，父母也很少来探望。埃利斯学到的是，除非你要让自己难过，否则不必因为处境而难过，我们永远有余力控制自己的反应。尽管他的治疗法给人留下风格强硬的印象，事实上却体现了人们非常乐观的看法。

《理性生活指南》帮助人们了解自己的情绪是如何产生的，还有最关键的一点——如何通过多多关注和约束自己的思考，过上快乐和富有成效的生活。书中主题包括：降低对认可的需求、克服焦虑、如何在挫折中保持快乐，以及如何根除失败的恐惧。与它的内容一致，这本书呈现出清晰、直白的美妙风格。一定要读更新和修订过的第三版，这个版本增加了一个新的章节，阐述支持理性情绪疗法背后原则和技术的相关研究。

## 阿尔伯特·埃利斯

阿尔伯特·埃利斯 1913 年生于宾夕法尼亚州的匹兹堡，在纽约市长大。他在纽约市立大学拿到商学学位后，尝试开展他的商业生涯，但没有成功。他也曾尝试成为小说家，同样失败了。

写了几篇关于人类性行为的文章后，埃利斯于 1942 年进入哥伦比亚大学，攻读临床心理学的课程。1943 年取得硕士学位，开始在课余时间私人执业，从事家庭与性爱咨询。1947 年获得博士学位，任教于罗格斯大学和纽约大学，同时是北新泽西精神卫生诊所的资深临床心理师。

美国心理学界曾迟迟不接受埃利斯的观念，不过如今他与亚伦·贝克一样，是认知行为疗法公认的创建者。阿尔伯特·埃利斯学院持续推广他的理念。参见艾梅特·维尔登（Emmet Velten）撰写的传记《阿尔伯特·埃利斯的生平》（*The Lives of*

Albert Ellis）。

埃利斯还写了600多篇学术论文和50多本书，包括《如何与神经症患者生活在一起》（How to Live with a Neurotic）、《爱的艺术与科学》（The Art and Science of Love）、《没有罪咎的性》（Sex Without Guilt）、《理性饮食的艺术和科学》（The Art and Science of Rational Eating），以及《如何让自己顽强拒绝为任何事难受——是的，任何事》（How to Make Yourself Stubbornly Refuse to be Miserable About Anything—Yes, Anything）。

## 罗伯特·A. 哈珀

罗伯特·A. 哈珀曾任美国婚姻顾问协会和美国心理治疗学会会长。他拥有俄亥俄州立大学的博士学位，在华盛顿特区从事心理治疗，私人执业50年之久。其他著作包括《创造性婚姻》（Creative Marriage，与阿尔伯特·埃利斯合著）、《45层次的性爱理解与享受》（45 Levels to Sexual Understanding and Enjoyment，与沃尔特·斯托克斯合著）。

# 1982

# 《催眠之声伴随你》
## My Voice Will Go With You

如果人们在所谓的清醒状态下阅读这些故事，可能认为不过就是些陈腔滥调，或者觉得有点意思，但是不会觉得受到启发。然而，在催眠状态下，治疗师说的每一件事的意义都会被强化，一则故事或者故事中的一个字，可能会触发小小的开悟。开悟是禅宗术语，指人受到启发而觉悟。

人们可以做到的事真是令人惊叹，只不过人们不知道自己可以做到那些事。

**总结一句**

潜意识心灵是一口井，充满智慧的解答和已经被遗忘的个人力量。

**同场加映**

西格蒙德·弗洛伊德《梦的解析》（第19章）

斯蒂芬·格罗斯《咨询室的秘密》（第26章）

卡尔·荣格《原型与集体无意识》（第32章）

伦纳德·蒙洛迪诺《潜意识》（第39章）

弗雷德里克·皮尔斯《格式塔治疗》（第41章）

卡尔·罗杰斯《个人形成论》（第45章）

# 米尔顿·埃里克森和史德奈·罗森
## Milton Erickson & Sidney Rosen

西格蒙德·弗洛伊德尝试过催眠，但是始终无法轻松让病人进入"入神状态"，或是让病患接受他的暗示。米尔顿·埃里克森生于弗洛伊德之后45年，他在许多方面实现了催眠的潜能，让催眠成为合法诚信的心理学工具。这一工具往往可以为多年来苦于各种情结和恐惧症的人带来即时的改变。

为什么弗洛伊德失败而埃里克森出色地成功了？或许可以从心理治疗关系的动力上找到答案。传统上，因为医生有知识，他们是治疗者；病人因为无知，所以是接受治疗的人。埃里克森年轻时是精神医疗机构中的医生，自然承袭了这样的认知，不过之后他开始理解，治疗关系就是双方一起工作，开发彼此的潜意识，寻求解答。经由进入催眠状态，埃里克森的声音会成为病人的声音（"我的声音会伴随你"，他会跟病人这么说），因此创造出强大的暗示力量。

## 埃里克森方法

埃里克森的秘诀是他的"教导故事",但不是古老童话,而是他自己的家庭生活轶事,或是先前病人的案例,而这些故事对于当事人的问题蕴含了特殊意义。这些故事通常包含了震惊或意外的元素,是设计来触发人们"啊哈"的当下反应,让当事人恍然大悟,脱离他们平常的思想回路。埃里克森不会说"我看见什么错误,什么才是你应该做的",而是会让病人从生活故事中拾取讯息,仿佛他们是自己想通的。

一名酒精上瘾的人找到埃里克森,他的父母酒精成瘾,祖父母和外祖父母也都是好饮之人,甚至他的太太和兄弟都酒精成瘾,这看起来是没有希望的个案。埃里克森本可以把他送去匿名的戒酒组织,但是由于这名男子的生活环境特殊(他在报社工作,说那里助长了酗酒的生活方式),埃里克森想要他试试不同方法。他邀请这名男子去当地植物园,只是坐下来凝视仙人掌,想着这种植物"可以三年没有水分而不会死去"。多年以后,这名男子的女儿联络埃里克森,告诉他经过"仙人掌疗法"之后,她的父亲和母亲一直保持滴酒不沾,欣欣向荣的仙人掌几乎不需要"饮水"的意象显然非常有力量。

埃里克森承认,这种疗法永远不会出现在教科书上,不过这就是他治疗风格的重点:每个人都不一样,人们会回应对自己最有意义的疗法。有时候他的故事似乎比较像禅宗经典或是谜语,人们听后不是完全能够明白。在正常状态下,你听到这些故事可能会认为老套，或是心想："那又怎样？"不过在催眠状态下，诱导性的语言、有意义的停顿和意外元素能够让当事人猛然惊觉，突然联结到潜意识心灵，触发改变。

埃里克森同意让精神科医师史德奈·罗森整理他的许多故事，撰写成书并且附上评论。《催眠之声伴随你》是带我们认识埃里克森的完美入门书，捕捉了他对心理学神奇而且独一无二的贡献。以下简要介绍书中几则故事，以及埃里克森对故事意义的诠释。不过，原书值得你去买一本，来阅读其余的故事。

## 建立融洽关系

和病人工作时，埃里克森不会试着去挖掘一大堆背景信息，他优先做的是建立"融洽关系"。他非常懂得从身体语言、呼吸和脸部微表情的角度去觉察当事人对他所说的故事的回应。

一年夏天，埃里克森挨家挨户卖书筹措他的大学学费。他拜访了一位农夫，不过这位农夫对书本没兴趣，只关心养大他的猪。埃里克森放弃卖书，开始给猪抓后背。他在农庄长大，知道猪喜欢这样。农夫注意到了，很高兴，说道："喜欢猪而且知道如何给它们抓背的人，是我想要认识的人。"他邀请年轻的埃里克森留下来吃晚饭，然后同意买他的书。

埃里克森用这则故事来阐明，我们身上大大小小的事都传达了某样讯息，这些讯息是我们无法隐藏的。当我们需要做判断时，必须让自己的潜意识发挥作用，就像那位农夫所做的。感受或预感通常是正确的,而且我们必须全盘接受"整体"情境。

## 镜射

通过"跟随"病人说的话,埃里克森可以让他们更客观地看待自己。相关的一项技巧是"镜射"。

在埃里克森工作的医院里,有两名男子声称自己是耶稣基督。埃里克森让他们坐在长椅上交谈。终于,见识到对方的宣称是多么愚蠢之后,两人都能看到自己的可笑之处。在医院要增建新的侧栋时,埃里克森让其中一位"耶稣"协助做木工工作。他知道这名男子无法否认,因为人尽皆知耶稣成为救世主之前是位木匠。这种不寻常的疗法,让这名男子再度与现实以及他人产生了联结。

露丝是一个 12 岁的漂亮女孩,个性蛮横。人们会因为喜欢她而帮她做事。然而,她常常突然就踢旁人的小腿,撕扯他们的衣服,或者踩他们的脚,弄伤他们的脚趾。有一天,埃里克森听说她在病房发脾气。她正在撕开墙上的灰泥,不过他没有让她住手,反而也开始破坏环境,把床单扯下床,打破窗户。他说:"让我们到别处去继续,这真好玩。"然后他进入走廊。他看到了一名护士,他上前扯掉她的衣服,让她只剩下胸罩和内裤。对此,露丝表示:"埃里克森医师,你不应该做这样的事。"并且拿床单给护士,帮她遮住身体。见识到了自己的行为后,露丝变成了好女孩(其实"刚好"出现在走廊上的护士是事先同意演这场戏的)。

## 迂回的逻辑

当有人因为控制或成瘾的问题来找埃里克森时，他通常不会告诉他们停止做困扰自己的事（无论是什么），而是让他们投入更多的成本来做这些事。一位男士来求医，希望能减肥，并且停止抽烟和喝酒。埃里克森没有让他停止这些事情，而是告诉他不要从就近的商店购买食物和烟酒，要到至少1英里（约1.6千米）外的商店买。这么一来，频繁的奔波会引导他重新思考自己的习惯。

一名体重180磅（约82公斤）的女士来找埃里克森，想要减到130磅（约59公斤）。她陷入反复增重再减重的模式。埃里克森表示，如果她先承诺一件事，他就会协助她，她同意了。埃里克森却告诉她要先增重到200磅（约91公斤）才可以开始减肥。她极力抗争，然而她是如此渴望"获得允许"开始减重，一达到200磅后，她便毫无困难地将体重减到130磅。

上述埃里克森迂回行事的例子揭示了他更宏大的哲学：只有当事人觉得自己"主导"改变，才能真正做出改变。与强制或劝导相比，这种方式的改变总是更加有力而且持久。

## 重新架构

一名女子来见埃里克森，她痛恨住在亚利桑那州的凤凰城。她的先生想要去亚利桑那的另一座城市弗拉格斯塔夫度假，但是她说她觉得留在凤凰城、痛恨这座城市，也比到其他地方喘口气休息一下好。埃里克森促使她好奇自己为什么如此痛恨凤凰城，还有为什么她要用自己的想法来惩罚自己。在一次催眠中，他告诉她前往弗拉格斯塔夫，同时注意"闪现的色彩"。他并没有暗暗想着希望她看见什么，但是这引发了这名女子的好奇心，当她找到"闪现的色彩"（绿色背景中一只红色的鸟）时，兴高采烈。

埃里克森想要改变她的心态，这样她才会开始看见平常看不见的事物——除了通过眼睛来看，还有更深层意义的看见。结果这名女子在弗拉格斯塔夫待了一个月，之后也到美国不同地区度假，寻找提供意义的"闪现的色彩"。通过一两堂催眠课，埃里克森就促成她改变，从强烈的负面感受转为肯定生命的好奇心。

## 内在智慧

从埃里克森的著作中可以得到一项启示，那就是：我们每个人内心都有"通晓一切的机制"。他相信每个人都拥有健康、有力的内核，而催眠是让这个"自我"能够再度引导我们的有效工具。

他通过一桩童年轶事来阐明这个论点。有一天，一匹马游荡到埃里克森家的土地上，他不知道马的主人是谁，马身上没有印记。埃里克森决定骑上马把它带回路上，但是他没有骑着马到处去找主人，而是让马引导自己。当马走回主人的地盘时，主人问埃里克森怎么知道马是他们家的。他回答："我不知道，但是马知道。我做的只是让它一直在路上。"

"马"当然就是潜意识心灵，如果在催眠状态下进入潜意识，就可以让我们回归真实、有力量的自我。埃里克森相信，我们绝大多数的限制都是自己给的，但是那些屏障主要是我们的意识思维建构的。进入并且重塑潜意识的内涵，便能重塑自己的人生。只要我们愿意，就能以更接近现实的信息重新规划自己，而不执着于负面或扭曲的思考模式。

## 总评

埃里克森善于捕捉他人脸部动作和身体语言的微小线索，他在这方面的能力经常让人相信他能够通灵。17岁时，他感染了小儿麻痹，失去行动自由，由于无事可做，便开始观察和分析他众多兄弟姐妹的行为举止。他注意到，有些时候他们嘴里说的跟心里想的不一样，沟通不只是通过语言，还涉及许多其他方面。他有名的解读人的能力由此开始发展。

如果你曾经求助催眠师来戒烟、减重或是治好恐惧症，你就是见证人，以说明目前催眠获得的尊重，而这是埃里克森的部分遗泽。他的"简快疗法"概念（指改变可能在一瞬间就发生，不需要病患长年累月进行精神分析），也是目前心理治疗全景的一部分。此外，他的追随者理查

> 德·班德勒（Richard Bandler）和约翰·格林德（John Grinder）进一步开创了神经语言程序学（NLP），这是改良过的版本，把埃里克森技巧变成条列规则，许多企业和私人教练都采用这些规则，以发现职员工作上的优势。
>
> 不过正如罗森阐明的，埃里克森本人并不是技术取向型的。他认定人类是说故事的物种。要表达关于生命和个人转化的见解，故事、神话或轶事永远是最有力的方式。

## 米尔顿·埃里克森

1901年，米尔顿·埃里克森生于内华达州的黄金镇。他天生色盲，不能分辨声调高低，而且有读写障碍。年幼时，他的家人搭篷车前往威斯康星州，在那里建立了一个农庄。

埃里克森在威斯康星大学攻读心理学，在那里学会了催眠别人。他从科罗拉多大学医学院取得医学学位，在罗德岛州立医院担任初级精神科医师。1930—1934年，他任职于伍斯特州立医院，成为首席精神科医师，之后在密歇根州埃洛伊斯精神医院负责门诊和教学工作。在那里他与伊丽莎白·埃里克森结婚，他们生育了五名子女。此外，他与前妻育有三名子女。

1948年，他因为健康问题移居凤凰城，他的奇迹般的疗法把全美国的人都带来这里找他。他催眠过作家阿道司·赫胥黎（Aldous Huxley），结交的朋友有人类学家玛格丽特·米德（Margaret Mead）和哲学家格雷戈里·贝特森（Gregory Bateson）。他创立了美国临床催眠学会，也是美国心理与精神医学协会的会员。

埃里克森于 1980 年过世。他的骨灰被撒在凤凰城的斯阔峰，他常常指示患者去爬这座山，那是治疗的一部分。

## 史德奈·罗森

史德奈·罗森是纽约大学医学中心精神医学系的临床助理教授，也是纽约米尔顿·埃里克森心理治疗和催眠学会的创会会长。他主持了关于埃里克森催眠技巧的研讨会，曾为埃里克森与欧内斯特·罗西（Ernest L. Rossi）合写的《催眠疗法：探索性案例集锦》（*Hypnotherapy: An Exploratory Casebook*）作序。

# 1958

# 《青年路德》
## Young Man Luther

❖

我把青春期的主要危机称为"自我认定危机"。在这项危机发生的人生阶段,每位年轻人必须从依旧有影响的童年残留,以及对成年盼望中,为自己打造出核心的观点和方向,某个可以运作的统一主体。

毫无疑问,当马丁学会大声说出来,他内心高度压缩的反抗使他对魔鬼说的许多话必须越发激烈。这些累积的反抗源自他过去无法对父亲和老师说的话,在适当的时候他怀着复仇之心对教皇全部说出来了。

**总结一句**

自我认定危机出现时,尽管很痛苦却是必要的,如此才能打造出更加强壮、有掌控力的自我。

**同场加映**

威廉·詹姆斯《心理学原理》(第31章)

# 埃里克·埃里克森
# Erik Erickson

如果你曾经谈论过自己有"自我认定危机"（identity crisis），你得感谢心理学家埃里克·埃里克森发明了这个词。埃里克森将焦点放在自我认定上是因为他的背景。他是已婚的犹太裔女士卡拉·阿布拉罕森（Karla Abrahamsen）和不知名的丹麦男士短暂恋情下的结晶，他的继父是一位医师。埃里克森在德国长大，随他继父姓霍姆伯格。因为他犹太人的身份，埃里克森在学校遭到戏弄，而在犹太会堂又因为他高大、金发、蓝眼，酷似"北欧神"的外表受到嘲讽。三位异父妹妹的出生，更加强了他外人的感受。在他30多岁取得美国公民资格时，他把自己的姓氏从霍姆伯格改成了埃里克森，意思是他是自己的儿子。

虽然埃里克森特别关注青春期的自我认定是如何形成的，然而他的伟大贡献在于指出"我是谁"的问题。这个问题在一般人的一生当中会出现许多次。弗洛伊德确认了从婴儿期到青春期的五个心理发展阶段，而埃里克森的理论更进一步涵盖整个生命周期，从出生到老年总共有八个"心理社会"阶段。每一阶段结束时，我们会经历一次危机，质疑自我认定。在这些关键时刻，我们可以选择成长或是停滞。埃里克森表示，每一次选择都为成年的人格结构放上了一块基石。由于充分认识到这些转折点的影响力，埃里克森粉碎了"人生二十岁过后就一路平稳"这一神话。

埃里克森出名还有另一个原因。尽管弗洛伊德写出了关于达·芬奇的著名研究，但是埃里克森在著作中探讨甘地和马丁·路德的生平后，创建了一种新的文体——心理传记，也就是把心理分析应用在名人的生平上。他在路德身上发现了"自我认定危机"的最佳例子，并在《青年路德：一个精神分析与历史的研究》中予以详细阐述。

## 路德生平事略

路德童年期和青春期的欧洲基督教世界，笼罩在"最后审判"的思想里，那是人一生最后的清算，所有的原罪要通过善行来平衡。人们生活在下地狱的恐惧里，不断地为死去的灵魂祷告。学校鞭打学童、罪犯被公开拷打是常态。生活的主题是完全服从，服从长者、服从教会、服从上帝。

马丁·路德生于 1483 年，埃里克森形容说，路德进入了这个"弥漫着罪咎和悲伤心情的世界"。他的父亲汉斯·路德（Hans Luther）出身农家，不过通过辛勤工作成为小规模的资本家，拥有一处矿坑的股份所有权。汉斯为儿子的教育筹备了预备金，希望他成为高级律师，带领家族脱离贫寒出身。马丁·路德按照父亲意愿就读拉丁文法学校，成绩优异，17岁便进入大学。1505年，他大学毕业申请了法律学校。然而暑假在家时，他差点被暴风雨的闪电击中。本来就对安排好的人生道路有疑虑的他，把这次事件看成一个征兆，发誓要成为修道士。他的父母吓坏了，不过他还是在1505年进入了埃尔福特的奥古斯丁修道院。

开始一切都很顺利，他享受着修道院的神圣氛围。不过，就像所有年轻人一样，他受到性爱念头的引诱，为此内疚不安。正如许多路德传记作家说过的故事，在修道院教堂的唱诗班中他恐慌发作，哭着喊叫："我不是！"埃里克森认为这件事是典型的自我认定危机。路德抛下了父亲极度渴望他从事的世俗事业（更别提婚姻了），然而眼下，在充满希望的神圣开端之后，修道院之路似乎也是错误的。尽管他拼命努力想要守住誓言，他还是陷入难受的自我认定真空地带。无论他认为自己是什么，令人痛苦而明确的事实是，那都不是他。

不过，马丁留在了教会，并迅速晋升。他成为神学博士，到了1515年已经是掌管11家修道院的总铎。然而这一路上，他对于真正精神信仰和教会的认知，两者分歧日渐扩大。根据中世纪天主教教义，原罪会招致世俗的惩罚，而做善事可以减轻原罪。然而，即使是做善事的责任也可以通过购买赎罪券（大教会贩售的一张纸，为自己的库房赚进大把钱）来回避。不过，这个议题对路德来说也只是冰山一角。他相当激进地得出结论，相信《圣经》的权威比体制的权威重要多了。

终于到了最后关头，1517年10月，他把一份文件——著名的《九十五条论纲》——钉在威滕堡城堡教堂的大门上（通常用来张贴公告的地方），勾勒了教会必须改革的领域。这份文件是一枚重磅炸弹（当然，如果不是不久之前印刷机的问世，可能就不会产生如此巨大的冲击了。印刷机让这份文件及路德之后的著作流传四方）。从乡下人到王公贵族，对现状有怨言的所有人现在有了关注的焦点。路德成为名人，他的反叛点燃了宗教改革。

## 埃里克森的诠释

叛逆通常显现在一个人年轻的时候，然而路德公开发言彻底反对教会时已经34岁了。埃里克森的解释是，年轻人必须先强烈相信某件事，之后才能转向，改持反对立场。路德曾经极为相信教会的神圣权威，如果不是首先经历了完全的献身和依附，或许他永远不会成为教会最直言不讳的批评者。埃里克森评述道，历史上的大人物往往多年处于被动状态。年轻时他们就觉得自己会在这个世界留下巨大印记，然而潜意识里他们等待自己特定的真理在心里慢慢成形，直到他们可以在正确的时间造成最强烈的冲击。这就与路德的案例一样。

埃里克森花了很大的篇幅用精神分析的方法讨论路德和他父亲的关系。他推测路德挺身反对神圣罗马教会的勇气，只能放在他最初不服从父亲的背景下来理解。令人意外的或许是，埃里克森暗示路德不是天生反骨，但是曾经反抗过生命中的重要人物，让他走上了不服从的道路。

埃里克森最吸引人的论点是，路德的确通过他的神学立场改变了世界，但是这种立场是出于解决他个人心魔和自我认定危机的目的。那么，路德是好修道士吗？路德是好儿子吗？路德是伟大的改革者吗？

埃里克森把重大的自我认定危机比作"第二次诞生"，他从威廉·詹姆斯那里得到了这个观念。诞生一次的人"平稳地主动适应自己并被动适应他所处年代的意识形态"，而诞生两次的人往往是饱受折磨的灵魂，在使他们方向彻底转化的经历中寻求治愈。诞生两次的正面意义是，如果能成功转化自己，就有潜力横扫身边的世界。路德花了一段时间才想清楚自己是谁，而他一旦找到答案，即使是教皇都阻挡不了他。

## "暂停"的重要性

埃里克森认为，尤其重要的是，社会要有能力包容年轻人的自我认定危机。他论述了"暂停"的概念，那是文化刻意创造出来的一段时间或经验，因此年轻人可以在进入中规中矩的成年期之前"找到自己"。如今，我们可能在高中毕业进入大学之前去体验空档的一年。路德的时代，在修道院住一段时间给了许多年轻人机会去决定"我是谁及要成为谁"。

如果路德遵循了父亲的意愿进入法律界，结果会是什么样？他可能在世俗意义上表现杰出，然而或许永远无法发挥他的潜能。

埃里克森表示，人一生中真正的危机往往发生在将近30岁时，这时他们意识到自己对某条认为"不是自己"的道路过于执着，即使他们一开始就热情地走上了这条路。正是他们的成功把他们推入坑洞，而那可能需要用尽一切心理力量才能爬出来。

埃里克森更广泛的论点是，如果在某个重要关头人们觉得有压力必须选择停滞而不是成长，整个社会就会受害。在充满智慧的文化下，人们会承认年轻人的自我认定危机，并且试图包容它。尽管短期内会骚动不安，但这些个人转折点释放出来的新观念和能量可以让人回春，不只是让当事人复苏，也令广大社群受益。

## 路德最后的危机

即使在声名和权势的巅峰，路德仍然写信给父亲试图辩护和合理化自己的举动，而且像他父亲一样，中年以后的他在某种程度上也成了反动分子。这位煽动者最终过上了舒适的生活，捍卫了德国的君主政体，并呼吁农民接受他们的身份地位。在外表和习惯上，他依旧是"地方型"而不是"世界型"人物。他终究成为父亲所期待的他：有影响力、富裕、结婚。

你会以为这必然是路德一生中最快乐的时光。事实上，这便是埃里克森所谓的成年成熟期"繁衍传承"危机，这时候人们会自问："我创造的一切有价值吗？重活一次我还会做同样的事吗？我是否浪费了这些年？"路德第一次危机纯粹是自我认定的问题，而埃里克森指出，他的第二次危机是关于统整。尽管路德是位伟人，但他仍然必须通过这个阶段，如同每位年长的成人注定要过这关。

埃里克森的论点是，自我认定的议题永远不会被完全解决。当我们某个层面达到完整，仍然会有个更大的自我试图赋予我们的经验不同意义。路德一生最独树一帜的特点或许就是不断向自己陈述"他不是什么"。某方面来说，这是在形成自我认定的过程中，比较容易的那一半工作。至于决定"我们是什么"的任务，仍然留待我们去完成。

### 总评

人在一生中如何改变自我认知，这是心理学最吸引人的问题之一，因为自我认定（即知道自己是谁或会变得如何，或者至少希望自己是什么）是一个最根本的议题。

有些人倾向看轻自我认定危机的历程，并强调那只是常态。不过，埃里克森对路德有段评述，可以用来类比有着同样处境的每个人："他的作为仿佛让人类随着他个人的开始重新启动……对他来说，历史既是从他开始，也随着他结束。"这听起来可能像是青春期的自我着迷，然而不管在什么年龄我们都必须下定决心，厘清跟世界的关系，决定我们所站的位置。除非社会尽力协助，让每个人成功度过重大的人生转折点，否则代价不只是精神疾病，还有潜力的丧失。

心理传记的明显危害是，我们可能过度解读主人翁的童年，以及童年对其往后人生的影响。无论如何，埃里克森在路德严苛的童年和他控制欲强的父亲，以及路德身处时代的基调之间，建立了令人信服的联系。他说明了路德的个人危机无法与发生在他周遭的社会变迁隔开来，整个宗教改革运动可以看成是路德的个人议题在全球的规模上寻求解决。举例来说，是路德的良心驱动他把教会摆在第二位，放在个人和上帝的直接关系之后。身为狂热分子，他坚持信仰在善行之上也改造了基督教世界。

心理学至关重要，埃里克森这么说，因为历史本质上是个人心理的展现。

## 埃里克·埃里克森

埃里克·埃里克森 1902 年生于法兰克福，由母亲单独抚养，直到母亲嫁给他的儿科医师西奥多·霍姆伯格。一家人搬到德国南部的卡尔斯鲁厄，埃里克森的三个妹妹在那里出生。高中毕业后他环游欧洲一年，之后进入了艺术学校。他在维也纳教了一段时间艺术，在那里遇到他的妻子琼·塞森（Joan Serson），塞森也是他终生的合作伙伴。1927年，他开始在维也纳精神分析学院学习精神分析，在安娜·弗洛伊德（参见第170—177页）手下工作，专长儿童心理学。

1933年，他移居美国，把姓氏改成埃里克森。他在哈佛医学院教了三年书，同时成为波士顿第一位儿童精神分析师。在哈佛大学他与人类学家鲁思·本尼迪克特（Ruth Benedict）、格雷戈里·贝特森和玛格丽特·米德密切往来，受到三人的强烈影响。他先后在耶鲁大学、门宁格基金会、加利福尼亚帕洛阿尔托的行为科学高级研究中心和旧金山的锡安山医院工作过。埃里克森关于美国原住民族拉科塔族和尤洛克族的著名研究，是他在加州大学伯克利分校任教期间进行的。离开伯克利之后，他私人执业多年，才又回到哈佛大学。

埃里克森开创性的著作是《童年与社会》（*Childhood and Society*，1950），是关于个人与文化的广泛研究，赢得了普利策奖和美国国家图书奖。其他著作包括《同一性：青少年与危机》（*Identity: Youth and Crisis*，1968）、《甘地的真理》（*Gandhi's Truth*，1970），以及《生命周期完成式》（*The Life Cycle Completed*，1985）。埃里克森卒于1994年。

# 1947

# 《人格的维度》
## Dimensions of Personality

一个人的人格主要由基因决定，他是父母的基因经过偶然的排列组合造出来的。尽管能通过环境调整，但环境的影响十分有限。人格与智力一样，基因对二者的影响都是压倒性的强大。在大多数案例中，环境的作用缩减到只能造成些许改变，或许只是起到掩饰作用。

**总结一句**

所有的人格都可以根据两三种由生物方面决定的基本维度来测量。

**同场加映**

伊莎贝尔·布里格斯·迈尔斯《天生不同》（第 06 章）

伊万·巴甫洛夫《条件反射》（第 40 章）

斯蒂芬·平克《白板》（第 43 章）

# 汉斯·艾森克
# Hans Eysenck

汉斯·艾森克是 20 世纪最受争议也最负盛名的心理学家之一。在他 50 年的职业生涯中，共出版了 50 本书，还撰写了超过 900 篇的期刊文章，为一些领域注入创新见解。艾森克生于德国，20 世纪 30 年代因反对纳粹党，他逃到英国。在 1997 年去世之时，他是心理学界论文引用率最高的研究者。

《人格的维度》是艾森克第一本著作，带着枯燥的学术风格。不过，这本书首度建立了内向和外向概念的科学基础，为之后 50 年人格差异领域的研究打下根基。

## 两个维度

虽然艾森克认可古希腊把人区分为多血质（开朗）、胆汁质（冲动）、黏液质（稳定）和抑郁质这四种气质，而且显然应该感谢卡尔·荣格关于内倾和外倾的区分，他还是坚决主张关于人格差异的任何研究必须客观，以统计为基础。《人格的维度》建立在"因素分析"这种研究方法上，让艾森克可以从大量调查数据中得出关于人格差异的结论。二战期间他在伦敦的磨坊山急救医院工作，几百名厌战的兵士成为他的调查样本。这些男士接受一连串关于他们对特定情境的习惯性反应的询问，并且为自己打分。搜集到的答案让艾森克有十足信心根据内外倾和神经质这两个宽广的维度（或称"超级特质"）定位一个人。

艾森克相信，这些超级特质是基因决定的，而且会在我们的生理上显现出来，尤其是大脑和神经系统。在这方面他受到伊万·巴甫洛夫的启示。内向和外向的根源来自大脑容易兴奋的程度，而决定神经质维度的是神经系统里处理情绪反应（针对外在事件）的层面。

之后，艾森克增加了另一个维度——精神质（psychoticism）。虽然这可以表明精神不稳定的程度，但比较普遍的诠释是：一个人在这个维度里的位置是一种指标，显示他们有多少可能叛逆、狂野或胆大妄为。不像估量社交性的外向、内向维度，精神质估量的是一个人遵循习俗生活的社会化程度，或者在极端环境下是否会成为反社会精神病患和反社会人格障碍者。

精神质（psychoticism）、外倾（extraversion）、神经质（neuroticism）这三个维度合在一起，成为我们所知的PEN模型。

## 外倾

*跟我们的预期相反，外倾者的大脑不会像内倾者那么容易

兴奋。

* 因为内在活动比较少，外倾者很自然会寻求外在刺激，与他人交往，这样他们才会觉得真正地活着。
* 外倾者会以更加公允的态度来看待发生的事，比较不会苦恼于别人怎么看自己。
* 整体来说，外倾者也是活力充沛和乐观的，不过可能是不安分、喜欢冒险的人，而且比较不可靠。

## 内倾

* 内倾者的大脑比较容易兴奋，让他们更容易受心情左右，有激烈的内在活动。
* 由于内在感觉超载，为了自我保护，他们会很自然地回避太多的社交互动，因为他们发现社交互动太耗精神。或者，因为他们拥有如此丰富的内在生活，于是根本不需要一大堆社交互动。
* 因为他们似乎对各种事情会有更加强烈的体验，内倾者对人生有比较深沉和比较哀痛的反应。
* 他们整体来说比较内敛、严肃和悲观，可能有自尊和内疚的议题需要处理。

## 神经质

* 神经质是一个表明我们不安、紧张、担心、焦虑或感觉压力的强度指标。
* 在这个维度得分高不表示这个人神经兮兮,只是他们的大脑让他们容易罹患神经症;分数低显示他们的情绪比较稳定。
* 心智偏向神经质会对刺激过度反应,非神经质的人比较冷静,可以全面、客观地思考事情。
* 心智偏向神经质的内倾者,努力想要控制进入内心的刺激,很容易有恐惧症或恐慌发作。
* 心智偏向神经质的外倾者,倾向于贬低日常事件的冲击,可能发展出否认或压抑的神经症。

### 总评

虽然艾森克关于人格具有生物基础的研究经常遭到批评,但有越来越多研究证实了他的论点。如斯蒂芬·平克在《白板》中指出的,关于分开抚养的同卵双胞胎的研究,验证了只有一小部分的人格是社会化的结果,其他都是由基因塑造的。

目前,有许多其他的人格类型模型,包括普遍使用的"外向、亲和、严谨、神经质和开放"的五因素模型,不过艾森克是致力于用统计学方法来了解这个议题的第一人。他的研究不光靠社会观察或民间智慧来深入了解人，还为人格学成为正式的科学奠定了基础。

艾森克既是严肃的科学家，又是撰写大众心理学书籍的作家，他贡献良多，提升了大众对心理学问题的了解。20世纪50年代，艾森克针对精神分析的科学实证性发起著名攻击，他表示根本没有证据显示精神分析有助于治愈病人的神经症，而在这个过程中他也做出贡献，让心理治疗变得更有科学根据和受各界关注。

艾森克也以研究智商闻名，他反对当时盛行的社会制约论，主张智力高低主要是遗传而且由基因决定。他在1971年的著作《种族、智力和教育》（*Race, Intelligence and Education*）中提出证据，论述智力的差异源自种族不同，结果引发示威抗议。艾森克在大学演讲中脸上挨了一拳，闹得满城风雨。他也钻研占星术，对超自然现象给予了一些支持。他还主张与抽烟相关的癌症跟人格有关，并且提出证据说明有些人的生物特质让他们容易成为罪犯。

尽管有种种争议，在他人生即将走到尽头时，美国心理学会授予他心理科学学会基础科学奖，表彰他对心理科学的杰出贡献。

# 汉斯·艾森克

汉斯·艾森克 1916 年生于德国，父母离婚后，由祖母抚养长大。

年少时他反对纳粹政权，便永远离开了德国。他定居英国，1940 年在伦敦大学取得心理学博士学位。第二次世界大战期间，他在磨坊山急救医院担任精神科医师，1945—1950 年他以心理学家的身份任职于莫兹利医院。他也创建了伦敦大学精神医学研究所的心理系，并且担任系主任，直到 1983 年。

艾森克卒于 1997 年。

# 1969

# 《追求意义的意志》
## The Will to Meaning

❖

我所谓的存在空虚，构成今日精神医学的一大挑战。越来越多患者抱怨空虚和无意义的感觉，而这种感觉似乎源自两项事实。跟动物不一样，人类不是由本能告诉他必须做什么。而且跟过去的人不一样，现代人不再由传统告诉他应该做什么。人们往往甚至不知道自己的基本愿望是什么。于是，他要么想去做别人做的事（从众主义），要么他去做别人想要他做的事（极权主义）。

**总结一句**
有意识地接受苦难或命运，可以转化成为我们最伟大的成就之一。

**同场加映**
斯蒂芬·格罗斯《咨询室的秘密》（第26章）
亚伯拉罕·马斯洛《人性能达到的境界》（第36章）
马丁·塞利格曼《真实的幸福》（第48章）

# 维克多·弗兰克尔
# Viktor Frankl

维克多·弗兰克尔最著名的作品是《活出生命的意义》（*Man's Search for Meaning*），扣人心弦地叙述了他在纳粹集中营的时光，以及那些监禁在一起的同伴。集中营里的人不是发展出求生心态，就是放弃了生存。许多读者珍视这本书，认为它是现代生活单调无聊与无意义的解毒剂。

《活出生命的意义》稍微阐释了弗兰克尔的意义心理学（意义疗法），而《追求意义的意志》整本书都在解释意义疗法的内涵与哲学基础，因此阅读这本书难度比较大，但是收获丰硕。

有人会把弗兰克尔独特的治疗方法看作继弗洛伊德精神分析和阿德勒个体心理学之后的第三个维也纳心理学派，而《追求意义的意志》清楚地点出了弗兰克尔的理念与他的同胞之间的差异。这本书也驳斥了行为主义心理学派的观念（企图把人类概括为受制于环境的复杂产物）。

## 心理学的盲点

弗兰克尔相信，心理学界还没有认识到人类天性是如此多面。他不否认生物学或环境制约和塑造了我们，但是他也坚持自由意志仍有发挥空间，我们可以选择发展特定的价值或独特的人生道路，或是在艰难的处境下保持自己的尊严。

弗兰克尔否认爱与良心这样的东西可以概括为"条件反射"，或是生物学上预先输入程序的结果。身为神经学家，他确实同意人类在实体层面可以类比于计算机。不过，他的论点是，无法将人类归结成一部机器的运作。可能我们的某些问题与体内化学物质不平衡有关，或者有广场恐惧症之类的心理问题，但是我们有另外一类埋怨（他称之为"心灵的"）是关于道德或灵性的冲突。传统的精神科医师无法处理这些埋怨，还可能完全错过当事人为何来求诊的关键点。病人去见牧师或拉比（犹太人的学者）或许收获更多。弗兰克尔揣想，会把圣女贞德驳斥为精神分裂的这门专业，我们能信任他们在罪咎、良心、死亡和尊严等议题上的判断吗？

## 意义疗法的答案

弗兰克尔认为他的心理学是关于存在的意义，但是不同于阿尔贝·加缪和让-保罗·萨特的存在主义，意义疗法基本上是乐观的。它的目标是要让人相信人生永远有意义，即使当下还不清楚是什么意义。在艰难困苦的处境里或许我们看不出意义，直到某些事发生让我们成长之后才明白。

弗兰克尔表示，人们最伟大的成就不是成功，而是以无比勇气面对不可改变的命运。弗兰克尔在医院照顾的一名垂死妇女为即将来临的死亡而感到恐惧，最终领悟了她展现勇气面对死亡时或许是她最好的时刻。她不是"无意义"地去世，她在选择死亡的历程中找到了巨大的意义。

弗兰克尔主张，人们感受到的"存在空虚"并不是神经症，反而是一种非常人性的东西，显示了我们追求意义的意志是如此生机勃勃。他引用小说家弗朗兹·魏菲尔（Franz Werfel）的话："口渴是水存在最确凿的证据。"

## 责任与罪咎

弗兰克尔曾经在恶名昭彰的圣昆丁监狱演讲。囚犯爱他，因为他没有假装他们都是好人，也没有说他们是社会或是基因的受害者。相反地，他认定他们是自由而且负责的人，是他们的种种决定将他们置于目前的处境。弗兰克尔承认罪咎的事实。

弗兰克尔喜欢说美国西海岸应该竖立"责任神像"，与东海岸的自由女神像互补。我们活在相对主义的时代，相对主义削弱了独立于个人判断之外的真正价值与意义。我们选择不受这些共同准则约束，久而久之却背离初衷，反而圈住了自身的自由。

## 良知

如果你读过《活出生命的意义》，应该会惊讶地发现，弗兰克尔其实有机会避免被抓进集中营。尽管住在维也纳，但因为他是神经学家，所以获得签证可以去美国居住，不过他的父母并没有获得签证。他很清楚是怎样的命运在等待他的父母，所以他没有办法下定决心独自离开。

他写道，每个人带着一套独一无二的潜在意义降临人世，这些意义等着我们去实现。是去捕捉并且接受这些意义，还是试图回避，取决于自己。没有终极的"人生意义"，只有每个人个别的人生意义。除非我们问的是自己的人生意义，以及自己的议题和挑战，否则询问"什么是人生意义"没什么意义。这种意义的独特性称为良知。

> ### 总评
>
> 在《追求意义的意志》结尾，弗兰克尔问了显而易见的问题：如果意义疗法完全是关于意义，那么跟宗教有什么分别？他的答案是：宗教的本质是关于救赎，而意义疗法是关于心理健康。
>
> 尽管有这样的区别，但对终极意义的精神信仰是弗兰克尔的心理学基础，因此在许多人眼中意义疗法立刻被标

上可疑的记号。不过，弗兰克尔是神经学和精神医学的医师，而且历经两座集中营幸存下来。他不是神秘学家或梦想家。即使我们怀疑生命本身是否具有终极意义，也无法否认人类具有追求意义的意志。

弗洛伊德论述追求愉悦或性爱是驱动力，阿德勒谈的是追求权力的驱动力，而弗兰克尔相信在塑造我们是谁这件事情上，人们追求意义的意志至少拥有同样强大的力量。我们受驱动力推动时，也受到意义的牵引，虽然他没有否认生物学或环境制约和塑造我们，但也坚持自由意志仍有发挥空间，我们可以选择发展特定的价值或独特的人生道路，或是在艰难的处境下保持自己的尊严。对弗兰克尔来说，如果心理学要达到什么目标，就必须考虑追求意义的意志，如同考虑追求愉悦或权力的本能。

## 维克多·弗兰克尔

维克多·弗兰克尔1905年生于维也纳。他在维也纳大学攻读医学，获得硕士和博士学位。20世纪30年代，他在维也纳综合医院的自杀部门工作，同时开设了精神科私人诊所。1940—1942年，他担任罗斯柴尔德医院神经内科主任一职。

1942年，弗兰克尔、他的父母及妻子蒂莉被送进集中营，最初一家人是在特雷辛集中营，但其他的家人没有活下来。后来弗兰克尔又被送进达豪集中营。1945年，进攻而来的美国军队终于将弗兰克尔从达豪集中营解救出来。战后弗兰克尔回到维也纳，写下《活出生命的意义》，并且受命担任维也纳神经内科门诊医院的负责人，直到1971年他才卸下这个职务。他获得了29个荣誉博士学位，并在哈佛大学及其他几所美国大学、维也纳大学医学院担任客座教授。

其他著作包括《医生与灵魂》(The Doctor and Soul, 1965)、《追寻意义的无声呐喊》(The Unheard Cry for Meaning, 1985)，以及《潜意识中的上帝》(The Unconscious God, 1985)。

弗兰克尔卒于1997年，与特蕾莎修女、黛安娜王妃在同一周去世。

# 1936

# 《自我与防御机制》
# The Ego and the Mechanisms of Defence

在这些所有冲突的情境里,自我寻求否认部分的本我。因此,建立防御的机制和被阻挡在外的入侵力量,永远是一样的。变数则是驱使自我采取防御措施的动机。终究,这一类的所有措施都是设计来保障自我免于经历"痛苦"。

我的患者是位异常漂亮和迷人的女孩,在她的社交圈已经有一定地位,尽管如此她还是疯狂嫉妒仍然是个孩子的妹妹,并因此饱受折磨。这名患者在青春期放弃了之前所有的兴趣,此后的动机只来自一种渴望:赢得男性朋友(无论是男孩还是男人)的仰慕和喜爱。

**总结一句**

我们会去做任何事来回避痛苦和保存自我意识,而这种强迫性的驱动力往往导致我们创造出各种心理防御。

**同场加映**

阿尔弗雷德·阿德勒《理解人性》(第 01 章)

埃里克·伯恩《人间游戏》(第 05 章)

西格蒙德·弗洛伊德《梦的解析》(第 19 章)

斯蒂芬·格罗斯《咨询室的秘密》(第 26 章)

卡伦·霍妮《我们内心的冲突》(第 30 章)

拉马钱德兰《脑中魅影》(第 44 章)

# 安娜·弗洛伊德
## Anna Freud

安娜·弗洛伊德的父亲是西格蒙德·弗洛伊德，她是家中六个孩子中年纪最小的，也是唯一凭自己本事成为举世知名心理学家的。14岁时她已经读过父亲的著作，而且立志要追随父亲脚步，虽然没有摆脱"弗洛伊德之女"的标签，但事实上她在自我心理学和儿童精神分析这两项重要领域都是先驱人物。

西格蒙德专注于无意识（本我，id）而闻名，而安娜让"自我"（ego）看来更加重要，尤其是在心理治疗和精神分析领域。她通过研究，仔细检视究竟自我、本我和超我（superego）是如何交互作用，正是有了对这方面的了解，她得以探讨心理防御机制的概念。在治疗儿童和青少年的工作中，她向父亲展示了在精神分析的实践上，儿童和青少年跟成人有很大的不同。

《自我与防御机制》是她最知名的著作。虽然她写作的前提是假设读者多少熟悉了精神分析的术语，但门外汉仍然可以阅读这本书，而且书中包含了有趣的个案研究，为理论增添了趣味。安娜·弗洛伊德使用了许多经典的弗洛伊德术语，例如"痛恨母亲""阴茎嫉妒""阉割焦虑",当代的读者可能会对这些说法持保留态度。不过这些观念背后是引人入胜的解释,说明了为什么有些人会如此行事,而且尽管近年来对于弗洛伊德的心理学有种种驳斥,安娜·弗洛伊德对于防御机制是如何出现及如何作用的解释还是令人信服的。

## 什么是防御机制

1894年,西格蒙德·弗洛伊德首次在心理学中使用"防御"这个词汇,他也是将防御和心理学联系起来的第一人。他的用意是要描述,"自我在挣扎、抵抗令人痛苦或无法忍受的想法及后果时",可能会导致神经症。正如安娜·弗洛伊德所说,自我会发展出防御方式来保护自己不屈服于无意识的要求,例如性和攻击性。精神分析师的工作是让当事人意识到自己的本能欲求,也包括隔绝因为原始未满足的冲动而经历的痛苦。

自我永远保持警戒,提防着无意识颠覆它的可能。自我可能会试图理智化无意识的欲求,抑制它们,把它们投射到别人身上或是干脆否认。安娜·弗洛伊德指出,当人们成功创造出防御机制来抵抗焦虑和痛苦时,便是自我赢得了自我、本我和超我这三个体制之间的战役。一旦本我和超我输掉内在战役,由无意识的本能或社会的"必须"和"应该"赢得胜利,也就失去了自我。自我不断努力,想要创造自我、无意识与外在世界之间的和谐,但是不一定能永远导向完美的心理健康。事实上,有时候自我

"赢了"，而整个人或许是输的，因为自我不惜一切为了保住自我意识可能创造出某种防御机制。

## 被超我奴役

自我是正常思考的心灵，本我代表无意识，超我在弗洛伊德学派的术语中是我们回应社交或社会规则的部分。

当自然的本能浮现时，自我希望予以满足，但是超我不允许。自我屈服于"更高阶"的超我，然而留下了问题。自我开始与冲动做斗争，为了减轻不被满足的痛苦，自我建构了某种防御来合理化屈服的决定。

安娜·弗洛伊德写道，超我是"挑拨离间的人，防止自我友好地理解本能"。超我建立高标准，把性看成是坏事，把攻击性当成反社会态度。然而，弃绝本能或许只是意味着把冲动排除在自我的视野之外，但无法融入自我意识的东西会在其他地方表现出来，成为不健康的人格特质或引发神经症。一旦自我成为只是执行超我意愿的工具，我们就会看到那种既压抑又一本正经的人，生活中时时恐惧受到本能袭击，害怕臣服于本能。

安娜·弗洛伊德描述了一名女士的经历，她的人生是由她非常强大的超我塑造的，以至于她那些不允许自己做的自然冲动"投射"到了生活中的其他领域。童年时她是激烈的"索取者"，要求特定的物品和衣饰，让自己比得上或是胜过其他孩子。对她来说，她的欲望就是一切。成年后，她是一名未婚无子的家庭教师，言谈乏味、缺少进取心，而且衣着相当朴素。她身上发生了什么？在某个时刻，她觉得自己应该顺应社会价值和标准，因此压抑自己天然的愿望，走向了另一个极端：不把心思放在自己身上，把时间用来同情别人，关注他们。她对朋友的爱情生活兴趣浓厚，乐于谈论服装，却不允许自己享受这些愉悦。为了防止感知觉察到自己太强烈的欲望，她通过别人来满足自己的欲望，这就是她的防御机制。她的自我和本我彻底输掉了跟超我的战役，然而她的行为却是它们唯一能表达自己的方式。

## 压抑

尽管上述例子涉及把本能投射到外在世界，安娜·弗洛伊德仍强调，这还是相对健康的防御形式。更加强大但往往有害的防御是压抑，因为那需要最大的能量才压得下去。

安娜·弗洛伊德讲了一名女孩的故事，她兄弟众多，对她妈妈不停怀孕感到不满，便发展出对母亲的痛恨。但她又觉得这不是良善的感受，必须压抑，于是她的自我演化出相反的反应，对母亲过度温柔并且关切她的安全，试图借此保护自己，以防负面感受复发。女孩的羡慕和嫉妒转化成无私和对别人的体贴。虽然这帮助她融入了家庭环境，但压抑自然的感受导致她失去了这个年龄的女孩正常的反应和活力。

另一则例子中，一名年轻女孩产生了咬掉父亲阴茎的幻想，然而为了逃避这种感受，她的自我完全拒绝咬东西，导致进食出现问题。

在这两个案例中，尽管自我不再需要解决内在冲突，在某种意义上"获得安宁"，但是当冲突被压抑时，女孩在另外一个方面受苦。安娜·弗洛伊德评述道，压抑是最危险的防御形式，那剥夺了我们对本能这整块领域的意识，因此弱化了人格。

## 儿童的防御

并不是所有的防御必然不好，有可能只是当事人用来应付真实外在危险的方法。检视儿童创造的防御时，安娜·弗洛伊德指出，小孩的经验是，自己在这个充满强大的大人和危险的世界里相当弱小，因此就以幻想和角色扮演来弥补。往往小孩感觉受到某个形象威胁时，比如说鬼或者凶暴的男人，他们就假装自己也是鬼，或者打扮成牛仔、抢匪，吸纳这个外在客体的特征。他们从被动转变成主动的角色，以这种方式从周遭环境中获取力量。

安娜·弗洛伊德分析过许多儿童故事，而儿童故事的主题之一是，男孩或女孩想办法"驯服"一个有钱有势或有些可怕的坏老头，例如《小爵爷》(*Little Lord Fauntleroy*)。小孩打动老伯爵的心，那是其他人不曾做到的，于是老伯爵转变成具有人性的真人。在其他故事里，野生动物被驯服，或者野兽变成人。这些幻想故事通常是现实的反面。故事或许可以让孩子去面对现实关系中自己的欠缺力量，例如父子关系。故事也可以帮助孩子甘心接受现实，理由听起来却是一个悖论——故事允许孩子否认现实。

## 青少年的自我

安娜·弗洛伊德也观察到，青少年往往变得反社会，而且试图把自己跟其他家人隔离开来。青少年另一项特征是他们善变的天性。一生中的其他时期，人们不会如此快速和热切地变换新款式的衣着或发型，反而会强烈依附特定的政治和宗教理念。同时，青少年把自己看成是世界的中心，因此是自恋的。他们让自己"认同"物与人，而不是清晰看待他们，因他们的本来面目而爱他们。

安娜·弗洛伊德指出，人生的每一时刻，当性驱动力高涨而自我无法恰当处理欲求时，就会有患上神经症或精神疾病的危险。对自我来说，增强的本能驱动力意味着危险，自我的回应是尽一切可能重申自己的存在。她以此来解释青少年为什么这么以自我为中心，那是为了防御接二连三不知从何而来的新奇、强烈感受，同时也为了保持自我认定。

### 总评

安娜·弗洛伊德承认，关于因焦虑和恐惧而出现的各种防御，她所做的描述并不是一门精确的科学。但我们处理的是心灵、愿望和欲求的"地下洞穴"，是人们对社会压力的回应，这些工作怎么可能是精确科学？弗洛伊德派心理学常被人指责不科学，在许多方面的确如此。精神分析师已经被心理治疗师和认知心理学家取代。认知心理学家对于当事人的过去或渴望并不真的感兴趣，他们的任务是修正错误的思考方式；是思考方式导致了让人不满意的情绪或行为。

这都没错，不过或许我们会开始怀念弗洛伊德派心理学的某些方面：它对性与攻击性的描述展现了人性；它对梦境和神话象征充满深厚的知识背景；它注重自我、本我和超我的竞争。这些概念依旧有用，至于防御机制，那是确确实实存在的，我们大多数人大概不必太费脑筋就可以描述自己身上至少一个防御机制了。最近已经有人指出防御机制在神经学上存在的事实了（参见第425—426页），因此或许精神分析在科学上还是站得住脚。安娜·弗洛伊德的主要贡献是实际应用她父亲的理论，如果弗洛伊德派心理学卷土重来，她的著作势必会变得更有影响力。

## 安娜·弗洛伊德

安娜·弗洛伊德1895年生于维也纳。她与父亲关系亲密。她在学校精力充沛，求知若渴，进行了大量阅读，从家里的客人身上学会了几种语言。她的姐姐索菲是公认的美女，而安娜是家里的"头脑"。

1912年,安娜从学校毕业,到意大利旅行之后,通过考试成为小学老师。她翻译父亲文章,在某种程度上可以说她是父亲的弟子,不过她仍然继续教书。1918年,她接受父亲的精神分析治疗。1922年,她成为国际精神分析大会的成员,第二年她开始以精神分析师的身份在柏林执业,不过父亲的下颚癌让她回到了维也纳。西格蒙德·弗洛伊德在1939年去世,此前基本都是安娜在照顾父亲。

1927—1934年,她出任国际精神分析协会主席,同时继续发展她的儿童精神分析工作。1935年,她成为维也纳精神分析培训学院院长。从1937年开始,她还协助成立了一家收容贫困儿童的育幼院。纳粹占领奥地利时,她安排一家人移居英国。她为单亲母亲的孩子创立了汉普斯特德战争托儿所,1947年又创建了汉普斯特德儿童治疗诊所,成为全世界的儿童心理学中心。

安娜终身未婚,认为自己的任务就是继续和发扬父亲的学说。她接受了好几个美国大学的荣誉学位,也回馈了许多场演讲和研讨会。1982年过世之后,她伦敦的家成为弗洛伊德纪念馆。

# 1900

# 《梦的解析》
## The Interpretation of Dreams

梦从来不会浪费时间在细琐小事上：我们不会让无足轻重的梦来打扰睡眠。当我们不嫌麻烦去解析那些看似无害的梦时，结果却很糟糕。如果能够允许自己表达，昨日就"不会"做这场梦了。

我不知道动物做什么样的梦。但我记得我的学生曾经告诉我一个谚语：鹅会梦到什么？答案是谷物。这两句话就涵盖了梦是实现愿望的整体理论。

我将举出一些"我很想去罗马"这个愿望衍生出来的梦……因此有一次我梦到自己通过火车窗户，望着台伯河和圣天使桥，然后火车开始启动，我醒了过来。其实我还没有踏足过这个城市。我在梦中见到的景象是复制来的，来源是前一天我在患者客厅匆匆扫过的一幅熟悉版画。在另一梦中，有人领我到山丘上，指给我看，罗马半遮半掩在雾中而且依旧非常遥远，让我好奇如果看清楚是什么样子……梦中"远眺应许之地"的主题很容易就辨识出来。

**总结一句**

梦透露了无意识的欲望，以及无意识的聪慧。

**同场加映**

阿尔弗雷德·阿德勒《理解人性》（第01章）
安娜·弗洛伊德《自我与防御机制》（第18章）
卡尔·荣格《原型与集体无意识》（第32章）

# 西格蒙德·弗洛伊德
## Sigmund Freud

有很多人其实没有意识到这样一个事实——弗洛伊德其实起步相当晚。虽然求学过程他一直名列前茅,但他在大学攻读医学和其他学科花了8年时间才毕业。他慢慢进入神经学领域,撰写关于语言失调、可卡因的麻醉效应、儿童脑性麻痹等方面的科学论文,之后他的兴趣才转向精神病理学。不过,他想成为知名医学研究人员的野心和想娶未婚妻玛莎·伯奈斯(Martha Bernays)的渴望互相抵触,为了维持一个家他必须行医。

结果就是直到他40多岁,他的成名作《梦的解析》才得以出版,即使这样这本书还是经过10多年才家喻户晓。这本历史上最具影响力的著作之一,第一版只印了600本,而且花了8年时间才卖完。得到的不多的评论里大部分是负面的,由布里尔(A.A.Brill)翻译的第一本英文译本迟至1922年才问世。

这本带有半自传色彩的书,让读者可以观察19世纪末期维也纳的资产阶级世界,带我们进入"伟人"神话的后台,揭露了弗洛伊德享受与孩子共处的时光、到阿尔卑斯山度假、与朋友和同事打交道，以及追求专业上的成功。对读者来说，主要的阅读乐趣在于梦境本身的描述和分析（其中大多数是患者的梦，也包含了不少弗洛伊德自己的梦），每个梦轻易就占了十几页的篇幅，用到了弗洛伊德在神话、艺术和文学方面可观的学识。

《梦的解析》从医学和科学的角度探讨了一个前人向来抗拒去真正分析的主题，同时也创建了无意识的科学。完成这本书之后，弗洛伊德写道："这样的洞察力成为一个人的天命，一辈子只能有一次。"他花了40年时间实现自己早年的承诺，然而其实这不过是他精神病理学生涯的开端。

## 梦的成因

令人惊讶的是，在弗洛伊德之前就已经有很多关于梦的文章了。他在书的一开头长篇大论评述了过往文献，一直回溯到亚里士多德，给予更近代的学者应得的赞扬，例如路易斯·阿尔弗雷德·莫里（Louis Alfred Maury）、卡尔·弗雷德里希·布达赫（Karl Friedrich Burdach）、伊夫·德拉格（Yves Delage）和路德维希·史特姆培尔（Ludwig Strumpell）。总结他的阅读成果，他指出："尽管人们已经关注这个主题好几千年了，对于梦的科学认识还很粗浅。"

人们已经逐渐从认为梦是"神启"，过渡到科学观点，接受梦不过是"感官兴奋"的结果。举例来说，睡觉时听到外面有嘈杂声，于是我们把这些声音编织到梦里，合理化声音的出现。根据这样的解释就可以理解寻常的梦，例如梦见自己裸体，是棉被掉落的结果；而梦见飞行，是肺部起伏造成的……

不过，弗洛伊德认为感官刺激不能解释所有的梦。我们睡觉时接收到的身体刺激当然有可能形塑我们的梦境内容，不过这些刺激也同样可能被忽略，不融入我们的梦里。许多梦也涉及伦理或道德层面，显然不只涉及身体成因。

弗洛伊德对梦的兴趣最初来自他治疗精神病患的经验。他意识到患者做梦的内容是反映他们心理健康状态的良好指标，而且梦与其他症状一样，是可以解析的。等到开始撰写《梦的解析》时，他已经在临床上解析过1000个以上的梦了。

他的结论包括：

* 梦偏爱使用过去几天内的印象，不过也会触及幼年记忆。
* 梦中选择记忆的方法有别于清醒的头脑。无意识的大脑不会聚焦于重大事件，而是记得琐碎或是没有引起注意的细节。
* 尽管梦境通常被认为是随机或荒谬的，但事实上梦会有个统一的原因，轻松地把分散的人物、事件和感觉整合成一则"故事"。
* 梦永远是关于自我。
* 梦可能有多层意义，而且好几个想法可以浓缩成一幅意象。同样地，想法可能被替换掉（比如熟人可能变成其他人，或房子的用途改变了）。
* 几乎所有的梦都是"愿望的实现"，也就是说，梦透露了一

个人想要获得满足的深层动机或渴望，往往可以回溯到童年最早期的愿望。

虽然有些作家相信日常事件的记忆是梦的首要成因，然而弗洛伊德的见解是，睡觉时的身体感觉和白天发生之事的记忆，都"像是永远供应的便宜材料，只要需要就可以随时使用"。简单来说，它们不是梦的成因，只是心灵在创造意义时使用的元素。

## 伪装的讯息

弗洛伊德下了结论，梦是无意识表达自己的领域，而且做梦主要是代表愿望的实现。之后他好奇，为什么愿望表达得这么不清不楚，要用奇怪的象征和意象层层包裹起来？为什么需要逃避显而易见的事情？

答案就在于，事实上我们会压抑自己的许多愿望，只有经过某种程度伪装，愿望才有机会进入我们的意识层面。梦可能看起来正好跟我们的愿望相反，因为我们会防卫或是想要掩饰许多愿望，所以让某项议题为我们所知的唯一方法，就是以相反的意思在梦中提出来。弗洛伊德解释这种"梦的扭曲"现象时用了一个比喻：写政论的人想要批评统治者，但是可能会危害自身安全，因此这名作者必然惧怕统治者的审查，于是"缓和并扭曲他的意见表达"。如果心灵想要通过梦给我们讯息，或许只有让讯息变得更容易被接受才能传达，或是把讯息装扮成其他什么东西，才能通过自己的审查。弗洛伊德相信，我们这么容易就忘记梦的原因是：意识本身想要降低无意识对它管辖的疆域（即清醒时的生活）的冲击。

弗洛伊德有一个重要观念是，梦永远是以自我为中心的。当其他人出现在梦里，往往是我们自己的象征，或是代表那个人对我们有意义。弗洛伊德相信，每当有陌生人进入梦境，那个人毫无疑问代表做梦的人在清醒时不能表达的某个方面的意识。他怀疑历史上所有关于梦的故事，比如什么人在梦中被告知要去做什么事，大概都是来自理智的驱策，后来也证明他的这一推论是正确的。梦可以有力地表达一个人在清醒时习惯压制的一类信息；而且那个信息永远是关于自己，不是关于家庭、社会，或是其他任何社会影响。

## 一切都是关于性

弗洛伊德对病患进行的精神分析引导他相信，神经症是从压抑性欲望演化出来的，而且梦也是在表达这些压抑的感受。在《梦的解析》中，弗洛伊德首度探讨了索福克勒斯的剧本《俄狄浦斯王》，用来支持他后来命名为"俄狄浦斯情结"（即恋母情结）的见解：孩子在性方面受到母亲的吸引，同时想要打败父亲，这是普世的倾向。

弗洛伊德讲述了他童年时的一桩重要事件。一天晚上要上床前，他在他们的卧室尿湿裤子。如同一般很多父母会说的指责，他父亲嘀咕着："这孩子不会有出息。"这句评语重重地打击了他，弗洛伊德承认，因为这个场景是他成年后梦境中反复出现的主题，通常会跟他的成就联结在一起。举个例子，其中一个梦是弗洛伊德的父亲在他面前尿尿。弗洛伊德表示，这仿佛是他想要告诉父亲："你看，我的确有出息了。"这个违反父母规定尿尿的可耻形象终于消失了，现在跟他竞争母亲情感的人应该安于自己的本分位置了。

在弗洛伊德的宇宙观里，文明不过是勉强覆盖住我们的本能，而性就是最强大的本能。因此，梦远远不只是闲来无事的夜间娱乐，在揭露我们的无意识动机方面，梦是了解人性的关键。

## 总评

弗洛伊德写过一段著名的评述，他说人类历史上有三大羞辱：伽利略发现地球不是宇宙的中心；达尔文发现人类不是创世的中心；还有弗洛伊德本人发现，我们不像我们相信的那样掌控着自己的心智。

质疑"人类拥有自由意志"无可避免会带来咒骂，尤其是在美国，弗洛伊德的全部精神分析被描绘成是不科学的。尽管弗洛伊德是无神论者，却有人指出，精神分析带着宗教的光环，创造出了"躺椅文化"，伍迪·艾伦特别爱如此嘲讽。弗洛伊德学派的治疗问题不仅仅是过于依赖精神分析师的素养，也缺少标准程序和可以验证的结果，而且没有什么证据显示能有效治愈患者。梦可以和欲望或动机联结起来，这个想法也被神经学重重打击。在这样的氛围下，大学心理学课堂上的阅读书目已经不动声色跳过了弗洛伊德的著作，专业精神分析师的人数也在锐减。到了20世纪90年代初期，《时代》杂志觉得是时候在封面上发问："永别了，弗洛伊德？"

今日，如果你去见心理师或精神科医师，可能他们根本就不会询问你的梦或你的过去。与认知心理学更精准地改变精神状态的方法摆在一起，这些问题看起来更无关紧要。然而，如今的心理或精神从业人员太容易就忘掉他们从弗洛伊德那里获得的资产，他开创了"谈话治疗"，倾听和分析病患心里想什么；还有他了不起的见解，认为人可能只因为内在的不理性而失能。此外，伦敦皇家医学院最近的研究审慎地支持了弗洛伊德关于梦的见解。大脑扫描造影显示，梦不只是神经元随机放电的副产品，事实上，控制情绪、欲望和动机的大脑边缘系统，在深层睡眠期间非常活跃。因此，梦是跟动机相关的高阶心理活动，尽管这项研究是否能证明弗洛伊德"梦的存在是为了实现愿望"的理论，尚未有定论。

在弗洛伊德死后将近80年，关于他的历史地位我们有什么肯定的说法吗？尽管弗洛伊德"发现"无意识改变了我们对心智和想象活动的看法，但或许他最伟大的贡献是让一般人也着迷于心理学。他为我们提供了探查自己心灵的可能性，使得他的观念如此扣人心弦。

## 西格蒙德·弗洛伊德

西格蒙德·弗洛伊德1856年生于摩拉维亚的弗莱堡（现属捷克共和国），出生时被取名为"西格斯蒙德·弗洛伊德"。他的父亲雅各布和母亲阿玛丽亚来自西乌克兰，他是家中五个孩子中的长子。一家人在1859年移居莱比锡，一年后又搬到维也纳。

弗洛伊德的父母很早就看出他很聪明，让他接受拉丁文和希腊文的古典教育，同时给他单独房间来念书。弗洛伊德曾决定到维也纳大学攻读法律，不过最后改变主意，在1873年入学研习医学。1881年毕业后，第二年他与玛莎·伯奈斯订婚，在维也纳综合医院工作，专长是大脑解剖学。之后，他前往巴黎的萨尔佩特里埃医院，在夏尔科（J.M.Charcot）手下工作，同事还有奥地利心理学家约瑟夫·布鲁尔（Josef Breuer）。他和布鲁尔合写了《癔症的研究》（*Studies on Hysteria*，1983）。

1896年，弗洛伊德的父亲去世，第二年他进入了一个深刻反思、学习和自我分析的时期，并开始撰写《梦的解析》。《梦的解析》出版后的几个月内，他的另一本书《日常生活的精神病理学》（ The Psychopathology of Everyday Life）问世了，引入了"口误"（即弗洛伊德式失言，Freudian slips）这个概念，口误会透露无意识的思想。1902年，他与志同道合的犹太专业人士组成的"星期三讨论会"举行了第一次会议，弗洛伊德被任命为维也纳大学的心理学教授。1905年，他发表了《性学三论》（Three Essays on the History of Sexuality）和《玩笑及其与无意识的关系》（ Jokes and Their Relation to the Unconscious）。此后，精神分析发展成为一个国际运动，在1908年举行了第一次大会。

1920年，弗洛伊德夫妇的第二个女儿索菲怀着第三个孩子，死于流感。他在这之后十年中出版的著作包括《超越快乐原则》（ Beyond the Pleasure Principle, 1920）、《自我与本我》（ The Ego and the Id, 1923）、《自传》（ Autobiography, 1925）、《幻象之未来》（ The Future of an Illusion, 1927），这些作品旨在揭穿宗教。弗洛伊德的长篇论文《文明及其不满》（ Civilization and its Discontents, 1930），将他关于人类侵略和"死亡本能"的观点具体化了。1933年，他与爱因斯坦合写了《为什么有战争》（ Why War）。

1938年，纳粹政权吞并了奥地利并禁止精神分析之后，弗洛伊德和他的家人搬到了伦敦。他一生抽雪茄，1939年死于癌症。

# 1983

# 《智能的结构》
## Frames of Mind

❦

　　只有扩大且重塑看待人的智能的观点,我们才能设计出更恰当的方法来评估人的智能,同时设计出更有效的方法来培养人的智能。

　　以我的观点,把音乐或空间能力说成是才华没问题,只要我们也把语言或逻辑能力说成是才华。但是我不能苟同下述没有根据的假设:把某些能力可以随意选出来认证为智力,其他能力却不行。

**总结一句**

　　许多不同形式的智力在智力测验中测不出来。

**同场加映**

　　阿尔伯特·班杜拉《自我效能》(第 03 章)

　　米哈里·希斯赞特米哈伊《创造力》(第 11 章)

　　丹尼尔·戈尔曼《情商 3》(第 23 章)

　　让·皮亚杰《儿童的语言与思想》(第 42 章)

# 霍华德·加德纳
## Howard Cardner

❖

　　哈佛大学心理学教授霍华德·加德纳撰写《智能的结构》之际，大众大多接受"智力可以单纯通过智商（IQ）测验来衡量"这种观念。高智商意味着你聪明，生活中可以获得某些好机遇；低智商代表你有点迟钝，因此机会受限。

　　加德纳的著作推广了下述观念：智商测验中，通常用数学逻辑和"整体"智力来评估，但这两个指标实际上并不能很好地评估一个人的潜力。智商测验或许能相当有效地预测出你的学科表现有多好，但是用来评估你创作交响乐、赢得选举、写计算机程序、精通外国语的能力，就失效了。加德纳用更加明智、包容的"你聪明的地方在哪里"取代了"你有多么聪明"的问题。

　　我们凭直觉知道，自己在学校表现得多好不能决定我们的人生会有多成功，而且每个人都认识一些脑袋非常好却没有什么成就的人。同样地，我们很难相信莫扎特、亨利·福特、甘地或丘吉尔等人的成就仅仅是"高智商"的结果。《智能的结构》虽然反对世俗看法，但实际上加德纳带我们认识的智能接近我们早已知道的真相：每个人都有不同的方式展现聪明才智，而成功来自一辈子的不断进取和善用这些聪明才智。

## 智能类型

加德纳声称，所有人都拥有自己独特的七种智能组合，通过这些智能我们投身于世界，寻求自我实现。这些智能结构包括传统教育一般都会重视的两种智能、通常与艺术联结的三种智能，以及两种加德纳称之为"个人智能"的智能。

**语言智能**

这包括对语言的理悟力、学习新语言的能力，以及运用语言达成特定目标的能力。这项智能高的人可以成为优秀的游说者或是说故事的人，而且懂得使用幽默来获得好处。作家、诗人、新闻记者、律师和政治人物大多都拥有突出的语言智能。

**数学—逻辑智能**

这是善于分析问题、进行数学运算、科学处理问题的能力。用加德纳的话来说，数学—逻辑智能蕴含了侦测模式、演绎推理和逻辑思维的能力。数学—逻辑智能和语言智能，是智商测验主要评估的智力。数学—逻辑智能往往跟科学家、研究人员、数学家、计算机程序师、会计师和工程师联结在一起。

**音乐智能**

拥有音乐智能的人实际上是从声音、节奏和音乐模式的角度来思考。这项智能涵盖了表演、作曲和领悟音乐模式的技巧。发挥这项智能的典型职业包括音乐家、DJ、歌手、作曲家和乐评家。

**身体—动觉智能**

这项智能涉及的能力是控制和协调复杂的身体动作，以及用动作表达自己，包括身体语言、默剧表演、演戏，还有全部的运动项目。运动员、舞者、演员、杂技演员、体操选手，还有身体平衡与协调至关重要的职业（例如消防人员），身体—动觉智能势必特别高。

**空间—视觉智能**

这种能力高的人可以精准感知空间中的物体，对于"东西应该在什么位置"有概念。雕刻家和建筑师需要高超的空间—视觉智能，领航员、视觉艺术家、室内设计师和工程师也同样需要。

**人际智能**

人际智能是了解他人的目标、动机和欲望的能力，有助于建立人际关系。教育工作者、营销专员、推销员、咨询师和政界人士是拥有高超人际智能的典型。

**自我认知智能**

这是了解自我的能力，可以敏锐觉察自己的感受和动机。这种智能帮助我们发展出有效的个人运作模式，运用我们的自我认知来规范人生。作家和哲学家通常拥有充足的自我认知智能。

## 要如何学习

加德纳的理论对现有教育模式提出了巨大挑战，因为如果接受每个人都有独特的智能组合这样的观点，我们就需要审慎地调整教育制度，让学生能够发挥他们的潜能。加德纳承认，心理学无法直接决定教育政策，而且在改变教育制度之前，需要更深入的研究来证实的确存在多元智能。不过，他的整体推论是，考虑每个孩子独特性的教育制度不可能是坏事。

## 总评

我们会永远用IQ来衡量个人吗？还是说加德纳的观念会推翻现行的智商测验体系（例如美国用来申请大学入学的著名学术能力评估测试，SAT）？绝大多数人不知道智商测验进入我们生活已经超过一百年，最早的测试方式是法国心理学家阿尔弗雷德·比奈和西奥多·西蒙在1905年设计出来的。这是相当简单和方便的方式，让大部分的人根据"指标"分类排序，社会接受度很高，已经屹立不摇。不过，只要人们觉得自己真正的价值没有获得认可，多元智能的观念就不会消失。

真正重要的不是一份假定客观的智力测验，而是我们是否相信自己有能力做一件事，以及是否能够把对自己的要求严格贯彻到底。加德纳称之为"在我们的环境内解决问题的能力"。我们最仰慕的是有特殊聪明才智的人，他们把自己的思考和行事方式精进到非凡程度。他们的厉害之处不只在于原始智力，他们还拥有"判断力"。

> 因此，加德纳的著作给我们上的一堂课，或许就是告诉我们应该停止操心自己是否符合某种武断的智力标准，因为真正聪明的人是那些确实知道自己擅长什么，并且根据这项认知活出自己的人。单纯拥有心智、身体或社交能力，和确实发挥这些能力获得成功，两者之间有极大分别。

## 霍华德·加德纳

霍华德·加德纳生于1943年，他的父母是逃离纳粹统治的德国难民。最初，加德纳进入哈佛大学学习历史。在伦敦政治经济学院待了一年后，他于1966年再度进入哈佛大学，攻读发展心理学的博士，之后成为"零点计划"（一项关于人类智能和创造力发展的长期研究）的研究团队成员。他对人类认知的兴趣是受到导师埃里克·埃里克森（参见第144—152页）的影响。

加德纳目前是哈佛大学教育研究生院霍布斯认知与教育学教授，波士顿大学医学院神经学兼职教授，哈佛大学"零点计划"的共同主持人。他获得许多荣誉学位和奖项。

其他著作包括《超越教化的心灵》（*The Unschooled Mind*, 1991）、《多元智能：理论的实践》（*Multiple Intelligences*, 1993）、《学习的纪律》（*The Disciplined Mind*, 1999）、《改变想法的艺术》（*Changing Minds*, 2004），以及《决胜未来的五种能力》（*Five Minds for the Future*, 2009）。

# 2006

# 《撞上幸福》
## Stumbling on Happiness

在我们决定是否接受人们关于幸福的说法之前，我们必须首先判定在原则上是否会误解他们的感受。我们可能搞错各式各样的事情，黄豆的价格、尘螨的寿命、法兰绒的历史，但是我们会搞错自己体验的情绪吗？

**总结一句**

受大脑的运作方式影响，对于自己将来会有什么感受，我们的预测不一定永远正确，包括什么会让我们快乐，也不一定预测得准。

**同场加映**

巴里·施瓦茨《选择的悖论》（第47章）

马丁·塞利格曼《真实的幸福》（第48章）

# 丹尼尔·吉尔伯特
## Daniel Gilbert

❖

丹尼尔·吉尔伯特小时候就喜爱研读呈现视觉错觉的书，例如内克尔立方体，以及著名的花瓶与侧脸的图片。让他惊奇的是，眼睛和大脑是多么容易受到愚弄。

许多年后他成为心理学家，他感兴趣的是，我们为了快速提供现实图像，大脑经常性地犯错和"脑补"。他发现我们也可能因为"先觉"犯错，就如同我们可能因为视觉犯下可预测的错误。意思是，我们将大部分时间都花在那些希望在未来会让自己快乐的事，然而对于未来及当下自己会有什么样的感受，我们预先的了解一点都不可靠。

人们被"先见"（预知）的问题困惑了几千年，而吉尔伯特声称，《撞上幸福》这本著作首先结合了心理学、神经科学、哲学和行为经济学的观念，解答了许多心智问题。这是相当复杂的心理学领域，而作者领先群伦，还把素材编织成引人入胜且不时流露趣味的读本。行文风格让人想起比尔·布莱森（Bill Bryson），每章至少有一两个地方会让你发笑。

## 会预期未来的机器

吉尔伯特指出，大部分的心理学著作都会在某处出现这样的句子："人类是唯一××的动物"。他举的例子是"人类是唯一能够思考未来的动物"。松鼠"看起来"似乎也会思考未来，因为它们会为了冬天储存橡子，然而事实上，只是它们的大脑记录了白昼时间的减少，于是促使它们储存食物。没有觉察，这只是生物本能。然而，人类不只是能够觉察到未来，我们是名副其实"会预期未来的机器"。我们对未来会发生的事的关注程度，跟看待眼前发生的事不相上下。为什么会这样呢？

数百万年之前，最初的人类在相对短暂的时间内，经历了大脑体积的巨幅增长。不是大脑的每个部位都在长大。大部分的成长集中在眼睛之上的额叶区域，这是我们的祖先前额剧烈后倾而我们的前额几乎垂直的部分原因，我们需要空间容纳新增的数百万个脑细胞。

曾经有很长一段时间，人们以为额叶没有特殊功能，然而观察额叶损伤的病人后，研究人员发现他们在做计划方面有问题，而且很奇怪的是他们的焦虑感也减轻了。这两者之间有什么联结？计划和焦虑都跟思考未来有关。额叶损伤让当事人活在永远的当下，结果他们就不必费心力去做计划，所以不会为此焦虑。

因此，人类额叶的大幅成长带来了显著的生存优势。我们能够想象不一样的未来，在其中做出选择，进而能掌控周边环境。我们可以预测什么会让自己在未来感到快乐。

## 有缺陷的预测能力

吉尔伯特表示，大脑可以塞进自己所有的经验、记忆和知识，那是因为我们不会完整记住每一件事，只是保存每个经验的一些线索。我们只会回想起这些线索，而大脑会自行"填补其余部分"，让记忆似乎是完整的。

要形成认知时，大脑也会创造出巧妙捷径。德国哲学家康德提出，认知就像是肖像——肖像让我们看见画中人，也看见艺术家的手法（感知者），肖像传达出来这两方面的信息是一样多的。大脑创造出对现实的诠释，然而诠释得太好了，以至于我们没有意识到这只是一种诠释。

记忆和感知可能有错误，同样地，当我们想象未来时，想象中可能发生的细节往往不会给予我们完整图像。并不是说许多想象中会发生的事都不正确，更多的状况是我们排除了确实发生的事。如同许多心理实验显示的，人的心智结构没有完善到可以注意到什么事缺失了。但我们的大脑变了一个绝妙的魔术，让我们相信自己的诠释就是事实，于是我们毫不质疑就接受了。

## 我们真的知道什么会让自己快乐吗

关于快乐，吉尔伯特的主要论点是：快乐是主观的。他说了一对连体婴的故事，萝莉和瑞芭。她们一出生就头部相连，共享血液的供应及部分大脑组织。尽管如此,她们自在过生活,任何人一问起,她们都说自己非常快乐。大多数人听了都会说,这对双胞胎不知道什么是快乐。人们会有这样的反应,是因为假设只有你是一个独立的个体时才会感到快乐。同样地,人们高估了如果自己失明后会多么难受。然而盲人依旧过着他们的日子,做着大部分明眼人会做的事情,可以像任何人一样快乐而满足。

让我们快乐的事会影响我们对于快乐定义的所有认知,然而即使是自己对快乐的认知,在人生的不同时期也会改变。恋人永远看不到十年内他们对彼此的感觉可能会改变;母亲对新生儿的爱,让她们不想回去工作。这种认知上的错误在神经学上可以找到原因。我们想象未来的事,跟经历当下真正发生的事,使用的是大脑里同一部位。一般来说,对于未来的事件我们不是那么理性,不会小心翼翼权衡利弊,而是在心里一遍遍想象着自己会有什么情绪反应。我们想象的事是由现在的感受来界定,那我们又怎么知道二十年后什么会让我们快乐?

总之,人类大脑很会想象未来,但是结果不完全准确,这就解释了为什么我们想象中让自己快乐的事跟实际上让我们快乐的事情不一样,让我们经历了巨大的落差。这意味着有人可能花了一辈子时间赚钱,后来却断定不值得。不过,有时也会有惊喜,比如说原本肯定什么人、什么情境或什么事件会让自己难过,但结果却不是如此。

> **✎ 总评**
>
> 吉尔伯特几乎用整本书的篇幅来指出,在精准预测自己未来的情绪状态时,我们会遇到各种问题,但他是否提供任何解答让快乐更加可靠呢?他的答案不是那么令人惊奇:在采取某项行动(如职业生涯选择、搬到特定城市、生小孩等)前,要搞清自己将来会有什么感受,最好的方法是向先行者讨教他们的感受。人类是喜欢掌控的生物,又对自己的独特性有强烈信念,自然会厌恶依赖别人的经验。这样的策略虽然不让人特别兴奋,却会带给我们生活的满足与幸福的最佳选择。而若是完全依赖自己,就只能碰运气巧遇快乐了。

## 丹尼尔·吉尔伯特

丹尼尔·吉尔伯特生于1957年,是哈佛大学埃德加·皮尔斯(Edgar Pierce)讲座的心理学教授。在社会心理学领域,他写了无数影响深远的文章,同时编辑了《社会心理学手册》(*The Handbook of Social Psychology*)。《撞上幸福》为他赢得2007年的英国皇家学会社会科学图书奖。

# 2005

## 《眨眼之间》
## *Blink*

　　他们没有权衡每一项想象得到的证据，只分析了眼下能够搜集到的信息。认知心理学家格尔德·吉尔瑞泽（Gerd Gigerenzer）喜欢将这种思考方法称为"快而简"。他们只会看一眼状况，脑袋的某个部分就会立即进行一连串的运算，在任何有意识的思考尚未发生之前，他们感受到某种东西，就像赌徒突然感觉到手心出汗……他们知道为什么会有这些感受吗？当然无从知晓。不过他们就是明白。

　　一眨眼的直觉可能和几个月的理性分析，具有同样价值。

**总结一句**

　　我们眨眼之间做出的评估，可能跟深思熟虑之后做的判断一样好。

**同场加映**

　　加文·德·贝克尔《恐惧给你的礼物》（第04章）
　　罗伯特·西奥迪尼《影响力》（第10章）
　　丹尼尔·卡尼曼《思考，快与慢》（第33章）
　　伦纳德·蒙洛迪诺《潜意识》（第39章）

# 马尔科姆·格拉德威尔
## Malcolm Gladwell

❦

马尔科姆·格拉德威尔已然成为书坛名流。他从 1996 年开始为《纽约客》写文章,以《引爆点》(The Tipping Point)一书获得大众关注。这本著作思考的问题是,小观念或小潮流如何达到临界点,进而进入主流。

格拉德威尔后续的畅销书《眨眼之间》,则是比较纯粹的心理学著作,主要是根据蒂莫西·威尔逊(Timothy Wilson)和加里·克莱因(Gary Klein)的研究撰写而成。威尔逊是弗吉尼亚大学教授,他曾写书探讨"适应性无意识",这个部分的心智运作可以引领我们做出好的决定,即使我们不知道自己是如何决断的。克莱因则是认知心理学家,主要研究人们如何在压力下决断。

格拉德威尔的才华是把来自社会学、心理学和犯罪学这些不同领域的科学研究发现结合起来,同时以轶事趣闻的风格写出来,为大众读者创造出看事情的新方法。而《眨眼之间》尝试将大众眼光带到新兴的、目前一般人尚未关注的心理学领域——快速认知。

## 第一印象和瞬间判断

格拉德威尔指出，像闪电般快速得到结论的能力是人们为了生存演化出来的。在生命遭受威胁时，人们需要有能力根据现有信息做出精确的瞬间判断。

人类多数的功能都不需要刻意思考就能运作，而且我们会在有意识和无意识的思考模式之间来回切换。实际上，我们用两个大脑来工作：一个大脑必须深思熟虑，进行分析和分类；另一个大脑先判断好，之后再问问题。

我们针对某个人的瞬间判断，往往会精准得仿佛已经观察他好长一段时间。举例来说，心理学家纳利尼·阿姆巴迪（Nalini Ambady）做过一项研究，发现给大学生看过两秒钟片段的教学影片之后，他们对教授的评价，和一整个学期坐在教室听课的学生给的评价一模一样。

小时候我们受到的教导是，不要信任第一印象，而是要三思而后行，还有不要以貌取人。格拉德威尔指出，虽然这样的处事态度有可取之处，但在行动之前尽可能收集信息不一定永远是最佳策略。额外的信息通常不会让判断更加精准，然而我们会继续全盘信任理性、刻意的深思熟虑。

## 薄片分析法

格拉德威尔介绍了"薄片分析法"（thin-slicing）的概念，这是"我们的潜意识根据非常微薄的经验找出情境模式和行为模式的能力"。他表示，如果我们可以确认潜藏的模式，即使最复杂的情境也能快速解读。《眨眼之间》中有一章主要是讲心理学家约翰·戈特曼（参见第220—227页）的研究。戈特曼有多年来观察配偶互动的经验，只要观察一对夫妻几分钟就能够预测他们会白头偕老还是劳燕分飞，准确率达到90%。

艺术专家往往可以非常快速鉴定艺术品的真假，因为他们站在雕塑品或画作面前，就会产生一种真实的身体感受，会有某样东西告诉他们这是真品还是伪作。据说，优秀的篮球员拥有"球场意识"，能够瞬间解读球赛的打法，而伟大的将领拥有"一目了然"的能力。格拉德威尔讲了一位消防队长的故事，他及时命令他的小队退出着火的房子。当时他的手下努力要扑灭厨房里的火，但是火有点不对劲，温度太高了。之后真相才浮现，主火发生在地下室，因此高热是从地板传上来的。救火人员一离场，房子就爆炸了，如果他们还待在屋里，大概都会丧命。为什么突然决定撤离队员，消防队长也说不出理由，他"就是知道"需要撤离。

根据概率的法则，大部分压力下的决定应该都是错误的，然而心理学家发现，即使信息有限，大多数时候人们还是可以做出正确判断。格拉德威尔出乎人们意料之外的论点是，我们的确可以学习如何做出更好的瞬间判断，就像学习逻辑、缜密的思考一样，不过我们必须首先接受下述观点：漫长而辛苦的思考不一定总是能带给我们比较好的结果，而且大脑实际上已经演化成让我们能快速思考、当机立断。

## 看起来像是领导者

薄片分析法积极的一面是人类有能力迅速而正确地判断，然而也带有负向的一面，决定可能是仓促而错误的。

格拉德威尔表示，美国人选出沃伦·哈丁（Warren Harding）当总统，基本上是因为他高大、黝黑、长得好看，而且声音低沉。沃伦·哈丁效应是指因为外貌我们相信这个人勇敢、聪明和正直，即使他在外表之下并没有多少实质内涵，如同哈丁的例子（一般认为他是美国最糟糕的总统之一，虽然他在位时间很短）。

格拉德威尔组织了一项研究，调查美国大企业 CEO 的身高。他发现这些 CEO 基本上都是白人男性，平均身高接近 6 英尺（约 1.83 米）。《财富》500 强企业的 CEO 中有 85% 身高都超过 1.8 米，相较之下，只有 14.5% 的美国人身高超过 1.8 米。这显示除了需要领导能力，我们也要求领导人拥有出众外表。一个人身材越高，人们就会对他越有信心，不管这是否合理。

## 悲剧的第一印象

错误的第一印象可能带来更为悲剧的后果。格拉德威尔长篇分析了一名无辜男子阿马杜·迪亚洛（Amadou Diallo）在纽约布朗克斯区遭射杀的事故。迪亚洛是来自几内亚的移民，站在自家门外吸口新鲜空气时，一辆载着四名年轻白人男性的汽车恰巧驶过他家门前的街道，这四人是便衣警察。他们认为他很可疑，骤下结论他在进行毒品交易，或是帮抢劫犯把风。他们大声叫他时，迪亚洛因为害怕转身进了屋子。在警察看来，这项举动更是证实了他的罪行。他们跑进去追他，开枪射击，迪亚洛中枪当场毙命。

格拉德威尔不认为警察有严重的种族歧视，不过他引用心理学家基斯·佩恩（Keith Payne）的话："当我们做出瞬间决断时，的确容易受刻板印象和偏见左右，即使我们不一定支持或相信那些刻板印象和偏见。"在压力下要立刻判断时，我们无法有意识地消除隐性的联想或偏见，因为第一印象是来自我们的意识层面之下。

年长、比较有经验的警察处于类似情境，或许表现会更加明智，因为他们对"接下来可能会发生什么事"累积了很多经验，他们的决定是以这些过去经验为基础，而不是根据表象做出，或者他们可能有卓越能力来解读人脸上的细微表情，也许这些微表情只维持了一瞬间，却透露了非常多内心的动机。

## 太多信息

芝加哥库克县医院（电视剧《急诊室的故事》的拍摄地点）发现，他们一大堆资源都消耗在仅仅是可能有心脏病的人身上。没有标准方式来判断患者病情的危险程度，医院不得不谨慎行事。为了省钱，院方决定试试被称为"戈德曼算法"（Goldman Algorithm）的快速方法，评估人们心跳骤然停止的风险。没有医院愿意尝试，因为他们不相信这么严重的疾病可以用什么方法快速诊断出来。医生习惯下判断之前，必须尽可能多地了解病人的病史。然而这套算法运作得非常成功，节省了医生时间和医院经费。

医学界普遍假定医疗从业人员有越多信息，做出的决定就越好，然而经常不是如此。更多信息可能会混淆问题，导致医生用各式各样方法来处理相同病症。研究已经证实，医生得到越多关于患者的信息，就越相信自己的诊断正确。但是诊断的正确率不会因为他们获得的信息量大而提高。

教训是：我们觉得需要大量信息才能对自己的判断有信心，然而多出来的信息往往给了我们有把握的错觉，让我们更容易犯错。

### 总评

以上内容只是快速浏览《眨眼之间》。书里有许许多多引人入胜的案例、轶事和另类的思考方式，从汤姆·汉克斯的明星魅力、快速约会、军事策略、伪造的希腊雕像，到交响乐团如何试奏，这些都阐释了格拉德威尔的关注焦点——第一印象的威力。

有人认为，格拉德威尔的著作基本上都是把他为《纽约客》写的专栏文章拼凑在一起成书，不能让人满意。不过他的写作风格就是如此，总是从一个观念和例子跳到另一个，比较精准地说，这都是因为他太着迷于与人类动机和行为有关的各种见解，不管它们的来源是什么。

《眨眼之间》这本薄薄的书可以说是飞机旅程的最佳良伴，不过容易阅读的特点不影响它的价值，这本书把心理学的复杂领域带入大众视野，而且可能改善了我们的生活。

## 马尔科姆·格拉德威尔

马尔科姆·格拉德威尔 1963 年生于英国，他的父亲是一位英国数学教授，母亲是牙买加的心理治疗师。他在安大略长大，后来进入多伦多大学，1984 年毕业，取得历史学学位。

格拉德威尔在《华盛顿邮报》工作了将近十年，起初从事科学报道，之后成为纽约市分社社长。1996 年，他开始为《纽约客》固定撰写专题文章。《时代》杂志提名他为"100 位最具影响力的人物"之一。他此前出版了著作《引爆点》（2000）。

时至今日，《眨眼之间》已经售出 150 万本左右，被翻译成 25 种语言，甚至有些书开始模仿《眨眼之间》的书名。格拉德威尔后续出版了《异类》（*Outliers: The Story of Success*，2008）、《大开眼界：格拉德威尔的奇想》（*What the Dog Saw: And Other Adventures*，2010），以及《以小胜大：弱者如何找到优势，反败为胜》（*David and Goliath*，2015）。

# 1998

# 《情商3》
## Working with Emotional Intelligence

要有亮眼表现,情商的重要性是技术和分析能力加起来的两倍……在公司的职位越高,情商就变得越重要。

人们开始领悟,成功不单靠卓越的智力或技术的高超,在未来越发动荡的求职市场上,我们需要另外一种技巧来生存,想更上一层楼也需要这一技巧。例如越挫越勇、主动进取、乐观态度和适应能力等内在品质,如今都获得新的评价。

**总结一句**

在绝大多数领域,佼佼者之所以成为佼佼者,是因为他们有运用高超情商的能力。

**同场加映**

阿尔伯特·班杜拉《自我效能》(第03章)

霍华德·加德纳《智能的结构》(第20章)

# 丹尼尔·戈尔曼
## Daniel Coleman

❖

丹尼尔·戈尔曼1995年出版的著作《情商》(*Emotional Intelligence*)大爆冷门,全世界销售超过500万册。受到约翰·梅尔(John Mayer)和彼得·沙洛维(Peter Salovey)把情绪跟智商联结起来的两篇晦涩学术论文启发,戈尔曼结合新闻写作才华(他是《纽约时报》专栏作家)与心理学学术背景(哈佛大学博士),创作了一本大众心理学著作,影响力惊人。

虽然《情商》吸引了一般读者,戈尔曼还是惊讶来自商界的巨大回响。许多人拿自身故事与他交流,内容通常是这一类:"大学时我不是班上顶尖的,不过现在我管理一个大机构。"情商(EQ)似乎解释了为什么他们成功,而聪明才智胜过他们的大学同学发展则没那么好。

大多数畅销书的后续之作都满足不了读者的高期待,不过《情商3:影响你一生的工作情商》和前作一样令人着迷。戈尔曼把这本书划分成五个部分,企图定义25项能够决定我们在职业生涯中会领先还是落后的"情绪能力",并且提供理论基础,说明为什么我们应该致力于成立训练情商的组织。

## 雇主想要什么

戈尔曼在书的开头描述职场上有多少规则已经改变了，比如就业保障已经不存在。曾经，我们最终会做哪一种工作取决于大学成绩或专业技能有多好，但是现在，学术或专业能力只是进入职场的敲门砖。而让我们成为佼佼者的是韧性、主动、乐观、适应变化、对他人的同理心等能力。虽然会有非常少的雇主以"情商高"作为他们雇用某人的理由，然而这往往是决定因素。有时我们会用其他措辞，例如个性、人格、成熟度、软技能或追求卓越的动力来代称这种能力。

戈尔曼剖析现在公司、企业重视情商的原因，还有老板想要提高员工情商的原因。因为在竞争激烈的行业里，来自新产品的业绩增长有限。公司不仅是在产品方面竞争，也竞争他们多么善用人力。在充满挑战的企业环境里，让公司能走更远的是情商技能。

戈尔曼公布了对120家公司调查的研究结果。研究人员请雇主描述是什么能力让他们的员工表现杰出，67%的答案是情绪能力。也就是说，三分之二的雇主对一般行为技能的赞许，超过对智商或专业的要求。明确地说，雇主想要员工拥有的能力是：

＊倾听和沟通技巧。

＊适应变化及克服挫折的能力。

＊想要发展自己职业生涯的信心、动机和愿望。

＊与他人共事和处理分歧的能力。

＊想要有所贡献或成为领导人。

## 你的情绪能力合格吗

1973年，戈尔曼的导师戴维·麦克利兰（David McLelland）在《美国心理学家》（*American Psychologist*）上发表了著名的论文，主张传统的学术测验和智力测验并不是一个人未来工作表现的有效预测指标。取而代之的是，人们应该接受工作上重要"能力"的测验。这标志了能力测验的开端，目前这项测验被广泛用来选择应聘者或是建立团队，补充学术技巧和经验方面的传统考虑。今日，麦克利兰的概念几乎已经是一般常识了，不过当年是极具开创性的见解。戈尔曼更进一步发展了麦克利兰的观点，以下述五个核心能力为基础，提出25项情绪能力：

**自我觉察**

觉察自己的感受，以及有能力让自我觉察去引导自己做出更好的决策。认识自己的能力和短处。觉得自己可以处理大部分的事情。

**自我规范**

有责任心，而且为了达成目标可以延迟满足。拥有从沮丧中复原及掌控情绪的能力。

**自我激励**

培养成就或目标取向的心态，因此可以从正确的角度看待挫折和障碍，主动性和毅力等特质也会被强化。

**同理心**

觉察他人的感受和想法，并且运用这种能力影响形形色色的人。

**社交技巧**

善于处理亲密的私人关系，然而也懂得社交网络和政治运作。与人互动良好，有能力跟人合作，产生成果。

戈尔曼指出，无论我们拥有的是哪一类专业技巧，情商都可以让它们发挥到极致。科学家想要圈外的世界知道他们在做什么；程序设计师希望人们了解他们是服务导向，而不只是技术人员。大部分科技公司会付高薪给"疑难杂症专员"（指专门处理重大问题的人员），因为他们可以联系客户、搞定问题。他们跟一般技术人员一样聪明，而且往往技术一样好，还具有倾听、影响、激励、让团队合作的能力。

戈尔曼指出，情商不是关于"做个好人"，甚至不是表达自己的感受，而是学习如何以适当方式在适当时机表达感受，并且有对他人的同理心，与他人好好共事。

戈尔曼主张，智商只解释了25%的工作表现，剩下的75%与其他因素有关。在大多数领域，合理程度的认知能力或智商，还有基本的工作能力、知识或专业，是前提。除了上述之外，将领导者和其他人区分开来的是情绪与社交能力。

## 区别最优秀的是什么

戈尔曼评述，在组织内越资深，"软技能"对做好工作就越重要。至于对最高层的领导来说，专业技术并不重要。除了明显的因素，例如渴望成就和领导团队的能力，要紧的是：

* 要有"大局观"的思维能力，也就是从眼前大量信息中准确定位未来方向的能力。

* 政治敏感度，或者对于某些人或团体是如何互动和彼此影响的，有大致了解。

* 信心。心理学家阿尔伯特·班杜拉发明了"自我效能"这个词，用来描述除了实际能力之外，一个人相信自己潜能和表现能力的程度。自我效能本身就能有效预测你的职业生涯实际上会发展得多么好。

* 直觉。针对企业家和高管的研究发现，在他们的决策过程中，直觉是核心。他们需要提供"左脑"的分析来说服别人相信他们的观点，然而却是无意识的分析帮助他们做出正确决定。

研究高管的失败也很有启发性，《情商3》中提到了好几项研究，调查对象是曾经爬上高位但是后来被开除或降职的高管。根据知名的"彼得定律"（Peter Principle），这些人"晋升到他们不能胜任的职位"，于是不能再更上一层楼。戈尔曼相信扯他们后腿的是有缺陷的情商。他们可能太僵化，不能或者不愿改变或适应改变；也可能在组织内的人际关系不好，疏离了为他们工作的人。

高阶主管猎头公司亿康先达发现，失败的经理人通常智商和专业技能都高，但是往往有致命缺点，例如傲慢、不愿协作、没有能力考虑变化，或是过度依赖脑力本身。对比之下，大多数成功的经理人可以在危机中保持冷静，善于接受批评，能够临场发挥，而且在别人眼中看来，他会强烈关切共事者的需求。

## 总评

戈尔曼提到了智商与情商之间最重要的差异，可能是我们一出生就带有某种程度的天生智力，而且十几岁之后智力基本不会改变，但是情商主要是学习得来。随着时间推移，我们有机会改进自己控制冲动和掌控情绪的能力，学会激励自己，并且更懂得人情世故。对于这个过程，老派的用语是"性格"和"成熟"。跟天生智力不一样，培养情商是我们自己的责任。

围绕情商的概念本身，也有着不小的争议。最初提出这个概念的心理学家约翰·梅尔与彼得·沙洛维表示，戈尔曼对于情商内涵的描绘（包括热诚、毅力、成熟和品格这类字眼）过度衍生而且扭曲了它们的原始定义。对于戈尔曼的论断——情商可以是未来人生是否成功的预测指标，他们也提出自己的不安。不过，戈尔曼指出这份关于情绪能力的可观研究回溯了 30 年，还针对 500 多家机构进行了调查。这项研究的分量显示，一个人工作表现会有多好，智商（IQ）是仅次于情商的指标。

关于情商究竟是否存在，还有很多争论。有些人主张，情商的许多属性不过是人格方面的。还有其他心理学家坚持，关于工作上可不可能成功，智商仍然是最可靠的指标。不过，戈尔曼的论证被扭曲了。他没有说过智商无关紧要。他说的是，一切条件（智力程度、专业、教育）相同时，善于与他人共事、看得远、有同理心、能够觉察自己情绪的人，会有更为远大的前程。任何人开始工作，一旦发现他们能够脱颖而出依赖的不是在技校或大学学了什么，就会懂得戈尔曼这项命题的道理。

《情商3》的下半部有三分之二只是在填补上半部说过的，不过戈尔曼举例描述的企业生活，阅读起来依旧引人入胜。戈尔曼引用的都是20世纪90年代末期真实公司的案例，无可避免是过时了，但本书是一份蓝图，让我们看到情商高的组织应该如何运作，而且可能会改变你的看法，重新思考在工作场所应该如何做事。

# 丹尼尔·戈尔曼

丹尼尔·戈尔曼生于1946年，在加利福尼亚州的斯托克顿长大，随后就读阿默斯特学院。他在哈佛大学取得了心理学博士学位，指导教授是戴维·麦克利兰。

以行为和大脑科学为主题，戈尔曼为《纽约时报》写了12年的专栏。他同时是《今日心理学》（Psychology Today）杂志的资深编辑，并且获得美国心理协会颁发的新闻报道终身成就奖。1994年，他与琳达·兰提尔瑞等人共同创办了"学术、社会和情感学习协作组织"（CASEL），致力于提升孩童在社交、情绪和学业方面的学习，帮助他们在学校和生活中成功。戈尔曼目前是罗格斯大学情绪智力研究联合会的主任。

戈尔曼的其他著作包括《打造新领导人》（The Meditative Mind，1996），与理查德·博亚兹（Richard Boyatzis）、安妮·麦基（Annie McKee）合著的《情商4：决定你人生高度的领导情商》（Primal Leadership，2002），《情商2：影响你一生的社交商》（Social Intelligence: The New Science of Human Relationships，2006）[1]，以及《专注》（Focus: The Hidden Driver of Excellence，2015）。

---

[1] 编者注：虽然 Primal Leadership 在2002年出版，早于 Social Intelligence: The New Science of Human Relationship，但其中文版出版时间反而更晚，因此按照中文版出版顺序书名为《情商4》。

# 1999

# 《获得幸福婚姻的7法则》
## The Seven Principles for Making Marriage Work

❖

婚姻成功的原则简单得令人惊讶。婚姻幸福的伴侣不用比其他人更聪明、更富有、更精明，只需在日常生活里，找到一种动力，让他们对彼此的负面想法和感受（所有伴侣都会有的）不会压过正面想法和感受。他们拥有我所谓的高情商婚姻。

我的课程核心就是一件简单的事实：幸福的婚姻以深厚的友谊为基础。我的意思是，互相尊重，而且享受对方的陪伴。

**总结一句**

婚姻或伴侣关系为何能稳固，这并不是解不开的谜团。如果我们用心去找，会发现心理学研究为我们提供了答案。

# 24

# 约翰·戈特曼
# John M. Gottman

---

约翰·戈特曼在 20 世纪 70 年代初期开始研究这项课题时，关于婚姻及让婚姻幸福的因素，几乎没有什么扎实的科学数据。婚姻咨询师依赖世俗智慧、观点、直觉、宗教信仰，或是心理治疗师的观点，给婚姻中双方提供建议，但他们的协助并不是特别有效。

1986 年，曾在麻省理工学院攻读数学，当时是西雅图华盛顿大学心理学教授的戈特曼，成立了他的家庭研究实验室，俗称"爱情实验室"。在一个可以俯瞰湖面、家具齐全的公寓中建立这个实验室，要对夫妻生活的对话、争吵及肢体语言进行摄影和录音。

令人吃惊的是，这是第一项以科学方式观察真实夫妻的生活动态的计划。等到戈特曼与娜恩·西尔弗（Nan Silver）合著的《获得幸福婚姻的 7 法则》出版时，他的团队已经在 14 年间观察了超过 650 对夫妻。大多数来到他婚姻课堂上的夫妻已经濒临离婚，但是学习了他的准则之后，婚姻生活再次破裂的概率，还不到接受婚姻咨询平均概率的一半。

关于如何改善夫妻关系有成百上千本著作，然而戈特曼的书能够胜出，是因为他的建议是以真实数据为基础，而不是用心良苦的通则。结果书中许多答案都违反直觉，关于如何维持幸福而稳定的浪漫伴侣关系，戈特曼乐于打破一些迷思。

## 最大的迷思

来到戈特曼工作室的学员听到即使是最幸福、关系最稳定的夫妻也会吵架，总会松一口气。美好的婚姻不只是靠化学作用，还要看伴侣如何处理冲突。

在"为什么大部分婚姻治疗失败"的标题下，戈特曼揭露了专业咨询的最大迷思：伴侣之间的沟通是幸福、持久婚姻的关键。咨询师告诉你，你们的问题跟沟通不良有关，而冷静、关爱地倾听伴侣的观点会让你们的婚姻改观。不要比赛尖叫，重复和确认伴侣所说的话，然后冷静表达你想要什么，会让你们的相互理解有所突破。

上述观念源自心理学家卡尔·罗杰斯（参见第 432—437 页），他教导我们，不带判断地倾听和接纳对方的感受会带来和谐。不过，戈特曼表示这种方法在婚姻生活中是行不通的。大多数夫妻采用了这套方法之后变得沮丧，而那些看似获益的夫妻，大多数在一年内重新陷入原来的冲突。不论双方是多么懂得好好地说出自己的不满，仍然是一个人严厉批评另一个人的情况，而很少人能够在面对批评时保持宽宏大度。

## 更多迷思

**重大的意见分歧会摧毁婚姻**

戈特曼揭露了关于婚姻冲突的骇人真相：绝大多数婚姻中的争执无法解决。他的研究发现，69% 的冲突涉及永久或无法解决的问题。举些例子：梅格想要有小孩，而唐纳德不想；沃尔特永远比达娜想要更多的性爱；克里斯总是在宴会上调情，而苏珊痛恨这点；约翰想要让孩子受洗为天主教徒，琳达则想把孩子教养成犹太教徒。

夫妻耗费多年时光和大把精力尝试改变对方，但关于价值及看世界的不同方式才是分歧所在，这些是不会改变的。成功的夫妻清楚这点，因此决定接受彼此，"不管好坏，照单全收"。

**幸福婚姻通常是开放、坦承的**

真相是，许多幸福的婚姻都是把大量争执"扫到地毯下"，遮掩起来。许多夫妻争吵时，男人怒气冲冲离开去看电视，女人匆匆离家去进行购物"治疗"。几小时之后，争执平息，雨过天晴，两人又很高兴看到对方。许多伴侣不说出内心深处的感受，保持了稳定和满意的关系。

**性别差异是大问题**

戈特曼指出，"男人来自火星，女人来自金星"的事实可能影响了婚姻问题，然而实际上并不是问题成因。大约 70% 的夫妻表示，他们与伴侣是不是好朋友才是幸福与否的决定因素，不是性别或其他什么原因。

## 预测离婚

经过多年研究，戈特曼发表了一项令人吃惊的言论：只要观察一对夫妻五分钟，他就能够预测出他们会离婚或维持婚姻关系，正确率高达 91%。

他写道，"夫妻不会因为争吵最终走入法院离婚，是争吵的方式大幅提高了离婚概率。"在观看了无数小时夫妻互动的录影片之后，戈特曼确认了几项夫妻可能会走向离婚的征兆，如果不是在下一年，那么就是在几年后会离婚。这些征兆包括：

**苛刻开场**

以批评、讽刺或鄙夷开头的讨论就是戈特曼所说的"苛刻开场"。开场不好，结局也不会好。

**批评**

抱怨的是配偶的特定行为，这与针对个人的批评不同。

**鄙夷**

包括任何形式的讥讽、翻白眼、嘲弄或侮辱，意图要让对方不好受。鄙夷更糟糕的版本是挑衅，往往他们用这句话来表达鄙夷："你打算怎么办？"

**防卫**

试图让对方看起来是问题所在，仿佛自己没有任何责任。

**竖起高墙**

竖起高墙是某一方"充耳不闻",没法再接受日常的批评、鄙夷和防卫。通过抽离,他们就不容易受伤。戈特曼指出,在85%的婚姻中,男人是竖起高墙的一方。这是因为男性心血管系统从压力中恢复得更慢。男人对冲突的回应相比之下会是气愤,怀着报复念头,或是想着"我不必受这个气"。另外,在充满压力的情境之后,女人更能够安抚自己,让自己平静下来。这也解释了为什么多是女性要在关系中提起冲突的议题,而男人试图回避这些问题。

**情绪泛滥**

一般情绪泛滥是指一方受不了另一方语言攻击时会感到无法负荷。我们受到攻击时,心跳速率和血压会升高,会释放某些激素,包括肾上腺素。遭受语言攻击时,生理上的体验就像是生存面临威胁。如戈特曼所说:"无论你是面对剑齿虎,或是配偶发出鄙夷的质疑——为什么你永远记不得把马桶圈放回去,生理反应是相同的。"当情绪泛滥频繁发生时,双方都想要回避这种经验,导致在情感上彼此疏离。

**失败的修复尝试**

不幸福的夫妻无法通过说"等等,我需要冷静下来",停止越来越激烈的争吵,或者扮个逗趣表情防止冲突升高。幸福的夫妻都拥有这种不可或缺的能力。

就上述征兆本身而言,它们不一定预示离婚,不过如果它们长期接二连三出现,非常有可能终结一段关系。戈特曼形容防卫、竖起高墙、批评和鄙夷是"天启四骑士"。负面情感开始慢慢取代正面情感，因此关系中的幸福值减少到一个程度，婚姻变得过于痛苦。

伴侣在情绪上抽离，不再费心去厘清问题，而且开始在一个屋檐下过着不相交的生活，这是外遇最可能发生的时候，因为一方或双方变得寂寞，想要从别处寻求关注、支持或关心。戈特曼指出，外遇通常是婚姻病入膏肓的症状而不是原因。

## 什么造就好婚姻

要如何创造出可以维持而且幸福的婚姻，戈特曼提出的原则大多数都环绕着一个关键因素——友谊。幸福婚姻中的伴侣能够保持互相尊重，享受对方的陪伴。友谊可以点燃浪漫爱情，并且保护彼此的关系不会变成敌对。只要你能够保有对伴侣的"喜爱和仰慕"，就可以挽救你们的关系。少了友谊，在争执中就更可能表达出厌恶，而厌恶对夫妻关系来说是毒药。

根据戈特曼的说法，婚姻的目的是"共享意义"，意思是彼此支持对方的梦想和希望。如果一方必须牺牲他想要的来让对方快乐，婚姻就走上了错误方向。真正的友谊是平等的。

跟友谊这项核心议题相关的是下述需求。

### 熟悉你配偶的世界并且感兴趣

关系坚实的伴侣拥有一份了解对方的"爱恋地图"，他们能了解伴侣的感受和愿望，而且知道一些基本事情，如对方的朋友是谁。缺少这方面的认识,重大事件(例如第一个孩子的诞生)很可能会弱化而不是强化关系。

**转向你的伴侣**

即使是在最无聊的对话中也可以保持浪漫爱情的鲜活,戈特曼指出,当你们甚至都不互相招呼时(转身离开),关系才迈向结束。虽然有些夫妻相信浪漫的晚餐或是度假可以让婚姻幸福,事实上是日常给予对方小小的关注(转向伴侣)才要紧。

**允许自己受到影响**

女人本质上会开放自己来接受伴侣的影响,而男人做到这点则比较困难。然而,在比较幸福的婚姻中,丈夫通常都会倾听妻子的意见,而且考虑她的看法和感受。比较美好、维持较久的婚姻是分享权利的婚姻。

## 总评

一旦从科学角度了解了"什么让婚姻保持活力",你就处于十分有利的位置来改善自己的婚姻关系,保护婚姻不失败。当然,这点适用于任何一种长期关系。戈特曼也进行了12年同性配偶的研究,发现他们的互动跟异性配偶没什么太大不同。但同性配偶通常不会认为对方的话是针对自己,也通常不会采取敌对或控制的策略,提出异议时通常会运用更多的感情和幽默来处理。不过,冲突的基本动力和解决冲突的方法,同性异性没什么两样。

> 很可能再过 50 年，当我们回顾关于冲突时生理和心理的反应，以及如何全面处理关系时，会惊讶一般人知道的是那么少。矛盾的是，关于让我们值得活着的那些事，如浪漫爱情和亲密关系，自然科学可以教导我们的可多了。

## 约翰·戈特曼

约翰·戈特曼是华盛顿大学的名誉教授，他最初获聘是在 1986 年。他撰写了 100 多篇学术论文和许多书籍，包括《伴侣沟通指南》（*A Couple's Guide to Communication*，1979）、《预测离婚的指标》（*What Predicts Divorce*，1993）、《培养高情商的孩子》（*Raising an Emotionally Intelligent Child*，1996）、《人的七张面孔》（*The Relationship Cure*，2001）、《婚姻的数学》（*The Mathematics of Marriage*，2003），以及与娜恩·西尔弗合著的《爱的博弈》（*What Makes Love Last？*，2013）。

戈特曼学院是他与妻子茱莉·施瓦茨·戈特曼（Julie Schwartz Gottman）共同创建的，为专业人士和家庭提供训练课程。戈特曼的家庭研究实验室获得美国心理卫生国家研究院资金赞助 15 年，成为非营利组织关系研究院的分部。

《获得幸福婚姻的 7 法则》的共同作者娜恩·西尔弗是新闻记者和作家，专长是亲密关系和教养。

# 2013

# 《孤独症大脑》
## The Autistic Brain

❧

在我攻读博士学位时，我已经 30 多岁……我仍然可以忽略孤独症对我人生的影响。有一堂必修课是统计，我完全没有头绪。我询问是否可以有助教单独指导，而不是在课堂上学习，得到的答复是，想要获得许可，我必须接受教育心理评估。1982 年 12 月 17 日和 22 日，我去见一位心理师，进行了几项标准测验。今日，我把那份报告从档案里挖出来，重新阅读，那分数几乎是冲着我大叫：得这个分数的人患有孤独症。

自闭、抑郁及其他的失调都被定在一条从正常到不正常的连续轴上，某个特质太多会造成严重失能。不过有一点可以带来优势，如果去除了所有基因上的大脑失调，人们可能会更幸福快乐，但是会付出可怕代价。

**总结一句**
人们曾经把孤独症患者看成是难以理解、反社会的人，需要送进收容机构。科学的进步，加上越来越开明的社会态度，意味着自闭的特质可以重塑为差异，甚至是长处。

**同场加映**
R.D. 莱恩《分裂的自我》（第 35 章）
亚伯拉罕·马斯洛《人性能达到的境界》（第 36 章）

# 坦普尔·葛兰汀
# Temple Grandin

坦普尔·葛兰汀出生于1947年，是美国牲畜管理设施设计师、孤独症权利倡议者，她的生平故事曾被HBO改编成电影，颇受欢迎。她4岁时被诊断为孤独症。葛兰汀的母亲观察到女儿的行为，包括不会说话、对身体接触敏感、着迷于旋转物体，于是带她去看神经科医生。这位医生说葛兰汀是"古怪的小女孩"，后来又诊断葛兰汀脑部有损伤，并介绍了一名语言治疗师。葛兰汀说，如果她生在1957年，诊断很可能就会大大不同，那时医生会说她的症状都是心理因素，而且需要安置在收容机构。实际的状况是，她直到四十几岁才被正式诊断为孤独症。

当然，今日诊断又会不同了。美国大多数关于孤独症的诊断都是参照《精神障碍诊断与统计手册》（DSM）进行的。这本手册以行为剖析作为诊断依据，但是每一版的诊断标准和工具都会改变。事实是，没有简单的测验可以判别孤独症，每位患者呈现的症状都是独特的。而且的确有一条细微的界限区分了下述两群人：有孤独症特质但是不想要或不需要诊断为孤独症；被诊断患有高功能孤独症或阿斯伯格综合征，但是完全可以过着多彩多姿的生活。

葛兰汀的书清楚说明了新的研究，并且能让读者感受一下身为孤独症是什么滋味。在她 1995 年出版的著作《用图像思考》（*Thinking in Pictures*）中，她还要花很大心力为孤独症去除污名，但科学已经有所进展，现在倾向于把孤独症看成是一种遗传疾病，基本上是大脑的生理差异导致的。葛兰汀与理查德·潘内克（Richard Panek）合著的《孤独症大脑》总结了新发现。孤独症现在被视为"神经多样性"（连同诵读困难和注意力缺陷障碍），也就是说，与其说孤独症是一种障碍，不如说是一种差异，这种差异并不会妨碍一个人过上充实的生活。

## 孤独症诊断简史

利奥·肯纳（Leo Kanner）开创性的论文《孤独症的情感接触障碍》（*Autistic Disturbances of Affective Contact*, 1943）描述了 11 个儿童案例，他们展现的特质现在被我们称为"孤独症"。葛兰汀简明扼要地形容了肯纳治疗的儿童：需要独处，事物要保持一致，独自一人在一个永远不会有差异的世界里。

不过从一开始，医学专业人士没有办法确切指出孤独症的成因：是生理还是心理？天生的还是后天的？肯纳指出，患者在很小的年纪就表现出了孤独症特质，这暗示了生物学的成因，同时他也震惊于他所谓的"父母的执迷"及缺乏父母的温暖。从这方面来说，孤独症似乎是根源于遗传，有其父必有其子。之后，肯纳转向孤独症的心理学解释。20世纪50年代末他在《时代》杂志发表了一篇文章，其中提出孤独症小孩的父母都天性冷淡，他形容这些父母"只是刚好解冻到可以生孩子的程度"，这与战后流行的弗洛伊德派对行为的解释吻合，把焦点放在母亲身上及幼年的"精神创伤"。

葛兰汀说，肯纳搞错方向了。孤独症的小孩不是因为父母而变得冷淡，而是孤独症孩童让父母变得对他们情感疏离，那是父母对孤独症孩子的反应。葛兰汀谈到，她母亲觉得孩子不需要她，因此与孩子保持距离。但是幼年葛兰汀的冷淡不是出于选择，而是因为"一个拥抱就会让她的感觉超载，引起她的神经系统短路"。

在20世纪40年代，英国精神科医师洛娜·温（Lorna Wing）把奥地利小儿科医师汉斯·阿斯伯格（Hans Asperger）的研究带给英语世界的读者。阿斯伯格观察到有一群小孩（他称之为"小教授"），这群孩子的特征包括：没什么同理心、没有朋友、单方面的对话、笨拙，以及执迷的兴趣（不过与孤独症不同的是，这些孩子几乎没有语言发展上的问题）。葛兰汀表示，1994年的《精神障碍诊断与统计手册》加入温所称的"阿斯伯格综合征"（成为五种普遍的发展障碍之一，孤独症也是其一），是把孤独症变成谱系的重要进展。阿斯伯格综合征在精神医学界以高功能孤独症为人所知后，孤独症谱系从几乎不说话、不能工作、必须和父母一起生活的患者，延伸到拥有执迷特征的人，如比尔·盖茨和史蒂夫·乔布斯等。

孤独症范围的扩大让诊断为"孤独症谱系障碍"（ASD，Autism Spectrum Disorder）的人数自然增加，从 2000 年的每 150 名小孩有一位，增加到 2008 年的每 88 名小孩就有一人，其中包括许多之前会归类为心智迟缓或根本没有被归类的小孩。葛兰汀指出，过去的诊断确实特别困难，因为许多孤独症小孩的特征，从粗鲁到发脾气到不分享玩具，可能看起来都只是"没教养"的表现。

葛兰汀指出了一项长久存在的事实：许多一开始属于精神方面的疾病，最后都归类为神经系统问题。孤独症也是如此，就像癫痫一样。而让孤独症往这个方向发展的是神经造影技术和遗传学这两件事情。

## 孤独症大脑的内部

大多数孤独症的大脑在解剖学上属于我们认为正常的范畴，没有所谓"孤独症大脑"这回事。不过，的确有模式可循：通常，孤独症患者与正常人相比，与眼神接触相关的大脑功能是有差异的。葛兰汀指出："当对方不跟你眼神接触时，神经典型性的人（也就是'正常人'）的感受，可能就是有孤独症的人跟他人眼神接触时的感受。"孤独症患者通常是大脑的某些局部区域存在过度联结，而大脑的主要中枢之间却联结不够。

葛兰汀表示，在确认究竟哪些大脑差异要为自闭行为负责这方面，我们仍然有漫长的路要走，但是如果找到明确的联系，那就意味着可以在婴儿期或幼年期及早介入，那时大脑会比较容易重新建立回路，也更容易针对大脑部位做复健。

神经学家没有可以清楚判断一个人是否患有孤独症的"石蕊试纸"，不过他们越来越能够辨识他们检查的哪些儿童很可能有孤独症。在孤独症儿童身上，大脑没有办法形成"你在看什么"和"你在说什么"两种功能之间的联结，因此在一两岁之间，语言开始发展时，几乎看不到他们的进步。为了补偿他们的大脑，其他部位会扩张。这样的观点是非常重要的进展，加上"高清神经纤维追踪"（HDFT）技术的辅助，科学家绘制出大脑神经传导的干道和支路，找出神经的哪些特性会使人们容易出现孤独症状。

## 孤独症的 DNA

从"人类基因组计划"脱胎出来的"孤独症基因组计划"，有 19 个国家的机构参与，对美国和加拿大确诊为孤独症谱系障碍的 996 位学龄儿童的 DNA 进行了检测。结果发现这些儿童之间有数百项"拷贝数变异"（CNV），包括与常态不同的 DNA 的复制、缺失或重新排列。这些变异大多数是遗传的，然而耐人寻味的是，有些变异正好自动发生在受精之前的卵子或精子里面（称为"新发"突变），或者是刚刚受精完的受精卵里面。最有意思的发现是，每个孩子的拷贝数变异都非常罕见，通常一种变异不会发生在多个孩子身上。从一个特定基因的角度来看，还没有找到哪个基因是"冒烟的枪"。孤独症患者所呈现的一系列行为中有许多与环境有关，而不是孤独症本身的行为表现。如果每个孩子呈现出来的行为不一样，我们很难发现导致孤独症的某个基因或是某项变异。

或许每个孤独症特质是由各种变异的组合促成的。一项变异可能对行为造成影响，而如果有两项变异，那就更有可能造成影响了。

怀孕期也可能发生基因突变，那是因为环境因素的影响，例如汽车尾气、杀虫剂、饮食或药物。举个例子，如果母亲怀孕前或是怀孕期间服用了稳定情绪或抗抑郁的药物，生出的小孩发展出孤独症的风险就会稍微提高。

## 高度敏感

葛兰汀陈述孤独症患者十个中有九个都有感觉统合失调的问题，而这些问题代表了对孤独症研究不足的层面。

感觉统合失调包括对周围环境的强烈反应。对大多数孩童来说，去度假、看见新的地方和做新鲜的事很有趣，然而这些对孤独症儿童可能是一场噩梦。感觉统合失调的成人坐在咖啡店里，可能会被周围的景象和声音淹没，因此无法专注同座的人在说些什么。

葛兰汀列出自己敏感的事物，包括汽笛和警报器的声音、公厕烘干器的声音、冲马桶的声音、人们在她窗户外面讲话及扎人的衣物。在研讨会或演讲中，别人送给她一大堆T恤，但是只有一些对她来说足够柔软可以穿。众所周知，有孤独症的人讨厌日光灯、快速移动的东西（如扶梯、旋转门）、让人眼花缭乱的东西（如色彩缤纷的地砖）、湿沙子的触感、柔软的毛毯、泰迪熊玩偶、防晒霜、新闻纸、从洗碗机刚刚拿出来的玻璃杯摩擦发出的吱吱声。每位有孤独症的人都会有自己"无法忍受"的事物清单。

有些孤独症患者回应环境只有两个设定：关机（因为感觉超载），或是发脾气（同样是因为感觉超载）。回应不足或过度回应是一枚铜板的两面。他们可能看起来没有表情，但是内心却感觉不知所措。

2007年一篇发表在《神经科学新领域》(*Frontiers in Neuroscience*)的论文提议，孤独症的另一个名称可以是"强烈世界综合征"，因为"过量的神经元处理可能导致世界强烈得让人痛苦"。大脑的回应是把当事人闭锁在"被迫重复少数安全固定行为"里。正如葛兰汀所说，对患有孤独症的人来说，有太多东西要吸纳，因此"无法去体验外在世界的多姿多彩，更别提表达他们跟世界的关系"。

## 失调或长处

我们应该停止把孤独症特质看作缺陷，葛兰汀相信这些特质可以是能力或长处。她的高中科学老师卡拉克先生曾经在美国国家航空航天局工作过，帮了她一个大忙，指出她在机械和工程方面的长处，并且让她着迷于电子设备。不过他也督促她学习代数，但不管花多少时间学习，她就是无法理解，因为她的脑袋没有理解抽象的回路，而那是象征性符号思考所需要的。

直到现在，大多数关于孤独症的研究只强调负向的方面，例如扫描大脑后揭露其回路的"瑕疵"。但是如果这样的回路不好也不坏，只是不一样呢？患有孤独症的研究者米歇尔·道森（Michelle Dawson）2007年在《心理科学》（*Psychological Science*）发表了一篇开创性论文，讨论孤独症儿童和成人的智力测验，结论是：孤独症患者的智力一直以来都被低估了。

孤独症患者一项关键长处是对细节的关注。葛兰汀表示："在看到全景之前先看到细节的倾向，一直是我如何与世界联结的核心特征。"这个特点帮助葛兰汀设计管理牲畜的程序。她善于观察其他人很难注意到的微小细节，例如松垮的链条会惊吓到牛。她信任自己的结论，因为她首先会检视细节，唯有在进行一大堆观察和研究之后，结论才会浮现。"我那见树不见林的特质，让我免于见林不见树的问题，也就是由上而下的思考者会有的缺点。"她写道。需要吸收大量数据才能获得结论，也就意味着这样建立起来的模型、论点和设计是审慎的，是比较精确的。葛兰汀总结，许多有阿斯伯格症的科学家和数学家拥有的确定感，就是来自这种由下而上的工作方式：由下而上能够建立起无懈可击的逻辑。她进一步主张，孤独症让当事人更有可能拥有某种创造力，能将之前未曾有关联的观念或事物联结在一起。

葛兰汀说，父母与教育工作者都过度关注诊断标签，以至于忽略教导孤独症和阿斯伯格症儿童基本社交技巧。如果培养出这些孩子的社交技巧，他们没有理由不能在合适的公司里拥有长期而且富有生产力的职业生涯。葛兰汀举了一些公司当例子，他们特别雇用孤独症谱系障碍患者，因为他们会注意细节，拥有出色的长期和视觉记忆，而且会开开心心每天从事相同的特定工作。这一类公司不会犯下要求他们讲电话或是外出见新顾客的错误。

## 总评

葛兰汀据理主张，孤独症的治疗应该进入一个新的阶段：检视特定症状，把它们明确与生物学或遗传原因联系起来。之前我们可能会说："无法跟这孩子沟通，因为她有孤独症。"现在我们大概会说："她无法沟通，因为她大脑处理语言输出或语言意义的部位有问题。"接着去制订一项行动或治疗计划，她的父母就会比较容易知道要有什么样的期待，同时能够与孩子一起努力。最近二十年关于孤独症的研究大量增加，受益的不只是有症状的人，而是所有人。以往如"正常"或"迟缓"这样方便然而潜藏危害的分类，已经退位，取代的是欣赏丰富的神经多样性。我们

> 应该小心所有标签,葛兰汀表示,许多人在西蒙·巴伦-科恩(Simon Baron-Cohen)50道题测验(很容易在网络上找到)中,测试结果显示看似有孤独症的人,往往不是真的有孤独症,只是极度或异乎寻常的内向而已。

## 坦普尔·葛兰汀

坦普尔·葛兰汀1947年生于波士顿。她的母亲是一位演员和歌手,父亲是不动产经纪人,而且继承了一桩大型小麦种植生意。由于葛兰汀到了三岁半还不会讲话,医生建议送她去收容机构。虽然她的父亲大力赞成,不过母亲聘请了语言治疗师,同时送她进入能同情、支持她的私人学校。葛兰汀15岁时父母离婚,她在学校一直都受到霸凌。

葛兰汀进入富兰克林·皮尔斯大学主修心理学,1970年毕业。她还拥有亚利桑那州立大学的硕士学位(1975年),以及伊利诺伊大学厄巴纳-香槟分校的动物学博士学位。葛兰汀目前是科罗拉多州立大学的动物学教授,并且参与畜牧产业的实务工作,同时以孤独症为主题进行演讲和写作。

其他著作包括《发展天赋:阿斯伯格和高功能自闭者的生涯》(*Developing Talents: Careers for Individuals with Asperger Syndrome and High-Functioning Autism*,2004)、《我心看世界》(*The Way I*

*See It: A Personal Look at Autism and Asperger's*，2008）、与凯瑟琳·约翰逊（Katherine Johnson）合著的《动物造就我们的人性：为动物创造最好的生活》(*Animals Make Us Human: Creating the Best Life for Animals*，2009）。她也写了许多书籍和文章呼吁善待畜牧场与屠宰场的动物。

# 2011

# 《咨询室的秘密》
## The Examined Life

❖

对心理医生来说，无聊是有用的工具。无聊可能是患者正在回避某个特定主题的征兆，或者表明患者无法直接谈论私密或尴尬的事。

当我们找不到方法说出自己的故事，它们就会自己说出来——我们会梦到这些故事，会出现症状，或者会发现不了解自己为什么如此行事。

最重要的是，当我们感到被冷漠对待时，会用被迫害妄想来回应。换句话说，被迫害妄想虽然让人困扰，却是一种防御，保护自己免于没人关心、在乎自己的这种更悲惨的情绪状态。"某某某背叛了我"这样的想法保护我们免于"没有人想着我"这种更痛苦的念头。

**总结一句**

我们无法逃脱心理议题，它们总是会以某种方式显现出来。

**同场加映**

米尔顿·埃里克森、史德奈·罗森《催眠之声伴随你》（第14章）
安娜·弗洛伊德《自我与防御机制》（第18章）
卡伦·霍妮《我们内心的冲突》（第30章）
卡尔·罗杰斯《个人形成论》（第45章）
奥利弗·萨克斯《错把妻子当帽子》（第46章）

# 斯蒂芬·格罗斯
# Stephen Grosz

精神分析早已经过时，不再是一种心理疗法，取而代之的是见效更快速（也更便宜）的认知行为疗法。然而，高明的精神分析师，例如伦敦的斯蒂芬·格罗斯相信，有些心理问题埋藏得很深，需要许多次的会谈才能揭露这些心理问题的本质。事实上，时间本身就对患者有治疗效果。而精神分析师愿意跟患者同在的意愿，即使他们说得很少或者什么都没说，也会具有治愈效果。

如果你喜欢奥利弗·萨克斯的《错把妻子当帽子》，以及M. 斯科特·派克（M. Scott Peck）的《少有人走的路：心智成熟的旅程》（*The Road Less Traveled*），一定会热爱《咨询室的秘密》。这本出人意料的畅销书，由情节扣人心弦的病例研究组成，而且文笔优美。正常来说，咨询室中发生的事必须保密，因此这一类书有偷窥的层面。格罗斯独特的技巧是，他用讲这些故事的方式阐明了人生的各个方面：真正的动机是什么？掩饰了什么？有多么恐惧亲密关系或死亡？哪些事我们相信"已成过去"，然而却每天影响着我们的思想与行动？

对格罗斯来说，如果你探索得够深，古怪的行为总是说得通的。即使要花好几个月甚至好几年去梳理出来，总会有个理由。

## 创伤会显现出来

格罗斯讨论的第一个案例是一名年轻工程师彼得，教堂的清洁人员发现他时他全身都是刀伤，流血不止，奄奄一息。在他被送到医院之前，受到惊吓的清洁人员问他："是谁这样对你？是谁这样对你？"

在跟格罗斯的会谈中，彼得说，从有记忆以来他便一直感到害怕，但是他不确定害怕什么。结果浮现出来，彼得小时候一直受到父母暴力对待，从那时开始他一直在处理这个问题。格罗斯说，这种性质的创伤会内化，也会在当事人的人际关系中表现出来。为了避免再度感觉到弱小无助，彼得决定做一名攻击者，这样比承受攻击要好。任何形式的依赖都是危险的。不过，创伤以另外一种方式表现出来：彼得不允许自己软弱、对自己缺乏同情，因此在教堂砍伤了自己。如彼得跟格罗斯所说的："我心里想着——你这个可悲的爱哭小鬼，我可以这样对你，而你无法阻止我。"

当事情发生在年纪很小的人身上，当事人无法说出来或是把这转化成安慰自己的故事时，就会造成严重的心理问题。经过多次谈话，格罗斯领悟到彼得的行为是他用来跟自己对话的语言："彼得试图让我感同身受，感受他小时候经历过的愤怒、困惑和惊吓，以此来告诉我他的故事。"彼得显然在通过惊吓别人，表达自己受过的惊吓。他给格罗斯的第一个惊吓是突然放弃接受分析，第二个惊吓是格罗斯接到彼得未婚妻的信说彼得自杀了。发蒙的格罗斯想着当初若有些不同做法，是不是能够挽救彼得。但某一天突然听到电话答录机上的一则留言："是我。"是彼得。他伪造了那封未婚妻的来信，事实上他还活蹦乱跳地活着。

彼得再度回来接受分析，其状况逐渐明朗，彼得的确享受惊吓别人的过程，而且喜欢想象惊吓给人造成的苦恼，不论是突然放弃工作、友谊或其他什么事物。似乎对他来说，去吓别人，好过生活在恐惧中或者再度受到惊吓。

## 苛刻的评断背后是什么

格罗斯记得有一次他从纽约飞到旧金山，旅程中他与邻座的女士艾比聊天，她十几岁的女儿坐在后座。艾比要去看她的母亲，这是16年来第一次。在她嫁给有天主教背景、金发的爱尔兰人帕特里克后，就跟父母决裂了。由于她的家人并不是特别严守教规的犹太人，因此她一直困惑于父亲的反应，也常常怀疑跟帕特里克结婚究竟是否正确。不过，现在是什么促使她跟母亲重修旧好呢？原来是因为艾比的父亲承认他跟自己的秘书外遇25年，有趣的是女秘书也是金发的天主教徒。

水落石出，艾比恍然大悟：她跟帕特里克结婚的决定给了父亲完美工具，执行精神分析师所说的"分裂"。格罗斯解释分裂是"不自觉的策略,目的是使我们忽视自己身上无法忍受的感受"。为了能够一直把自己看成是好人,我们把不喜欢自己拥有的那一面投射到别人身上。分裂提供了心理上的解脱,这么一来我们可以说:"我不坏,是你坏。"但我们总要因此付出代价。以艾比父亲为例,分裂使他丧失自我觉察,他能够让外遇维持这么久,不过是因为他已经觉察不到真实的自己和感受,也觉察不到真实的女儿和女儿的感受。跟格罗斯谈话时,艾比用更有力的语言描述这个情境:正面越大,背面就越大。

听了艾比的故事之后,格罗斯写道:"每次我听到提倡家庭价值的政客被逮到出轨,或者宣扬同性恋有罪的传道人被发现招男妓时,我就想,正面越大,背面就越大。"

## 任何事都好过被人遗忘

格罗斯指出,当人们变老时,整体来说就比较不会苦于精神疾病,但是比较容易疑神疑鬼。这是有道理的。被抛弃在疗养院,生出"有位护士想要毒死自己"的想法,好过终于明白没有人来探望你,没有人真的在乎你。想象自己在躲避攻击,这样的闹剧好过遭人遗忘的现实。

有位来找格罗斯咨询的女士说,从海外出差回来后她有个念头:她只要一转动插在公寓前门的钥匙,就会发生爆炸,就像电影里面那样。这样的幻想有什么意义吗?她记得小时候每天她都会回到温暖的家,妈妈和祖母会等着她,还有一杯好茶。而现在，她回到冷冰冰的寂静公寓，冰箱里没有任何食物。她幻想恐怖分子把房子炸掉，这样她可以忽略她更糟糕的无足轻重的生活。感觉被人痛恨和追捕，好过被人遗忘。

## 执迷不悟过日子

格罗斯说了海伦的故事，这位 37 岁的新闻记者，跟已婚同事罗伯特维持了长期的婚外情。多年来，罗伯特一直在等"适当时间"离开妻子，好跟海伦在一起，但是并没有成为现实。甚至在他遇到另一名女人，准备为她离开妻子的时候，海伦还是如此看待事情："我会给他时间，让他看到这件事不会成功，然后就会回到我身边。""跟疑神疑鬼的人一样，"格罗斯评述，"为情所困的人总热切地搜集情报，但是我们很快就会注意到，这些监测带有一种无意识的意图，每一件新的事实都是在证实他们的妄想。"花了一年半的时间，格罗斯都没法说服海伦用不同的眼光看事情。她硬是不从，坚持真正的爱就是不管对方有什么样的行为都爱他。

格罗斯认为，自己的工作有一部分就是找出纠缠在人们生活中的东西，让他们去面对那些东西。海伦给他讲了自己认识的一位女编辑的故事，这位编辑 50 岁，看起来永远是那么优雅，挑不出缺点，然而现在有种绝望的神情，拼命保养，想要看起来更年轻；说话大声，还和年轻的同事喝酒。海伦摆脱不了这样的念头：这会是几年后的我吗？她的朋友开始结婚、有小孩，而她人生的过去 10 年冻结在跟罗伯特的关系里。在追求这段名不正、言不顺的关系过程中，她抛弃了朋友的爱。有一晚她跟朋友吃饭，罗伯特打电话来，而 10 年来第一次，她选择不接电话。

## 自我糟蹋（self-sabotage）

莎拉，一位接受格罗斯分析的迷人的 35 岁女子，想要安定下来成家。而同时，她拒绝了亚历克斯的求婚。亚历克斯是绝对的好人，她喜欢他，也受他吸引。格罗斯问她为什么拒绝，她没办法给个好理由，只是说："我宁愿不要。"

格罗斯以前听过这句话，是在赫尔曼·梅尔维尔（Herman Melville）的小说《巴特比，一名抄写员》（Bartleby, the Scrivener）中。巴特比是华尔街一名抄写员，有任何工作找上他时，他只是说："我宁愿不要。"格罗斯说："在我们每个人身上都有一名律师和一个巴特比，我们总会听到一个激励、加油的声音说：'让我们现在就开始，马上。'还有一个反对、负面的声音回答：'我宁愿不要。'"

尽管在某个层面莎拉想要找个人谈恋爱，但潜意识层面发生了某件事阻止她。格罗斯明白莎拉是怎么回事，虽然新的生活或许会让她有所收获，但是也可能意味着失去：失去自己、失去上班的生活、失去朋友。因为她的人生曾经失去了一些人及事物，所以新伴侣关系也许只是代表会失去更多，而不是获得。"莎拉的负面心态是一种情感反应，"格罗斯写道，"她对亚历克斯怀着正面、深情的感受，而爱的前景让她出现负面反应。"

## 接受某些失去

"面对改变，我们犹豫不决，因为改变就是失去。但是如果我们不接受失去其中一些，可能就会失去一切。"

在第一架飞机撞上北楼时，玛丽莎·帕尼格罗索（Marissa Panigrosso）在纽约世贸中心南楼第98层的办公室工作。她立刻从安全门紧急撤离，甚至没有停步去拿皮包。然而，正在跟她讲话的女士并没有离开，其他人继续讲电话，还有些人真的去开会了，有一位同事下了几层楼梯又回去拿小宝宝的照片。这些人都没有活着出来。

在重述这则故事时，格罗斯评论："成为精神分析师25年之后，我得说这件事并不让我惊讶。"人们不喜欢改变，即使改变只是意味着做一些相当小的事情，而且这些小事显然符合他们的最佳利益。我们是如此惧怕改变，即使有明显的危险也不行动。我们更关切的是弄清楚行动的后果。事后回顾，帕尼格罗索无法相信面对这么明显的紧急状况，每个人就只是站在那里不行动。但是格罗斯指出，他们的反应事实上是常态。

为什么我们竭尽所能避免改变？在我们的眼里，改变就是失去，但是如果我们不接受失去其中一些，那么有可能我们会失去一切，如同那位女士和她小宝宝照片的例子。我们只看到眼前失去的，而且似乎无法理解改变但也可能带来收获。

## 只要在场

安东尼是一位艾滋病患者，他来跟格罗斯会谈，然而很多时候他却在躺椅上睡着了。在家里他很难入睡，因为他感觉孤单，一想到即将发生在自己身上的事，就会非常不安。但是有格罗斯在场他就能放松，知道有人想着他。格罗斯写道："安东尼发现，当他发现自己活在别人心里时，他更容易接受关于自己死亡的想法，接受寂静。"

当安东尼的免疫系统崩溃时，他已经跟格罗斯会谈了4年。在一场临床研讨会上，格罗斯决定分享安东尼的案例，并从安东尼的观点来陈述。研讨会上，一位赫赫有名的美国精神分析师问格罗斯，为什么他要浪费时间在一名显然没有什么未来的病人身上。这番话让格罗斯震惊，不过他回想起安东尼告诉他的："不管事实多么痛苦，比起空口保证，都更让人安心。"确实，对待艾滋病毒阳性的人，按照常规是给予建议和安慰，但安东尼称之为"糖衣"。

在这则案例描述的最后几行，格罗斯谈到后续情况，安东尼来咨询之后22年，病毒量已经检测不出来了，他过着健康的生活。在最黑暗的时刻，安东尼需要有人倾听——即使他什么都没说。他需要活在别人的心里。

## 总评

别人看来奇怪，自己也感到困惑的反应，一定有个源头，精神分析的工作就是把它梳理出来或是理解其意义。虽然《咨询室的秘密》呈现的当事人、处境和问题各式各样，但串联的主题却很清楚。共处咨询室的两人（格罗斯和躺椅上的人）代表了我们一般人，这就是为什么这些案例的解决方式吸引我们。身为读者，你想的不是"太棒了，这位受到伤害的人获得治愈了"，而是"我在这个人身上看到部分的自己"。

"未经检视的人生是不值得过的"，据说这是苏格拉底在面对死亡时质疑雅典统治阶层立场所说的话。对苏格拉底来说，身为人的荣耀是拥有自我反省的良知。如果不善用良知，与动物何异？关于"心智是如何运作的"，如果你已经读过足够多正统心理学或神经科学的著作，想要从比较人本的取向来解释人类行为，《咨询室的秘密》是必读之书。

# 斯蒂芬·格罗斯

斯蒂芬·格罗斯1952年生于芝加哥市郊。他的父亲是移民商店的老板，母亲是画家。17岁时他已经阅读了弗洛伊德、R.D.莱恩和尔文·戈夫曼（Erving Goffman）的著作。他进入加利福尼亚大学伯克利分校攻读心理学和政治学，之后前往牛津大学深造。

在他的职业生涯早期，格罗斯在波特曼治疗中心工作，为犯人提供门诊治疗。他同时提供私人诊疗，从事精神分析工作30年之久。他在伦敦精神分析学院教授精神分析技巧，也在伦敦大学学院教授精神分析理论。《咨询室的秘密》是格罗斯的第一本著作，已经被翻译成15种语言，入围了《卫报》2013年首作奖。

# 1958

# 《爱的本质》
## The Nature of Love

❦

关于爱，我们知道的那么一点通过简单的观察就能了解；关于爱，我们写的那么一点比不上诗人和小说家写得那么好。不过令人担忧的是，心理学家越来越不关注在我们一生当中无处不在的动机。心理学家，至少是写教科书的心理学家，不只对爱或情感的起源和发展没有兴趣，甚至没有觉察到爱的存在。

**总结一句**
婴儿时期温暖的身体联结，对我们成长为健康的成人至关重要。

**同场加映**
斯坦利·米尔格拉姆《对权威的服从》（第37章）
伊万·巴甫洛夫《条件反射》（第40章）
让·皮亚杰《儿童的语言与思想》（第42章）
斯蒂芬·平克《白板》（第43章）
B. F. 斯金纳《超越自由与尊严》（第49章）

# 哈利·哈洛
# Harry Harlow

❦

1958 年，灵长类研究学者哈利·哈洛获选为美国心理协会会长。同一年他造访华盛顿特区，参加协会在那里举行的年会，发表了一篇论文，内容是关于他最近以恒河猴为对象进行的实验。

在 20 世纪 50 年代，美国心理学界被行为主义学派主宰，他们不断拿实验室的老鼠进行实验，目标是展示哺乳类的心智是多么容易通过环境来塑造。哈洛和他的妻子玛格丽特违反常规地研究猴子，他们认为研究猴子才能更深入洞察人类行为。直白来讲，哈洛想要讲的就是爱，更拒绝使用"趋近于爱"这类语词。他告诉听众：

爱是奇妙的状态，深刻、温柔，而且回报让人满足。因为爱有私密和个人的本质，所以有人认为爱不适合作实验研究的主题。不过，不论我们的个人感受是什么，心理学家被赋予的任务就是分析人类和动物行为的每一面，拆解出其中的内涵变数。就爱或情感来说，心理学家的这项任务失败了。

行为主义的信条是：人类的动机是来自饥饿、口渴、排泄、疼痛和性爱等原始驱动力。其他动机，包括爱与感情，与上述相比是次要的。在抚养孩子方面，情感遭到贬低，当时心理学家相信的是"训练"，人们对如今我们熟知的身体接触对宝宝的重要性，也接近无知。

哈洛关于爱的本质的论文颠覆了当时人们的全部观念。他拒绝把爱与情感看成只是次要驱动力，使这篇文章成为史上最负盛名的科学论文之一。

## 食物、水和爱

哈洛选择研究年幼的恒河猴，因为它们比人类的婴孩成熟，而在如何吃奶、依附、回应情感，甚至看和听方面，表现得都跟人类宝宝没什么两样。它们学习的方式，甚至如何体验、表达恐惧和挫折，也与人类相似。

哈洛指出，缺乏跟母亲的接触，使这些实验室养大的猴子变得非常依恋铺在笼子硬地板上的布垫（实际上是尿布）。当这些布垫被定期更换时，恒河猴宝宝会大发脾气。哈洛表示，这项反应正如同人类宝宝发展出对某个枕头、毯子或毛绒玩偶的依恋一样。令人吃惊的是，他的研究发现，在没有布垫的铁丝网笼子里抚养的恒河猴宝宝几乎活不过五天。看来"可以依附的柔软事物"不只是慰藉而已，在母猴缺席的情况下，这是攸关猴宝宝存活的首要因素。

行为主义者的观点是，不论是猴宝宝还是婴儿，爱妈妈是为了得到妈妈提供的奶水，因为奶水满足了原始需求。但是哈洛见识了布垫的效应，让他好奇是否有可能宝宝爱妈妈不只是为了奶水，而是因为妈妈提供了温暖和情感。或许爱是基本需求，就像食物和水一样。

## 布料和铁丝妈妈

为了进一步测试自己的想法，哈洛和他的团队用木头包上柔软的布料制作了替身妈妈，后面装了灯泡提供温暖；另外只用铁丝网做了个"妈妈"。对于4只新生小猴，只有布料母猴提供奶水，铁丝母猴不提供；对于另外4只新生小猴，供奶情况刚好相反。研究显示，即使铁丝母猴是唯一喂奶的，小猴还是明显偏爱跟柔软的布猴在一起，喜欢有身体接触。

这项结果推翻了传统观点。当时一般看法是：宝宝受到制约爱母亲，是因为母亲提供的奶水是宝宝生存的保障。显然，对猴子来说，哺乳的能力不是主要因素，关键的是身体接触（或者说母亲的爱）。哈洛甚至大胆表示，或许哺乳的主要功能是确保宝宝与母亲之间频繁的身体接触，因为爱的联系似乎对生存是如此重要。他指出，在实际的营养供应早就停止之后，亲情联系却能够保持下来。

## 爱是盲目的

现实中的人类宝宝看到任何害怕或危险的迹象时，就会逃到母亲身边，黏着母亲，哈洛想知道这点是否适用于猴宝宝，即使母亲是用布料或铁丝做成的。的确适用，小猴会跑向布妈妈，无论这位妈妈喂了它们多少奶。把小猴放在不熟悉的房间里，增加新的视觉刺激，而且给它们机会回到布妈妈身边时，也会发生相同的事。

哈洛还发现，小猴跟替身妈妈长时间（5个月）分开之后，如果给予机会，仍然会立刻回应替身妈妈。一旦形成了联系，就很难被遗忘。即使根本没有任何母亲角色（无论是真实或替身）抚养的猴子也是如此，在布妈妈刚出现时，猴宝宝会经过一两天的茫然和害怕，之后也会喜爱布妈妈，跟它建立关系。一段时间之后，这些猴子表现出的行为，跟一开始就有替身妈妈陪同的猴子没什么两样。

在另一项稍有改动的实验里，有些替身妈妈增加了摇摆动作，而且可以让猴宝宝感觉到温暖。结果猴宝宝变得更加依恋这些妈妈，一天黏在它们身边长达18小时。

是替身妈妈画的大眼睛和大嘴巴的脸，特别激发了猴宝宝的爱吗？哈洛实验中第一只由替身妈妈抚养的猴子，替身妈妈的头是块圆圆的木头，没有脸，它跟替身妈妈的联系有6个月。后来放入两个有脸的布妈妈，这只小猴却把它们的头转过去，这样就看不到脸了，就跟它习惯的妈妈一样了！哈洛的实验再一次显示，最关键的是我们跟母亲形成的亲密联结，跟她们长什么样没关系，甚至跟她们如何冷漠对待我们也没关系。哈洛写下"爱是盲目的"并不是开玩笑。他的结论是，由替身或真实的母亲提供照顾，品质上没什么差异，显然猴宝宝只需要非常基本的"母亲角色"，就能健康快乐地长大。

## 真相浮现

不过，这一评估最后被证实是不成熟的。哈洛观察到猴宝宝长大后，有许多地方不对劲。它们的情绪回应不在正常范围，而是摇摆在执着的依恋和破坏性攻击之间，常常撕扯自己的身体，或是把布或纸撕成碎片。即使成年后，它们也必须紧抱着柔软、毛茸茸的东西，而且似乎不懂得分辨有生命和无生命的客体。虽然它们可以对其他猴子产生感情，极少数也能够像成年猴那样交配，但即便它们拥有下一代，也没有能力去正确照顾。显然，缺少来自母亲的正常回应，让它们与其他猴子隔离开来，使它们的社会化落后。它们不懂什么是恰当行为，什么是不恰当的，对于正常关系中通常会有的互相迁就忍让，也没有概念。

事实上，对于哈洛的发现，匈牙利精神科医师雷诺·史必兹（René Spitz）在20世纪40年代就观察到了。在其知名的研究中，他比较了两家收容机构抚养的婴孩。第一家是弃婴之家，非常干净，井井有条，但是有点冷冰冰的。第二家是监狱的托儿所，那是个打打闹闹的场所，孩子之间有许多身体接触。在两年之间，弃婴之家的小孩超过三分之一过世，而5年之后监狱托儿所的孩子都活着。许多弃婴之家活下来的孩子，长大之后都有问题，超过20人依旧留在收容机构。造成这一切差异的是，托儿所孩子的妈妈获得允许去照顾他们，而弃婴之家的孩子生活在专业护士控制的管理下。无论从身体或心理角度来定义"死亡"，缺乏身体的情感和爱是死亡的原因。

## 总评

批评者认为，哈洛做的一切只是用科学方法证明了普通常识：婴幼儿需要跟某个人形成身体和情绪的亲密依附，就像人类需要氧气一样。不过，去证明我们已经明确知道的事情，这项任务似乎就是实验心理学的职责，而且是哈洛的实验改变了儿童之家和社会福利机构的经营方式。他的论点违反了当时流行的育儿观点，现在却成了一般常识。举例来说，今日我们经常建议新手妈妈，抱着刚出生的宝宝时，身体应该贴着他们裸露的皮肤，如果没有这样的接触，对宝宝会产生灾难性后果，此观念源头可回溯到哈洛的发现。

以猴子为研究对象也让我们现在相信，动物拥有的智力和感受能力比我们原先以为的高。B. F. 斯金纳（参见第470—478页）相信动物没有感受，不过哈洛的猴子是在好奇心和学习中茁壮成长的生物，而且有深刻的情绪需求。

然而，取得这一切结论是有代价的。最讽刺的是，哈洛对于确定"爱的本质"虽有贡献，但他的实验室对猴子来说却是残酷的地方。随着年纪增长，哈洛的实验越来越残酷，难怪他成为动物解放运动的众矢之的。许多参与后期实验的助手也因这段经历受到波及。

关于哈洛个人生活故事——离婚、第二任妻子去世、与第一任妻子复合、酗酒问题，以及他本身教养子女的方式，请参考德博拉·布鲁姆（Deborah Blum）的《爱与依恋的力量》(*Love at Goon Park: Harry Harlow and the Science of Affection*, 2003)。原版书名中的"Goon Park"源自哈洛在威斯康星大学的实验室的昵称。实验室的地址是"600 N. Park"，很容易被误看成"Goon Park"（goon 的意思是"暴力打手"）。许多人认为这个名字很合适，因为哈洛许多反女权的观点、出名的不客气，以及身为实验者无情的名声，使他成为一位令人害怕的人物。

## 哈利·哈洛

哈利·哈洛 1905 年生于爱荷华州的费尔菲尔德，原名哈利·伊斯雷尔。哈洛是一个有很强上进心的人，他的聪慧让他得以进入斯坦福大学。他拿到学士和博士学位，25 岁取得威斯康星大学的教职。大约在此时他改掉了自己的姓氏"伊斯雷尔"（Israel），因为尽管他是圣公会教徒，但有人跟他说反犹太主义会影响他的前程。哈洛迅速建立了灵长类心理研究室，与研究智商的刘易斯·特曼（Lewis Terman）共事，还有亚伯拉罕·马斯洛（Abraham Maslow）。

哈洛职业生涯绝大部分时间都待在威斯康星大学，是心理系乔治·盖里·康斯托克讲座的研究教授，直到 1974 年退休。他曾主持美国陆军的人力资源研究部门，也在康奈尔大学、伊利诺伊州的西北大学及其他大学讲课。1972 年他获得美国心理协会颁发的金质奖章，1974 年他搬到图森，成为亚利桑那大学的荣誉教授。

他的第一任妻子克拉拉·米尔斯（Clara Mears）与他一起从事灵长类研究，不过他们在 1946 年离婚。之后哈洛娶了玛格丽特·奎恩（Margaret Kuenne）。1970 年，也就是玛格丽特去世后的第二年，哈洛与克拉拉·米尔斯再度结婚。他们有三个儿子和一个女儿。哈洛卒于 1981 年。

# 1967

# 《我好，你好》
## I'm OK—You're OK

---

　　这本书的用意不只是呈现新数据，同时企图回答一个问题：即使人们已经知道怎样的生活是好的，为什么却不能过上那样的好生活？人们或许知道专家关于人类行为的一大堆说法，然而这样的知识似乎丝毫影响不了他们的行为，正在破裂的婚姻，或是他们难搞定的小孩。

　　一旦我们了解处境和游戏规则，就能够开始自由回应，确实是有可能的。

## 总结一句

　　如果我们多一点自觉，能够意识到自己根深蒂固的反应和行为模式，生活就可以开始享有真正的自由。

## 同场加映

　　埃里克·伯恩《人间游戏》（第05章）
　　安娜·弗洛伊德《自我与防御机制》（第18章）
　　卡伦·霍妮《我们内心的冲突》（第30章）

# 托马斯·哈里斯
## Thomas A. Harris

当你看到一本书成为情境喜剧的笑梗时,你就知道这本书已经成为经典。《宋飞正传》(*Seinfeld*)中有一集,宋飞打开公寓的门,看见史上无可救药的乔治四仰八叉地躺在沙发上阅读《我好,你好》。在宋飞看来,阅读一本书名可笑的自我成长书,不过是再一次证明他的朋友是地道的失败者。

《我好,你好》的确是20世纪六七十年代大众心理学盛极一时的代表著作。这本书的市场需求量非常庞大,如今它销量已超过1000万本。但是销量数字有什么意义?在那个年代,一大堆庸俗作品也是一卡车一卡车地卖的。《我好,你好》的不同之处在于迄今仍有人阅读和运用。

## 你心里的家庭:父母、成人、儿童

要了解哈里斯这本著作的成功,我们必须检视他的导师埃里克·伯恩在《人间游戏》(参见第44—52页)中开创的路径。哈里斯把伯恩的书当成是自己著作的基础，不过他不是分析人们玩的人际关系游戏，而是聚焦于伯恩三个内在声音的概念。这三个声音无时无刻不在跟我们说话，以父母、成人和儿童三种原型角色的形式。我们所有人都拥有父母、成人或儿童的"资料"来指引自己的想法和决定，而哈里斯相信，人际沟通分析会释放出"成人"（即理性思考）的声音。

"成人"让我们不会受制于不假思索的服从（儿童）或根深蒂固的习惯或偏见（父母），以保留我们残存的自由意志。成人代表着启发苏格拉底名言"未经检视的人生不值得活"的客观心态。那是理性思考和道德的声音，让我们成长，并且检查儿童或父母的资料，看看是否适合特定情境。当酒店服务台搞错了订房，我们可能想要发脾气，但结果没有，选择了接受，那是因为盘算后发现，如果想要有正面的解决方式，最好是保持冷静。

哈里斯收录了许多对话的例子，呈现出人们陷入儿童或父母的模式，以此阐述，如果当事人没有觉察到自己正在运作的是哪个模式，要消除种族歧视或任何形态的偏见是多么困难。

## 要付出什么才能"好"

书名"我好，你好"究竟是什么意思？哈里斯评述，儿童因为在成人世界居于劣势，学习到"我不好，而你好，因为你是成人"。每个小孩都懂这件事，即使拥有幸福童年，许多成年人也只有在父母过世后才能推翻这项基本认定，之后面对自己孩子时，却以相反的方式延续这项认定。不过，好在一旦我们觉察到这项认定是自己的决定，就可以决定用放松、喜欢自己的存在模式加以取代。

我们不是自然而然转移到"我好，你也好"的立场。可能我们偶尔也有这样的体验，但是要让这种心态变得更加根深蒂固，那就必须有意识地下定决心（不只是感受），并且建立在普遍信任人的基础上。这有点像基督教关于"恩典"的概念，意思是，完全接纳自己和他人。站在这样的立场，当别人表现出"父母"或"儿童"的行为时，我们就更容易淡然看待，即使那些行为通常来说算是冒犯。到达某个层次后，就不会再期待每一次人际交流都会让我们快乐，因为我们清楚"我好，你也好"是真的，即使我们没有看见证据。

无论你把它命名为"超我""成人"，或是新时代的说法"更高的自我"，愿意让成熟的内在声音脱颖而出，是任何人发展良好的一部分。《我好，你好》提供了一把钥匙，让我们离开精神监狱（我们甚至可能不知道自己住在里面）。耍手段或是保持防御状态，或者安于偏见，往往让人更满足，而且更加容易。同时在我们的社会中，即使你本质上终生保持儿童模式，旁人也可能会认为你是成功者。保持儿童模式时，其他人要么是来帮助我们，要么就是来阻碍我们完成目标。对比之下，真正成功的人假定其他人是平等的对手，他们可以从对方身上学到有价值的东西。

## 总评

虽然伯恩的著作在人际沟通分析方面可能更加出色，哈里斯的《我好，你好》却成为空前成功的畅销书，主要原因必然是他使用的"父母、成人和儿童"的架构更容易理解。这些用语可能看起来有点滑稽，然而恰好对应了弗洛伊德最初的三位一体——超我、自我和本我，这是弗洛伊德提出来的了解人类行为的基本元素。尽管这本书是大众心理学著作，哈里斯没有试图把书简化到可以吸引每个人。他自由引用爱默生、惠特曼、柏拉图和弗洛伊德等人的名言，如果读者还不知道这些人，就更应该去认识。

虽然"人际沟通分析"永远不会成为家常用语，但在帮助我们觉察自己负面且通常是潜意识的行为模式时，人际沟通分析的确有价值。鉴于其 DIY（自己动手做）的性质，主流的精神医学专业绝对不会腾出多少空间来容纳这种观察方式，不过心理学家和咨询师需要能够运作的技巧带来改变，人际沟通分析还是成为他们可以使用的工具之一。

人际沟通分析甚至进入创作的领域。詹姆斯·莱德菲尔德（James Redfield）承认，哈里斯和伯恩对他写于 20 世纪 90 年代的卖翻天的《塞莱斯廷预言》（*The Celestine Prophecy*）有莫大影响。他的角色卷入"控制戏剧"，企图

> 寻求脱离，就是直接根据人际沟通分析的游戏和主张写成的。在作者安排下，书中人物的存活（实际上代表的是人类演化）依赖于他们有没有超越自动反应的观照能力。

## 托马斯·哈里斯

托马斯·哈里斯于 1910 年生于得克萨斯州。他曾前往宾夕法尼亚费城，就读于坦普尔大学医学院。1942 年，在华盛顿特区的圣伊丽莎白医院开始接受精神科训练。他担任美国海军的精神科医师数年，珍珠港遭受攻击时他在现场。后来他成为海军精神科部门的主任。

战后，他在阿肯色州立大学谋得教职，有一段时间是高级精神卫生官员。1956 年，他开始在加利福尼亚州萨克拉门托市以精神科医师身份私人执业，同时担任国际人际沟通分析协会董事。1985 年，他出版了与妻子艾米·比约克·哈里斯（Amy Bjork Harris）合写的续作《保持最佳状态》(Staying OK)。哈里斯卒于 1995 年。

# 1951

# 《狂热分子》
## The True Believer

一场崛起的群众运动不是靠信条和承诺吸引和留住追随者,而是给追随者提供庇护,帮他们逃离个体生存中的焦虑、荒芜和无意义。

群众运动通常遭受的指责是,用未来的希望蛊惑追随者,欺骗他们,让他们无法享受当下。然而,对于遭受挫败、失意的人来说,当下早已无可挽救地崩裂了。舒适和欢愉无法使其完整。真正的满足或慰藉无法在他们心里涌现,只能来自希望。

**总结一句**

人们让更伟大的目标将自己席卷而去,为的是不必为自己的人生负责,同时逃避眼前的平庸或悲惨生活。

**同场加映**

阿尔伯特·班杜拉《自我效能》(第03章)

维克多·弗兰克尔《追求意义的意志》(第17章)

# 埃里克·霍弗
# Eric Hoffer

如果你认识一些人,他们加入邪教、改变了宗教信仰或是投入政治运动,而且在此过程中似乎丧失了他们的身份认同,这本书或许可以帮助你理解为什么会发生这样的事。作为一本由业余者写的著作(埃里克·霍弗白天的工作是在旧金山码头装卸货物),《狂热分子》让人信服地攻入群众运动领域,剖析其本质及塑造心智的强大力量,让我们见识到精神上的匮乏如何导致人们抛弃旧有的自我,好让自己成为更伟大、更光荣的事物的一部分。

这本书在第二次世界大战后出版有其特别意义,一场纳粹主义运动给当时的欧洲带来了浩劫,不过霍弗的著作是超越时间的,他对团体认同及人们为什么如此从容并愿意为一个目标赴死的心理学观察,历久弥新。实际上,他写的一切都适用于今日的恐怖分子和自杀式炸弹袭击者。尽管已经是半个多世纪前的旧作,《狂热分子》依然切中时弊。

## 蜕变的愿望

为什么群众运动力量如此强大？因为它们充满了激情，这是霍弗给出的答案。强大的政治运动永远蕴含着宗教般的激情。法国革命实际上是新兴宗教以献身于国家等教条和仪式取代了教会的所有教条和仪式。布尔什维克和纳粹的革命也是如此。霍弗评述："铁锤、镰刀及纳粹的十字记号，跟十字架地位相当。"

革命运动早期阶段的成员想要寻求重大且彻底的人生改变。群众运动的领导人清楚这一点，因此尽他们所能"点燃并煽动不切实际的夸大希望"。他们不承诺渐进的点滴改革，而是全然改变信众的存在状态。

人们通常会为了自身利益加入一个组织，以期在某方面提升自己或者获得利益。而那些参与群众运动起义的人这么做是要"摆脱不想要的自我"。一个人对自己不满意，在群众运动中这点不重要了，因为相对于运动中比较伟大的"神圣目标"，自我无关紧要。之前在个人的人生中只有挫折和无意义，现在他们拥有了尊荣、目的、信心和希望。"对神圣目标的信仰大幅替代了对自身丧失的信念。"霍弗写道。然而渴望消除个体意识，反而带来巨大的自尊和价值感。

## 其他潜在参与者

还有谁会一头栽进群众运动中？在探讨潜在的皈依者这一章

中，霍弗指出真正的穷人不是好的潜在参与者。他们太容易满足于只是活着，因此对伟大的愿景不会感兴趣。相反地，那些拥有多一点的人，那些睁开眼张望更伟大事物的人，更有可能投入群众运动。霍弗评述："当我们拥有很多而且想要更多时，挫折感会比较大，相比之下，一无所有时的要求就没那么多。比起只缺少一样东西，当我们缺少许多东西时会更不满足。"

人们加入群众运动是为了获得归属感，以及在经济自由和竞争的社会里经常缺失的同志情谊，也有可能只是非常无聊。霍弗指出，希特勒获得德国一些显赫实业家的妻子经济资助，日常的娱乐或热衷的事情已经不再能让她们满足了。有机会为某一项目标奉献令人陶醉，她们不只获得了精神上的鞭策，还受到伟大领袖的感召，甚至将注意力从家庭和工作中转移。确实如此，霍弗注意到了一项有趣的事实，受到群众运动吸引的，往往是拥有无限机会的人。

最后，群众运动会吸引那些不喜欢必须为自己的人生负责的人。年轻的纳粹党人希望免于做决定的重担，不必像父母那样慢慢建构自己的成年生活。更加诱人的是第三帝国的荣光这样简单的承诺。身为战败者，别人期待他们对过往行为要有责任感，但这份期待令他们震惊，因为在他们心里，在新政权的盛会中，他们早已放弃的正是责任。

# 为什么人们会为了一个目标赴死

群众运动许诺了一个与现实相比好得惊人的新世界,让信众能够无视正常的道德约束。用神圣或光荣的目的合理化任何手段,而且出于打造心中乐园的目标,信徒会对其他人做出恐怖的事。霍弗警告我们,"当希望和梦想在街道上流窜时"要非常小心,通常随之而来的是某种灾难。

对于不是信徒的人,殉道者、日本神风特攻队飞行员或自杀式炸弹袭击者的自我牺牲似乎完全非理性。不过,如果认为眼下的生活没有价值,而内心所相信的运动如此伟大,那么为此赴死就不是什么突如其来的莽撞举动了。霍弗说,在人们抵达这个转折点之前,他们会先剥除自己的个体意识,完全融入集体,他们不再是朋友与家人认识的那个人,而是一个民族、一个党派或一个部落的代表。

对狂热分子来说,非信徒者软弱、腐败、没有骨气或堕落;认为自己意图纯洁,让他们可以以那个高尚意图为名做任何事,包括牺牲自己的性命。就是这种疯狂甚至盲目,给狂热分子提供了力量。既然世界黑白分明,那么行动当然是明确的。只有心胸开放的人才必须处理意外或者矛盾。

## 总评

霍弗的一项观点是,"什么不是"永远比"什么是"具有更强大的推动力量。一般人在改变命运时，会致力于他们已经拥有的，而狂热分子则要踏上建立新世界的路途才会满足。一方面，这种对当下现实的痛恨造成了可怕的破坏；但是另一方面，没有这些梦想和策划更美好世界的人，没有为了自由、平等之类的理想愿意流血发动革命的人，就不可能推翻各种形态的暴政。无论是好是坏，都可以说是狂热分子塑造了我们的世界。

《狂热分子》不只是有关于群众运动，这也是一本哲学著作，对人性有着敏锐的洞察力，而且书中几乎没有一句废话或是赘词。这本书也是绝佳例子，说明为什么探究人类动机和行为的工作永远不应该只留给心理学家来进行。

## 埃里克·霍弗

埃里克·霍弗1902年生于纽约市，他的父亲是一个移民到美国的制作橱柜的木匠。霍弗7岁时头部受伤导致失明，错过了大部分的学校教育。15岁时，没有经过任何手术，他却奇迹般地恢复了视力。

十几岁时他的双亲就都过世了，他继承了300美元，搬到加利福尼亚。他四处打工，同时淘金以维持生计，闲暇时间广泛阅读，从蒙田的散文读到希特勒的《我的奋斗》。他在旧金山当码头工人多年，直到1941年才停止体力劳动的工作。

《狂热分子》为霍弗带来了一定名气，于是他把下半辈子投入著书立说之中。其他著作包括《心灵的激情状态与其他警句》（*Passionate State of Mind and Other Aphorisms*，1954）、《改变的严酷考验》（*The Ordeal of Change*，1963）、《我们时代的脾性》（*The Temper of Our Time*，1967）、《人类境况的反思》（*Reflections on the Human Condition*，1973），以及《在我们的时代》（*In Our Time*，1976）。他也出版了一本记录码头生活的日记，还有一本自传《想象的真相》（*Truth Imagined*）是在他死后发行的。1982年，也就是霍弗去世前一年，他获得美国总统里根颁发的总统自由勋章。

# 1945

# 《我们内心的冲突》
## *Our Inner Conflicts*

生活中有未解决的内心冲突，带来的主要影响是使人们徒然浪费精力。不只是冲突本身虚耗能量，想要排除冲突的一切迂回努力也在虚耗能量。

有时候具有神经症的人会展现出不寻常的执拗，一心一意追求目标。男人可能为了实现野心牺牲一切，包括他们的尊严；女人可能生活中什么都不要，只渴求爱；父母可能把全部兴趣都投注在孩子身上。这样的人给人全心全意的印象。然而如我们已经阐释的，他们实际上是在追逐海市蜃楼，看起来为他们的内心冲突找到了解答，实质上却是幻影。表面上的全心全意是一种绝望的挣扎，而不是人格的整合。

**总结一句**
我们将可能在童年时期发展出的而现在不再需要的神经症抛下，就可以实现自己的潜能。

**同场加映**
阿尔弗雷德·阿德勒《理解人性》(第01章)
安娜·弗洛伊德《自我与防御机制》(第18章)
斯蒂芬·格罗斯《咨询室的秘密》(第26章)
R.D. 莱恩《分裂的自我》(第35章)
亚伯拉罕·马斯洛《人性能达到的境界》(第36章)
卡尔·罗杰斯《个人形成论》(第45章)

# 30

# 卡伦·霍妮
## Karen Horney

❖

在弗洛伊德写下《梦的解析》时，卡伦·丹尼尔森（Karen Danielsen）还是位十几岁的少女。后来她把原本属于男性堡垒的精神分析女性化，并因此出名，然而她花了35年才出版了第一本著作。其间，她结了婚，有3个女儿，取得博士学位。

卡伦·霍妮（冠夫姓）的理论在一些重要方面与弗洛伊德背道而驰。她驳斥弗洛伊德的一些观念，例如阴茎嫉妒，同时贬低性动机的"至尊"地位，可以说是她让精神分析变得更加合理。此外，她阐述女性是多么容易因为虚幻的文化期待导致神经症，因而实至名归地获得第一位女性主义精神分析师的名声。

霍妮反对弗洛伊德的教条，她说人们不是永远必须成为潜意识或过往的囚徒。她想要找出心理问题的根源，不过主要是把这些问题看成是当下可以治愈的问题。她关于神经症类型的描绘，简洁又巧妙，极大地影响了当代心理治疗，而且她的人际交往方法和注重发掘"真实自我"（及其巨大潜能），对于卡尔·罗杰斯和亚伯拉罕·马斯洛的人本心理学有着重要影响。最后，霍妮希望让分析过程足够好懂，这样人们就可以对自己进行分析了。在这方面，她同时预示了认知治疗和自我成长运动。

《我们内心的冲突》是写给心理学门外汉的一本书。尽管严重的神经症应该由受过训练的治疗师来处理，但霍妮也相信"经过不懈的努力，我们可以独自走上解开自己内在冲突的漫长旅途"。因此，这是一本非常出色的自我成长书，内容基于霍妮40年来针对心理防卫的敏锐观察。如果你没有在霍妮关于三种神经症倾向的描述中看到任何自己的影子，你绝对会成为不凡人物。

**冲突与前后矛盾**

根据霍妮的看法，所有神经症的症状（也称为"大吵大闹"）都指向内心深处未解决的冲突。这些症状造成当事人真实生活中的种种困难，实际上，内心的冲突会带来抑郁、焦虑、没有活力、优柔寡断、过度疏离、过度依赖等。冲突包含了当事人通常看不见的前后矛盾。举例来说：

* 因为注意到毁谤的言辞而感觉大大受辱，但是实际上没有人说。
* 非常珍视友谊，却还是偷朋友东西。
* 声称为孩子做了奉献，却不知何故忘记了小孩的生日。
* 最渴望结婚的女孩，却回避接触男人。
* 对别人宽大而容忍，对自己却非常严苛。

像这样"不合情理"的事显示了分裂的人格。关于那位母亲，霍妮的评论是：或许她更看重的是成为好母亲的理想，而不是孩子本身；也或许她有不自觉的虐待倾向，以打击孩子为乐趣。重点是，外在的问题往往牵涉了更深层的冲突。想想看，在一段婚姻中，如果夫妻二人对每一件小事都争执，真正的问题是争执的主题？还是某种潜藏的动力？

## 冲突是如何形成的

弗洛伊德相信，我们内心的冲突是本能驱动力与经文明"洗礼"过的良知互相对抗的结果，这是我们永远无法改变的处境。然而霍妮觉得，我们内心混乱源自我们对于真正想要什么在想法上互相冲突。

举个例子，在充满敌意的家庭环境中长大的孩子，跟其他人一样渴望爱，但是觉得一定要变得好斗才能应付人际关系。当他们长大成人，内心真正的需求跟想要掌控局面和人的神经质需求产生冲突。悲剧的是，受到神经质驱迫的那个人，正是那个永远无法实现他们真心渴望的人。他们采取的行为实质上成为他们的人格，然而是分裂的人格。

霍妮认为，成人的神经症跟阴茎嫉妒或恋母情结无关，而是源于更加基本的因素，例如得到的爱太少或令人窒息；童年时缺乏引导、关注或尊重；有条件的爱或没有原则的规则；与其他孩童隔离开来；敌意的氛围或被掌控等。上述一切都会让孩童觉得他们必须用什么方式来弥补不安全感，因而发展出应对策略或神经症倾向，并延续到他们成年。发展到极端，神经症最终会创造出双重人格。他们内在分裂，然而可悲的是自己浑然不觉。

霍妮确认了三种基本的神经症倾向：亲近他人、抗拒他人及疏远他人。

## 亲近他人

这一类型的人在童年体验了孤立或恐惧的感受，因此希望赢得家中其他人的喜爱来获得安全感。经过好几年任性发脾气之后，他们通常会变得乖巧温顺，找到更加合适的能够让他们得偿所愿的策略。

成年后，他们对感情和赞同的需求表现为一种更深层需求，渴望一位实现他们人生所有期待的朋友、恋人、丈夫或妻子。这种强迫性需求，让他们"牢牢掌握"选择的伴侣，而伴侣对他们有什么感觉则无所谓。那些看起来陌生且可能带来威胁的人，必须要争取过来。通过顺服、关怀、敏感和依赖（对方可能觉得是"消受不了的善意"），他们找到有效的方式与其他人建立联系，因此感觉安心。亲朋好友的性格并不是真的那么吸引他们，他们内心深处可能甚至不喜欢别人，他们在乎的是获得接纳、爱、指引和照顾。然而，归属的需求最终导致对别人的错误判断。

这类人对独立或批评的忌讳，让他们产生自怜情绪，渐渐使他们更加软弱。讽刺的是，当他们偶尔冒险表现出攻击性或疏离时，似乎就突然变得比较讨人喜欢了。毕竟，他们的攻击倾向没有完全消失，只是一直压抑着。

## 对抗他人

这些人的童年处在充满敌意的家庭环境里,并且选择通过反叛来对抗。他们开始不信任周围人的意图和动机。

这一类成人认为,这个世界基本上是充满敌意的,但是他们有可能表现出温文尔雅、公平、好相处的态度。只要别人顺从他们的要求,他们就慈眉善目。他们跟柔顺型的人一样心怀恐惧和焦虑,但是不选择"归属感"来抵抗无助感,他们选择了"人不为己,天诛地灭"的道路。他们不喜欢软弱,尤其是自身的软弱,他们一般都是追求成功、声望或认可的斗士。

"不要信任任何人,而且绝对不要放下你的防卫",可能是他们的座右铭。这种极端的自利心态可能使他们剥削或掌控别人。

## 逃避他人

不想要归属也不想要战斗的人,通常是因为童年时觉得跟周围的人太过亲近,想要跟家人之间拉开一段距离,躲避到充满玩具、书本或对未来的想象的秘密世界里。

成年后,他们有着疏离这个世界的神经质需求,那跟真心想要独处的愿望大不相同;或者他们不想在情绪上跟任何人发生纠葛,无论是情爱或冲突。尽管这些人的"结界"没有被打破,但他们可能跟别人在表面上相处融洽。而且他们可能生活非常简朴,因此不需要为别人辛苦工作,也不会因此丧失自己生活的主控权。能够生活在美好的孤独之中,那是因为他们有胜过别人的优越感,相信自己是独一无二的,他们害怕被迫加入团体、变得合群,或是在宴会上和人闲聊。

除了上述特征,他们还渴求隐私和独立,而且痛恨涉及强制或义务要做的任何事,如婚姻或债务。当有人完全爱他们,但是他们对那个人不必负什么义务时,他们最快乐。他们疏离的本性包括对于自己真正的感受麻木,往往会导致严重的优柔寡断。

健康的孩童或成人可能多少也会表现出上述的倾向,但他们对归属感、战斗或独处的渴求是和谐的,内心没有冲突。当这些表现不再是出于选择而是强迫性行为时,当事人就变得神经质了。这是神经症的悲剧,剥夺了人的自由意志,让人们不管情境是多么不同仍然展现出相同倾向。

## 依赖的倾向

压抑、把感受外化(回避自省)及理想化某个自我形象,是一份高强度的工作,需要耗费大量精力,因此当事人失去对自我的认识。因为看不清楚自己,其他人反而在他的评估中变得更加重要、强大,别人的意见有一种"可怕的力量"。简而言之,让人感到讽刺的是,神经症患者极端以自我为中心,导致丧失自我和依赖他人。

霍妮写道,现代文明的竞争精神是神经症的沃土,因为强调成功与成就让自我形象薄弱的人有机会通过变得"杰出"获得大大的补偿。盲目的反叛、超越别人的渴望及远离他人的需要，都是依赖的形式。心理健康的人不会受到上述几点的驱使。更确切地说，他们的动机是想要更完整地表现自己的才华，在他们有浓厚兴趣的领域做出扎实贡献，或者爱得比较深刻。他们因为能够整合生命而获得激励，不是因为绝望而火力全开。

## ✍ 总评

霍妮所说的"全心全意的人"是与真正或真实自我保持紧密联系的人，与亚伯拉罕·马斯洛的"自我实现"的个人，或卡尔·罗杰斯"成为一个人"的概念，没有什么太大区别。总结她的哲学，霍妮引用了心理学家约翰·麦克穆瑞（John Macmurray）的话："我们的存在有什么其他意义比得上充分而完整地做自己？"她相信我们都是拥有强大力量的人。我们的神经症倾向只不过是为了不想展现真实自我而戴上的面具，但是几乎在所有案例中它都不是必要的。我们可以改造顺服、攻击或疏离的自我，放弃强迫行为（人们相信这些强迫行为会保护自己免于想象的伤害）。

霍妮把内在冲突的源头追溯到童年，然而她也让人们接受自己的神经症倾向或情结与当下有关，因此不能躲在"因为曾经发生在我身上的事，才造就了现在的我"这种态度后面。通过直面真相,她带领许多读者找到自己问题的根本原因。

《我们内心的冲突》写得出色,容易理解,并且包含了许多对人性的理解。霍妮对改变的可能性保持乐观态度,也默默激励着人心。

## 卡伦·霍妮

卡伦·霍妮 1885 年生于德国汉堡。她的父亲是一位船长,也是严守教规的路德派信徒。她的父母于 1904 年离婚。1906 年,胸怀大志且聪明无比的卡伦进入柏林大学医学院。不久她就跟富有的奥斯卡·霍妮(Oscar Horney)博士结婚,两人育有 3 个女儿。

1914—1918 年,她攻读精神医学,同时接受精神分析,包括由卡尔·亚伯拉罕(Karl Abraham)进行的分析。之后她开始在柏林精神分析学院授课。她是柏林精神分析学院的创始会员,参与了所有重要的精神分析会议和辩论。1923 年,霍妮先生事业失败,还生了病。同一年,她挚爱的哥哥也过世了,接二连三的不幸让她陷入抑郁。

1932 年,霍妮与先生分居,和女儿一起搬到美国,在芝加哥精神分析学院任职。两年后她定居纽约,在纽约精神分析学院工作，与其他欧洲知识分子，包括心理学家埃里克·弗洛姆（Eric Fromm），交往甚密。她与弗洛姆曾经有一段恋情。她的著作《精神分析新法》(*New Ways in Psychoanalysis*，1939)批评了弗洛伊德，迫使她从精神分析学院辞职，也促使她自己成立了美国精神分析学院。

霍妮在她的著作《我们时代的神经症人格》(*The Neurotic Personality of Our Time*，1937)中强调了心理学中的社会与文化因素。其他著作包括《自我分析》(*Self-Analysis*，1942)和《神经症与人的成长》(*Neurosis and Human Growth*，1950)。霍妮持续教学，也从事心理治疗工作，1952年去世。她死后出版的论文集《女性心理学》(*Feminine Psychology*，1967)重新引发世人对她著作的兴趣。

# 1890

# 《心理学原理》
## The Principles of Psychology

意识不是切成碎片显现出来。"一连串"或"一系列"这样的语词并不能恰当形容意识最初呈现的状态。意识并不是一节一节连起来，意识是流动的。"河流"或"溪流"才是形容意识最自然的比喻。此后再谈论意识，让我们称之为思想流、意识流，或者主观生命流。

心理学唯一有权利一开始就假定的是"思考"本身这件事实。

人们倾向于表现出来的最独特的社会我，是他心里最爱的那个自我。这个自我的好运或坏运会带来最强烈的欣喜和沮丧……在他自己的意识中，只要这个特定的社会我得不到认可，他什么都不是，而当这个社会我获得认可，他的满足无边无界。

**总结一句**

心理学是精神生活的科学，意识就是自我的科学。

# 威廉·詹姆斯
## William James

威廉·詹姆斯受到广泛推崇,被认为是美国最伟大的哲学家,他也是公认的现代心理学的开山祖师(另一位是威廉·冯特)。

心理学曾经属于哲学的研究范围,而詹姆斯是一位哲学教授。他认为心理学与哲学不同的是,心理学是"精神生活的科学",探讨的是一个特定身体里面的心灵,心灵存在于时间和空间里,对于身处的物理世界拥有思想和感受。另外,詹姆斯把心灵解释为比较深沉的力量,例如灵魂或自我产生的思想,其实是属于形而上学或哲学的领域。

詹姆斯认为这门新的学科是自然科学,需要根据它们本身的特征和动态去分析感受、欲望、认知、推理和决定,就如同通过观察石头和砖块来解释盖房子。他选择研究心理现象,而不是背后的理论,大幅推进了这门学科的发展,同时达成了他的目标,让心理学具有更加坚实的科学基础。

詹姆斯经常情绪低落或者身体虚弱,他整整花了12年才写完《心理学原理》。在序言中,他评论道:"发展成这样的篇幅没有人比作者本人更后悔。这位老兄一定是不折不扣的乐观派,在这个信息爆炸的时代,奢望有许多读者来阅读他笔下1400页连绵不断的篇幅。"这本著名的书的完整版分为长篇累牍的两卷。不过詹姆斯也出了精华版,在大学生之间以"吉米"(Jimmy,詹姆斯的简称)闻名,他们很感激不必啃读完整的版本。

由于这本书的篇幅,想要"总结"詹姆斯的杰作,那是不知天高地厚。不过,我们会分析其中一些观念,希望能让读者对这本书的内容略知一二。

## 惯性动物

"当我们从外面的观点来看待生物时,首先让我们印象深刻的一件事是,生物是习惯的组合。"究竟什么是习惯?在詹姆斯研究大脑和神经系统的生理学之后,他的结论是:习惯归根究底是"神经中枢的放电",涉及一系列连续被唤醒的反射路径。一旦其中一条路径被建立起来,神经电流就更容易再度通过相同路径。

不过,詹姆斯指出了动物跟人的惯性行为的不同之处:大多数动物的行动是自动发生的,而且相当有限和简单,然而因为人类有各式各样的欲求和渴望,如果我们想要取得特定结果,就必须刻意去养成新习惯。问题是,要建立新的好习惯需要努力和应用。詹姆斯写道,养成好习惯的关键是,根据你下的决心果断行动。行动会让我们的神经系统产生运动效应,把愿望转变成习惯。大脑必须因我们的愿望而"成长",除非重复行动,否则路径不会形成。

詹姆斯评论道,关键是让神经系统成为我们的盟友而不是敌人:"如同数不清的、一次次的饮酒让我们成为永远的酒鬼,我们也是通过那么多次个别行动和长时间工作,成为道德上的圣人,以及实用和科学领域的权威和专家。"尽管在行为发生时我们不认为它们有多重要,但是我们的行动综合起来要不说明了强大的正直,要不就是无可挽回的失败。

上述这一切对现在的读者来说似乎非常熟悉,不过今日的心理学和关于个人发展的著作,之所以都强调要塑造正向的惯性行为,大部分可以回溯到詹姆斯对这个问题的思考。

## 我和其他

詹姆斯对心理学的了解都环绕着个人自我。意思是,把思想和感受当成抽象概念泛泛谈论,跟"我想"和"我感觉"这种个人心得差不多,并没有太多意义。他写道,每个人通过一道墙(这里指的是包围大脑的头骨),与别人区隔开来,而且他大胆主张,这个世界整整齐齐地一分为二,我们占据了完整的一半,我们以外的世界(每个人都在里面)则占据另一半:

把整个宇宙分成两半是每个人都在做的事,而且我们几乎所有的兴趣都只依附于其中一半……我们都用同样的名字称呼这两半,分别是"我"和"其他",这么说你马上就能明白我说的是什么意思了。

这是简单的见解，如同詹姆斯许许多多的评论，差不多就是老生常谈而已。不过由此可知，人们对心理学产生兴趣不是因为想要研究关于思想和情绪的广泛原理，而是因为想要知道为什么自己会如此思考和感受。

把世界分成"我"和"其他"有一点挑衅意味，尤其是对于那些认为自己是为别人而活的人，然而正是人类的生理结构——一副身体里面有一颗脑袋，永远张望着自己以外的世界——造就了这样的事实。

## 思想的流动

不只每个人看到的世界不一样，我们自己的个人意识也是每天都不相同，甚至时时刻刻在变化。如詹姆斯所说的：

> 睡着还是清醒、饿肚子还是吃饱了、精神好还是疲倦，根据不同状态，我们对事物会有不一样的感受。晚上和早晨不一样，夏天和冬天不一样，尤其是童年、成年和老年不一样……在不同年纪，我们对事物有不一样的情绪，由此最能显现感受性的差异……曾经是明亮和令人兴奋的事变得让人厌倦、无趣和无利可图。鸟鸣沉闷，微风凄凉，天空忧伤。

詹姆斯评述道，我们永远不可能第二次产生一模一样的想法。我们或许可以保持"相同不变"的幻觉，然而事实上这是一个不断变化的世界，而且我们需要不断更改自己对世界的反应，这意味着"相同不变"是不可能的：

往往我们会讶异，对同一件事我们之前之后的看法会有这么奇怪的差异。我们会疑惑，对同一件事自己上个月怎么可能会有那样的想法。我们已经摆脱出现那种心态的可能性，所以不知道是怎么回事。一年一年地流逝，我们会从新的角度看事情。或许这是好事，因为就是这种不断的变动，这种持续运行然后恢复平衡，才使我们成为人。

詹姆斯另外一项著名的评述是：思考是连续不断的，像溪流一样。我们使用"一系列的思考"或"一连串的思考"这样的语词，但是思考的真实本质是流动的。他指出："从一个念头到另一个念头的过渡并不是思考的断裂，就像竹节不是竹子的断裂。过渡是意识的一部分，如同竹节是竹子的一部分。"

从詹姆斯开始，心理学解析每一种思想、感受和情绪，归类出数千个范畴，这的确是科学研究。不过心理学界最好记住，心理学并不是要去讨论拥有意识的"感觉"是什么。意识跟电脑运行程序根本不能类比。确切地说，活着就是去体验观念、思想和感受不断的流动。

## 成功的自我

詹姆斯承认他有时会幻想自己是百万富翁、探险家，或者大众情人，然而回到悲哀的现实中，他必须选择一个自我安身立命。拥有众多身份会产生太多矛盾。希望生活有效能，我们必须从许多可能的角色中选择，同时以自我救赎为赌注押在那个自我上。不好的一面是，如果你把自我赌注压在例如成为伟大的划桨手或是伟大的心理学家，没有达成志向对我们的自尊是沉重打击。

如果我们的潜能和现状之间没什么差距，我们就会看重自己。詹姆斯提供了一条自尊公式：

自尊 = 成功 ÷ 自负

他指出，当我们放弃追逐某些我们永远达不到的潜能或幻想时，例如保持年轻、苗条，或者擅长音乐、成为出名运动员之类的，心里会轻松。每抛弃一样幻想，就少一件让我们失望的事，也少一件阻碍我们达到真正成功的事。

## 总评

詹姆斯把焦点放在"自我"上现在看起来没什么了不起，因为我们现在生活在个人主义的时代。但是在他写书的年代，社会结构严密多了，一个人在社会上的位置可以说比脑袋里想什么重要得多。不过，当我们考虑到他加在自己主题上的限制时，詹姆斯的思路其实不太可能走到别的路上去。他将心理学定义为精神生活的科学，意味着个人脑袋里的生活，是关于个人的思考和感受，而不是整体"人类心智"。

20世纪，心理学家研究心智与行为时陷入相当机械性的模式之中，但詹姆斯形容人类的意识就像是北极光，"随着每一次脉冲的改变，整个内在平衡就会转移"。拥有这么诗意的解释天赋，并没有让詹姆斯获得那些以"实验室老鼠走迷宫"为招牌的当代心理学者的爱戴。然而，正是他的艺术感性、深厚的哲学知识，甚至是对神秘观念保持开放的态度，让他拓展了自己耕耘领域的边界。会有其他人接手把心理学转变成科学的这一辛苦的工作，但是需要有他这般有才华的哲学家首先描绘出精神生活的风貌。

　　詹姆斯优雅而生动的散文成就了许多功业，而且正是因为他的好文笔，加上在那个时代罕见的私密、亲切语调，让《心理学原理》在今日仍然值得一读。詹姆斯经常被他的小说家弟弟亨利·詹姆斯盖掉锋芒，不过威廉·詹姆斯也很有可能成为作家而不是心理学家。有这样一个说法，亨利·詹姆斯是写小说的心理学家，而威廉是写心理学的小说家！

　　话虽如此，但《心理学原理》并不容易阅读，精彩的片段藏身在许多长篇大论中。这些长篇大论不是充斥着专有名词（涉及大脑和神经系统的生理学），就是在琢磨艰深的概念。詹姆斯建议读者可以跳着读，挑有兴趣的部分，而不必从头读到尾。对他这样一位协助建立一门学科的人来说，这是颇为典型的谦逊建议。

## 威廉·詹姆斯

威廉·詹姆斯 1842 年生于纽约市,家中共有 5 个孩子,他是长子。威廉·詹姆斯在成长过程中,享有舒适的生活和放眼天下的教养。他富有的父亲对神学和神秘主义兴趣浓厚,尤其是伊曼纽·斯威登堡(Emanuel Swedenborg)的著作。1885 年,他们全家搬往欧洲,詹姆斯在法国、德国和瑞典各地上学,学了好几种语言,参观了许多欧洲博物馆。

1860 年詹姆斯回到美国,他花了一年半时间拜在威廉·莫里斯·亨特(William Morris Hunt)门下,试图当画家,不过最终还是决定进入哈佛大学。他一开始攻读化学,之后转念医学。1865 年,他获得机会与知名的自然学家路易斯·阿加西(Louis Agassiz)一起去进行科学探查,但是苦于接二连三的健康问题,再加上第一次离开家人,詹姆斯想家想得厉害,陷入抑郁。1867 年,他前往德国,跟随赫尔曼·冯·赫尔姆霍兹(Hermann von Helmholtz)学习生理学,同时接触了心理学这个新兴领域内的思想家和各种观念。两年后詹姆斯回到哈佛大学,在 27 岁的年纪终于拿到他的医学学位。

接下来的 3 年,他经历了情绪崩溃,没有办法好好学习或工作。1872 年詹姆斯 30 岁时,他有了人生第一份工作,在哈佛大学教解剖学和生理学。1875 年,他开始教心理学方面的课程,并且建立了美国第一座心理学实验室。1878 年,他开始撰写《心理学原理》。这一年他与来自波士顿的中学老师爱丽丝·豪·吉本斯

（Alice Howe Gibbons）结婚，两人育有5个子女。

弗洛伊德和荣格到美国访问时，詹姆斯与他们见过面。詹姆斯的著名学生包括教育学家约翰·杜威（John Dewey），以及心理学家爱德华·桑代克（Edward Thorndike）。具有里程碑意义的著作包括《信仰的意志》(*The Will to Believe*，1897)、《宗教经验种种》(*The Varieties of Religious Experience*，1902)，以及《实用主义》(*Pragmatism*，1907)。

1910年，詹姆斯在新罕布什尔的度假别墅过世。

# 1968

# 《原型与集体无意识》
# The Archetypes and the Collective Unconscious

❖

我们随着阿尼玛（anima，一种更具本能特征的迷人女性，如海妖、美人鱼、林中仙女）原型进入神的国度……阿尼玛接触到的一切都变得神秘——绝对、危险、禁忌、魔幻。她是伊甸园里不会伤人的毒蛇，拥有决定上乘和良好的意愿。她提出最让人信服的理由不要去窥探无意识，那样会打破我们的道德禁忌，释放出最好不要去觉察、不要去扰动的力量。

无论是否了解，人们必须保持对原型世界的意识，因为在这个世界里，人仍然是自然的一部分，与自己的根相联结。把原型和原始生命意象切割开来的世界观或是社会秩序，根本就不是文化，而且在越来越大的程度上成为牢笼，或者是马厩。

**总结一句**

我们的心灵与更深层的意识相连，这层意识是用意象和神话来表达自己。

**同场加映**

伊莎贝尔·布里格斯·迈尔斯《天生不同》（第06章）
安娜·弗洛伊德《自我与防御机制》（第18章）
西格蒙德·弗洛伊德《梦的解析》（第19章）

# 卡尔·荣格
# Carl Jung

为什么原始人要花这么大的心力去描述和诠释自然界发生的事,例如太阳的升起和落下、月亮的盈亏、四季变化?卡尔·荣格相信,自然界的事件不是单纯放进童话和神话之中,从物理上加以解释。相反地,外在世界是用来理解内在世界的。

荣格指出,到了他的时代,数千年来帮助人们了解生命的奥秘,提供象征的丰富源泉——艺术、宗教、神话体系——已经被心理学的科学填充和取代了。心理学(psychology)的命名借用了古希腊词汇"psyche"(意为"心灵"),讽刺的是,心理学所缺乏的,就是对"心灵"(或者最广泛意义的"自我")的了解。

对荣格来说,人生的目标是这个自我完成"个体化",也就是统一个人的意识和无意识心灵,这样就可以完成他最初独一无二的允诺。这种更广泛的自我概念也是建立在"人类是更深层宇宙意识的表达"这样的观念上。矛盾的是,要掌握每个人的独特性,我们必须超越个人自我去了解深层集体智慧的运作。

## 集体无意识

荣格承认，集体无意识这一观念是"人们最初觉得奇怪，但是不久就据为己有，当成熟悉的概念来使用"。他必须要为自己辩护，抵挡人们对他的神秘主义的指控。不过他也指出，人们认为无意识这个观念本身就是异想天开的，直到弗洛伊德指出它的确存在，之后才成为我们认知的一部分，人们用它来理解为什么会有这样那样的思考和行为。弗洛伊德假定无意识是私人的事，包含在个人里面。而荣格将个人无意识看得高于集体无意识。集体无意识是人的心灵继承的那一部分，不是从个人经验发展出来的。

集体无意识通过"原型"来表达。原型是普世的思想形式或心理意向，会影响个人的感受和行动。原型经验往往不怎么在意传统或文化规则，这表明原型是与生俱来的投射。新生儿不是白板，诞生时就设定好了，准备吸收特定的原型模式和特征。这就是为什么小孩经常在幻想，荣格相信儿童还没有经历过足够的现实来抵消掉他们的心灵沉浸于原型意象的乐趣。

原型以神话和童话的形式表达出来，在个人的层次中的表达形式则是梦和异象。在神话体系中，原型被称为"主题"，在人类学中则被称为"集体表象"。德国民族学家阿道夫·巴斯蒂安（Adolf Bastian）用"基本"或"原始"的思想来代指原型，他在各个部落和族群的文化中一再看见原型的展现。不过，原型不只是人类学上的兴趣，通常还在不知不觉的状况下，塑造了我们生命中重要的关系。

## 原型和情结

荣格强调了一些原型，包括阿尼玛、母亲、阴影、孩童、智慧老人、童话中的精灵，以及神话和历史中都找得到的捣蛋鬼。

### 阿尼玛

"阿尼玛"的意思是，具有女性形象的灵魂。在神话中，阿尼玛呈现出来的形象是大海中的女妖、美人鱼、森林里的仙女，或"让年轻男子迷恋，取走他们性命"的任何形象。在古代，阿尼玛以女神或女巫为代表，也就是说，阿尼玛代表脱离男性掌控的女性层面。

当男性把他心灵中的女性层面"投射"到真实的女性身上时，这名女性的重要性就被放大了。痴恋、理想化或对女性的着迷，让阿尼玛原型出现在男性的生活里。男性的痴迷等反应不一定是对女性本身的，不过她成了男性的阿尼玛投射的目标。这就是为什么失去一段关系可能带给男人毁灭性的打击，因为他失去了自己护在外层的那一面。

每一次出现极端的爱、幻想或纠缠时，阿尼玛都在男女身上发挥了作用。阿尼玛不喜欢井然有序的生活，但是想要强烈的生活体验，不管是什么样的形式。阿尼玛就像所有的原型，可能像命运一样降临在我们身上。她可能以美妙或可怕的样貌进入我们的生活，不管是哪种方式，她的目标是唤醒我们。用荣格的话来说，认可阿尼玛意味着抛开自认为应该如何过生活的理性想法，转而承认"生活同时是疯狂和有意义的"。

**母亲**

母亲这一原型呈现的形式是个人的母亲、祖母、继母、岳母或保姆，也可以显现于母性的象征人物中，例如圣母玛利亚、智慧女神索菲亚，或是在德墨忒尔与戈莱的神话中那位再度成为少女的母亲。其他的母亲象征包括教廷、国家、地球、森林、海洋、花园、犁过的田、泉或井。这个原型正向的方面是艺术和诗歌中百般颂扬的母性的爱和温暖，带给我们在这世界上的最初认同。不过也可能有负面意义：母亲或者命运女神可能是慈爱的，也可能是可怕的。荣格认为母亲是最重要的原型，因为它似乎包容了其他一切。

当一个人身上母亲原型不平衡时，我们会看到"母亲情结"。在男性身上，这个情结可能会导致唐璜症候群，让他们执迷于取悦所有女性。不过，有母亲情结的男性也可能拥有革命精神：强悍、坚毅，极度野心勃勃。在女性身上，母亲情结会导致母性本能的夸大，为孩子而活，牺牲自己的个体性，而丈夫沦为家具一般的存在。男人或许一开始会受到有母亲情结的女人吸引，因为她们是女性气质和天真的代表。不过她们也是"屏幕"，男性可以把自己的阿尼玛投射或外显在上面，到后来他们才会发现自己娶的女人真面目。

在这个原型的其他样貌中，女性会竭尽全力让自己不像她的亲生母亲。她可能开辟出自己的天地，例如成为知识分子，与她没受过教育的母亲形成鲜明对比。婚姻对象的选择可能是为了反抗和远离母亲。受这种原型掌控的其他女性可能潜意识里与自己的亲生父亲有乱伦关系，而且嫉妒她的母亲。她们可能变得对已婚男士或冒险的恋爱感兴趣。

## 灵性原型

为什么心理学成为科学历史这么短？荣格认为，那是因为在人类的历史长河中，大多数时间根本不需要心理学。宗教的精彩意象和神话能够完美表达关于永恒的原型。人们觉得有需要思索跟再生和蜕变相关的理念和意象，而宗教为心灵的每个层面提供了丰富粮食。天主教关于圣母以处女之身受孕和三位一体的奇怪理念并不是异想天开的意象，而是充满了意义，荣格写道："保护和治愈的原型会关照信徒心灵中的任何裂缝。"

宗教改革反对上述一切。丰富的天主教意象和信条变成"迷信"，在荣格眼里，这种态度为当代生活的荒芜开了路。他相信真正的灵性必须让无意识和有意识心灵都参与，既要有高度也要有深度。

所有人都具备宗教本能，无论是信仰上帝，或是比较世俗的信仰，例如共产主义或无神论。"没有人能够逃过生而为人就有的成见。"荣格评述道。

## 个体化

"个体化"是荣格的术语，用来指一个人终于能够整合内在对立的有意识和无意识心灵的时刻。个体化就是意味着成为你一直以来想要成为的那个人，完成你独一无二的允诺。结果就是成为真正意义上的"个人"，是完整而无法摧毁的自我，再也不会受分裂的层面或情结劫持。

但是，这样的整合不是通过理性思考来达成的。这是一趟意想不到的曲折的旅程。许多神话阐述了为什么我们需要走上超越理性的道路才能在人生中实现自我。

荣格花了一些篇幅来定义"自性"（self）。他理解的"自性"和"自我"（ego）不同，事实上自性包含了自我，"就如同一个大圆围绕着一个小圆"。自我跟意识心灵相关，而自性属于个人无意识和集体无意识。

## 有治疗效果的曼荼罗

荣格在《原型与集体无意识》一书中收录了许多曼荼罗的复制品。曼荼罗是一种抽象图案形成的图像，在梵文中的意思是"圆"。他相信一个人在画曼荼罗的时候，无意识的倾向或者向往会在曼荼罗的图案、符号或形状中表达出来。

根据实际的治疗经验，荣格发现曼荼罗拥有神奇的效果，可以减少心灵的混乱，使之归于有序，而且曼荼罗对当事人的影响方式往往要日后才能显现。曼荼罗发挥了作用，因为无意识获得完全自由，被"扫到地毯下"遮掩起来的东西浮出表面。人们会画出蛋形、莲花、星星、太阳、蛇、城堡、城市、眼睛等主题，并没有明显理由，然而这些图像反映或者抓出了深藏在当事人意识思考之下进行的历程。荣格评述，如果当事人能够诠释出图像的意义，便通常是心理治疗的开端。个体化的历程就此迈开了一步。

## 总评

我们拥有科技和知识让我们认为自己现代、文明，但是荣格说，我们的内心依旧是"原始人"。他曾经在瑞士观察过当地巫医从一个离铁轨非常近的马厩移除一张符咒；仪式期间，好几列横贯欧洲的快车呼啸而过。

现代性并没有清除我们关照无意识心灵的需求。如果我们真的忽略了自我的这一面，原型就会寻求新的表达形式，而且在过程中阻挠我们精心制订的计划。通常无意识会支持我们有意识的决定，但是当分歧出现时，原型就会以怪异而强有力的方式来表达，我们可能因为缺少自知而受到伏击。

人类曾经使用古老的象征符号解释人生的变化和广阔的意义，这个体系已经被心理学取代了，而心理学从来就不是设计来了解和迎合灵魂的。关于一般的科学心态，荣格写道："对我们来说，天堂成为物理学者的宇宙空间……但是'心在燃烧'，隐秘的不安啃噬我们生命的根基。"现代人精神空虚地活着，以前，这样的空虚曾经由宗教或神话体系来填补。唯有确实认知到心灵深度的新形态心理学，才能平息隐秘的不安。

## 卡尔·荣格

　　卡尔·荣格1875年生于瑞士的克斯维尔，他父亲是新教牧师。1895年，他进入巴塞尔大学攻读医学，第二年父亲过世，他必须借钱来继续完成学业。从1900年他开始专攻精神医学，在苏黎世的伯格赫兹利诊所工作，荣格的上司是精神医学的开拓者厄根·布洛伊勒（Eugen Bleuler）。1903年，他与瑞士富裕的女继承人艾玛·劳申巴赫（Emma Rauschenbach）结婚，他们为自己的小家庭在古斯纳特盖了一栋大房子。

　　1905年，荣格成为苏黎世大学的精神医学讲师，接下来几年，他成功地开了自己的诊疗所。1912年，他与弗洛伊德决裂，两年后离开了国际精神分析学会。弗洛伊德把荣格视为他精神分析理论的接班人，因此二人的决裂成为重大事件。荣格得以另立门派，探索同步性、个体化等概念，以及心理类型理论（参见第

61—62页"总评")。

荣格其他著作包括《无意识心理学》(*The Psychology of the Unconscious*, 1911—1912)、《转化的象征》(*Symbols of Transformation*, 1912)、《心理类型》(*Psychological Types*, 1921)、《心理学与宗教》(*Psychology and Religion*, 1937)、《心理学与炼金术》(*Psychology and Alchemy*, 1944),以及《未发现的自我》(*The Undiscovered Self*, 1957)。《原型与集体无意识》(*The Archetypes and the Collective Unconscious*)是《荣格文集》第九卷第一部。

第二次世界大战后,荣格遭到指控是纳粹同路人,不过并没有确凿的证据。他花了大量时间与美国和非洲的原住民族相处,同时对民族学和人类学有强烈兴趣。

1961年,荣格卒于瑞士。

# 2011

# 《思考，快与慢》
## Thinking, Fast and Slow

❖

比起信息的可靠程度，我们更关注信息的内容，结果就是以更简单、一致而不是数据上可以核实的观点来看周围世界……世界上有许多事实都源于偶然……用因果来解释偶然事件必定会错误。

信息不足时，极端的预测和预测罕见事件的意愿，都是系统一的显现……而且系统一会产生过度自信的判断也是正常的……因为自信取决于你根据手上信息提炼出来的最佳故事的连贯程度。留神你的直觉会给出过于极端的预测，而你很容易就过度相信。

要避免事后诸葛亮的失误，我个人的策略是：要对具有长期后果的事做出决断，要么彻底考虑周全，要么就完全随心。

**总结一句**

意识到人类思考时普遍的错误和偏见，就能解放我们，并做出更好的决定和更精确的判断。

**同场加映**

马尔科姆·格拉德威尔《眨眼之间》（第22章）
伦纳德·蒙洛迪诺《潜意识》（第39章）

# 33

# 丹尼尔·卡尼曼
## Daniel Kahneman

❖

　　丹尼尔·卡尼曼虽然是心理学家,但他关于"前景理论"(探讨不确定之下的决策)的研究获得了诺贝尔经济学奖。他做出重大贡献的领域还包括知觉与注意力心理学、行为经济学和快乐心理学(探讨让人们快乐的是什么,以及什么时候人们最快乐)。从他在两门学科都获得最高荣誉便可看出,卡尼曼是现代的文艺复兴人,而且他著作的深刻意涵远远超过心理学。

　　《思考,快与慢》是卡尼曼身为研究心理学家的生涯高峰,总结了他与同事阿莫斯·特沃斯基(Amos Tversky)针对判断与决策进行的那些著名实验,特别是在特定情境下可以合理预测人们会出现的系统性错误或偏见。他们的基本发现是:我们的直觉往往是正确的,但也有很多时候是错误的;我们往往对自己的判断过于自信,超过我们应该有的信心。卡尼曼形容我们的直觉是"跳到结论的机器",关于处境,客观的观察者往往比我们有准确的图像。我们不只是对明显可见的事物视而不见,还对自己的无知视而不见。我们是"不认识自己的陌生人",不是永远都能像我们想要的那样控制自己的想法。

卡尼曼的著作也揭示了我们用来思考的两种截然不同的方式：快（系统一）和慢（系统二）。下面我们一个个来看。

## 思考实际上是怎么发生的：两种系统

我们相信我们的思考是从一个有意识的念头导引到另一个，然而卡尼曼说，很多时候思考不是这样发生的。念头出现了而我们不知道它们是怎么来的："你无法回溯你是怎么相信眼前有盏灯在桌子上；你是如何听出电话中配偶的声音透露着恼怒；在意识觉察之前，你是如何避开了马路上的威胁。产生印象、直觉及许多决定的心智运作，是在你的头脑中默默进行的。"

卡尼曼把即刻产生的印象描述为"快"或"系统一"的思考。我们运用快思的频率远远超过缓慢、审慎的"系统二"思考。系统二的思考五花八门，包括填税单、把车停进狭小空间、测试一个论证。系统二的思考要投入注意力和努力，或者以哲学术语来说，需要运用理性。

两套系统可以合作无间。当系统一无法立刻解决问题，就会召唤系统二，运用系统二详尽和审慎地处理，深思明辨获得答案。系统一让我们不去想开车的事自然而然在公路上开车；当我们突然需要思考我们要开车去哪里时，系统二就会开始发挥作用。系统一让我们可以念故事给女儿听而不必真的知道自己在念什么，但当女儿问问题时系统二就活跃起来。

系统一的快速评估通常错不了，如果你是某个领域的专家，大概总是根据自己的知识运用系统一进行评估。这样做替我们省下了大量时间和精力。不过，系统一的思考绝非完美，会有系统性的偏见，而且无法避免偏见。要做出精确判断，就必须意识到系统一的运作。通常是系统二在掌控思考，因为系统二能够放慢思考，做出比较合理的评估。但是系统二也会为系统一偏向直觉的判断辩护。

　　系统一的思考不会在意缺乏信息，只会采用它"知道"的信息，然后跳到结论。举个例子，当我们听到下面这段话："明迪是好的领导人吗？她既聪明又坚定。"我们会自动假设"是的，她会是好的领导人"。（但是如果话没说完的部分是"但是腐败而残酷"，为什么关于明迪的特质我们不要求更多信息以做出正确评估？）卡尼曼表示，因为我们的大脑不是这样运作的。我们根据最初不完整的信息产生偏见，或者从有限的事实中编造出故事。这就是我们做判断时的"眼见就是全部"法则。我们倾向于相信呈现在眼前的陈述或事实，不管是什么样的，即使我们理智上知道故事有（或可能有）另一面。

## 思考的谬误

　　《思考，快与慢》举出一堆直觉思考的偏见和谬误，许多都是卡尼曼和特沃斯基揭露的，我们简单了解其中几个。

　　卡尼曼向来最爱的理论，就是政客比其他领域的人更容易通奸，因为权力是最好的春药，而且他们长时间不在家。事实上，卡尼曼后来意识到，那只是因为政治人物的情事比较容易曝光。他将这种谬误称为"可得性偏差"（availability bias）。这种偏见告诉我们，近期记忆中发生在我们身上的事或者新闻中出现的事，强烈影响了我们估算事情发生的可能性。举个例子，人们认为死于闪电比死于肉毒杆菌中毒更加普遍，因为闪电打死人会成为新闻，然而事实是后者发生率是前者的52倍。

因为人类天生的设定是更倾向于在大草原上而不是在都市生活中奋力求生，"我们在不断评估当前处境是好是坏，确认需要逃跑还是可以接近"。我们得找出威胁，意味着人对失去的厌恶很自然地大过收获对我们的吸引力（系统二的思考因素），于是我们有一个优先考虑坏消息的内部机制。在大脑设定上，我们能瞬间侦测到掠食者，而且比确认自己被看见快许多。这就是为什么我们甚至可以在"知道"自己正在行动之前就行动了。卡尼曼表示，威胁比机会更被严阵以待。这种自然倾向意味着我们"过分看重"不太可能发生的事件，例如遇上恐怖分子的攻击。

卡尼曼也讨论了启动效应（priming effect）。在实验中，先看到纸钞图像的受试者更加不会合作或是投入团体活动，他们更想要独自做事。另外一项研究显示，提醒老人的年纪让他们走路变得比较缓慢。大学餐厅自行投钱的箱子上面有张瞪大眼睛凝视的图像，让人们更加诚实地把正确金额投入箱子里。如果图片是花朵，应该投钱的人就比较不诚实。与启动效应类似的是锚定效应（anchoring effect），也就是在问问题之前提示或陈述一个数字会影响被提问者的答案。例如，被告知"甘地死于144岁"的人，估测甘地实际去世的年龄时，给的数字几乎总是远远高于他们平常的猜测。另外一则例子是告诉购物者"每人限购12件"，总是让他们买的比没有限购的情况下还多。

卡尼曼也解释了晕轮效应（或光环效应）。举例来说，如果我们喜欢某位政治人物的政策，很容易就认为他长得也好看。如果我们在宴会上跟某人相谈甚欢，当别人请我们评估他捐钱给慈善团体的可能性时，就比较有可能用"慷慨"形容他，即使我们对他一无所知。晕轮效应有时会增强第一印象的分量，而且往往之后的印象都无关紧要了。为试卷打分数时，卡尼曼承认他为学生考卷中第一篇文章打的分数会强烈影响他如何看待这名学生的其他文章。当他改成根据主题顺序而不是试卷中的文章顺序来批阅文章时，打的分数就变得客观多了。

卡尼曼用"错误想法"（miswanting）来描述某些基于认为会让自己快乐的事物（例如一辆新车、一栋新房子或住到另一座城市）而做出的决定，但是长期看，这些决定实际上并没有让我们快乐。此外，卡尼曼和他的同事戴维·施卡德（David Schkade）证明了气候完全不会影响人们是否快乐。加州人喜欢他们的气候，美国中西部人不喜欢他们的气候，但是他们这种看法不会影响他们整体的幸福感。从寒冷地带移居到加州的人开始几年似乎会比较快乐，因为他们会提醒自己现在和之前两地天气的对比。然而长期来看，这样的事情不会影响快乐与否。

卡尼曼的另一项见解是：我们正在体验的当下在大脑留下的

印象远远比不上开头、结尾和大事件。这就是为什么当我们决定下一次假期要去哪里或者做什么时，我们比较关注的是回忆而不是实际经验。记忆的自我比经验的自我强大，形塑了我们的决定。卡尼曼说："我们的心智善于编故事，但是显然在处理时间这方面设计得不是很好。"

## 每一件事都要找出成因

系统一偏向于相信和确认，而不是质疑。系统一的思考总是在寻求事件之间的联系和因果关系，即使联系和因果关系根本不存在。我们看见一名篮球员连续进了几球，或是连续打了几场好球，于是我们认为他手感好。我们看见一名投资顾问连续 3 年有好业绩，于是假定他有这方面天赋。尽管这两个人的良好表现或许只是真正的随机性可以预测的结果。

要真正理解一件事是否具有统计学上的重要性，你需要非常大的样本来排除随机性。卡尼曼指出，我们会将周围世界看得比数据所能证明的更简单、更统一，然而用因果来解释偶然事件必定会错误。要避免过度解读任何事，我们必须理解真正的随机性是怎么回事，有些事情往往看起来不像是随机的。

要求虚幻的确定性，这一点在商业界最明显不过了，人人都假定那些 CEO 对公司表现有巨大影响。这种影响通常是夸大的（无论是正面还是负面），因为我们都想要相信某个人拥有神奇的成功法则，或者是某个坏蛋摧毁了公司。事实上，卡尼曼写道：

"比较哪家公司更成功或更失败,在很大程度上是比较运气。"在汤姆·彼得斯(Tom Peters)的商业书籍《追求卓越》(*In Search of Excellence*)和吉姆·柯林斯(Jim Collins)的《基业长青》(*Built to Last*)中,介绍了伟大商业典范和当时公认差劲或平庸的企业,如今这些企业已经没有或几乎没有差别了。这一类书籍保存了自以为了解的幻象,而这种了解是建立在我们热爱成功或失败的故事这一事实上的。

## "专家"判断的幻象

卡尼曼在以色列军方担任心理学家的工作时,有项职责是判断士兵成为军官的潜力。经过他和同事的观察,他们做出了相当自信的评估。然而,当这些士兵实际进入军官学校之后发生的事情,证明先前卡尼曼和同事们的所有潜力判断都错得离谱。教训是:"高度自信(的声明)主要是告诉你,这个人在他心里建构了一则前后一致的故事,虽然不一定是真实的。"

卡尼曼热衷于打破"基金管理专家"的神话。他说,在选择股票时这些专家能发挥的作用和掷骰子差不多。一项又一项的研究显示,选择股票的专家事实上表现得并不比碰运气好,他们每年的业绩表现找不出任何相关性,这一点对于一门建立在"技术"形象上的行业着实奇怪。他也讨论了菲利普·泰特洛克(Philip Tetlock)的《狐狸与刺猬:专家的政治判断》(*Expert Political Judgement: How good is it? How can we know?* 2005),这本著作阐释了为什么政治学者在预测政局时表现不比"扔飞镖的猴子"好，而且事实上比纯粹碰运气来预测还糟糕。他们解读局势的能力不仅跟一般报纸读者差不多，而且普遍来说越著名的专家，预测越失灵，因为他们过度自信。

卡尼曼相信，在大多数情境下，简单的公式胜过人的直觉。在许多领域，例如评估信用风险、婴儿猝死率、新企业成功的前景或养父母是否合适，算法做出的预测比专家更准确。人类在评价方面极其不一致，而算法没有这个问题。专家想要把整个范围的复杂信息纳入考虑，但是通常只要两三个参数就足以做出好的判断。举例来说，有一种算法可以预测波尔多葡萄酒未来的价值，虽然只采用了天气的3个变数，但比专业品酒员的评估准确多了。直觉或整体判断可能有用，但是只有在取得事实之后，而不是替代事实。只有在局势是稳定和规则的（例如下棋比赛），不是开放结局和复杂的，专家的直觉才可以信任。

## 总评

卡尼曼指出，每个时代都有它们的思考偏见。在20世纪70年代，大多数社会科学家都假定人们一般而言是理性的，而且会明智思考，只不过有时候人们的情绪会劫持他们的理性。事实上反过来才正确。只有在我们真正需要时我们才会依赖理性的心智。我们的思想不是受到了情绪的"腐蚀",而是我们大部分的思考是情绪性的。

不过卡尼曼表示,他的焦点放在谬误上,"不是诋毁人类的智能,就像医学教科书把注意力放在疾病上不是否定健康。大多数人大多数时候都是健康的,而且人类大多数的判断和行动大多数时候都是恰当的"。的确,《思考,快与慢》把焦点放在一大堆人类思考上的偏见和失败上,并不意味着这本书的调性是负面的。相反地,因为这些思考盲点很多都曾经是隐藏或不被人察觉的,所以我们易受这些错误思考方式的支配。曝光这些盲点带来了正确思考的希望。在我们需要理性决策或是想要发展任何理论时,可以把这些思考偏见纳入思考。

卡尼曼有一项惊人的结论:从改变我们的思考方式来说,研究心理学根本没有任何效果。我们从现有实验得知,当人们认为有其他人可以站出来时,便非常不乐意帮助别人,但是我们对人性黑暗面的认识,不代表会改变我们未来的行为。我们只是心里想:"噢,我们不是那样的。"认识实验呈现出来的统计可能性并不会改变我们,只有各种案例会改变我们,因为从案例中我们可以编织出有意义的故事。

卡尼曼在2012年的演讲中指出,我们极度渴望获得确定的知识,然而我们是通过自己的感官来感知这个世界,

> 因此每个人对看见的和听到的有不一样的诠释。由于这些不一样的见解，我们对"真相"有不同的体验。这是心理学上的洞察，也是哲学上的洞察，同时阐释了为什么卡尼曼的研究对好几项领域都是如此重要。

## 丹尼尔·卡尼曼

丹尼尔·卡尼曼1934年生于特拉维夫，当时他母亲正造访以色列。他的父母来自立陶宛。卡尼曼小时候住在法国，当时全家人得努力躲避纳粹迫害。1948年，他们搬到英属巴勒斯坦，后来卡尼曼就读于耶路撒冷的希伯来大学，取得心理学学位。

毕业后，他以心理学家的身份服务于以色列陆军，发展评估军官的测验。20多岁时他前往美国，在加州大学伯克利分校攻读心理学博士学位，1961年他回到以色列，取得讲师职位。之后在密歇根大学、哈佛大学、斯坦福大学等担任过研究或教书工作。目前他是普林斯顿大学伍德罗·威尔逊公共与国际事务学院心理系高级学者和名誉教授。他的妻子是心理学教授安妮·特雷斯曼（Anne Treisman）。

迈克尔·刘易斯（Michael Lewis）的《思维的发现：关于决策与判断的科学》（*The Undoing Project: A Friendship that Changed Our Minds*，2006），通俗地讲述了卡尼曼和特沃斯基合作研究的故事。

# 1953

# 《人类女性性行为》
## Sexual Behavior in the Human Female

---

一个人开始意识到他自己或性伴侣身体表面温度升高,这种变化部分是由于末梢血液循环;或许还有部分是因为神经、肌肉紧绷,任何性反应都会逐渐形成这样的紧绷。冰冷的脚在性行为中甚至也可能变得温暖。一般人将性兴奋形容为发烧、满脸通红、火热、炽热或热情,证实了人们普遍认为身体表面温度会升高。

样本中的已婚妇女,大约有四分之一(26%)在40岁之前,有过婚外性行为。26~50岁的女性,有六分之一到十分之一,有过婚外性行为……比起被社会接受的行为,人们更可能去掩饰社会不赞同的性行为,因此,样本妇女的婚外性行为发生率和频率可能高过我们的访谈所揭露的。

**总结一句**

我们性生活的多样性和频繁程度,跟社会或宗教所允许的之间有鸿沟。

**同场加映**

劳安·布里曾丹《女性的大脑》(第07章)
西格蒙德·弗洛伊德《梦的解析》(第19章)
哈利·哈洛《爱的本质》(第27章)
让·皮亚杰《儿童的语言与思想》(第42章)

# 阿尔弗雷德·金赛
## Alfred Kinsey

阿尔弗雷德·金赛是著名的性研究者，然而事实上，他专业生涯超过一半的时间是一名研究瘿蜂的动物学家。在印第安纳大学伯明顿分校，他给人的印象是"相当高傲的中年教授，对虫子的认识多过对人的了解"。一般认为，金赛在一定程度上引领了性革命，那么他又是如何从一名动物学家走向这条改革之路的呢？

在 20 世纪 30 年代末期，印第安纳大学的"女学生协会"请愿，要求为已婚或考虑结婚的学生开课，这项工作落到金赛头上。学生提出的问题如下：婚前性高潮或性行为对之后的婚姻生活有什么影响？性行为中什么是正常的，什么是不正常的？她们拥有的少量知识是由宗教、哲学或社会习俗塑造的，金赛很快发现，相比之下，关于昆虫行为的科学信息，远多于人类性行为的信息。

英国医师亨利·哈夫洛克·霭理士（Henry Havelock Ellis）写了第一本不带有关感情这项主题的著作《性心理学》（*Studies in Psychology of Sex*，共 7 册，1897—1928），然而遭到英国政府查禁。当然，弗洛伊德已经让性不再是那么禁忌的主题，但是从来没有进行过大规模的科学研究。因此在1938年，金赛开始收集自己的数据。

10年后，金赛和他的团队出版了《人类男性性行为》(Sexual Behavior in the Human Male)，这本书虽然是为大学的学生写作，却成了令人意外的全美畅销书（销售超过50万本）。他成为全美的知名人物，金赛性研究所也变得远近驰名。这本书的续作是5年后出版的有800页的《人类女性性行为》，与保罗·吉哈德（Paul Gebhard）、沃德尔·帕姆洛伊（Wardell Pomeroy）和克莱德·马丁（Clyde Martin）合著。或许是因为这两本书的书名让人不好意思在书店或图书馆开口询问，这两本书后来就以"金赛报告"之名为人所知。在《人类女性性行为》上市的1953年，金赛出现在《时代》杂志的封面上。

## 采集故事

对"金赛报告"的研究是历史上伟大的科学计划之一。资助资金来自印第安纳大学和全国性问题研究委员会，由罗伯特·耶克斯（Robert Yerkes，因其在智力测试和动物行为方面的工作而闻名）主持，并得到了洛克菲勒基金会的支持。

这项调查适逢研究方法进步，可以在大规模的人口中取得相当准确的样本，而不必依赖少数的案例分析。然而，由于性爱本质上是"房内事"，金赛要如何拿到可靠信息？美国各州有不同法律，意味着说出故事的人有可能让自己入罪。因此，他的团队必须发明出特殊的访谈方法，确保当事人可以匿名而且安全接受访问。他们询问了受访者350道关于她们性爱史的问题。有些受访者提供了日记或日程表，记录她们每天的性活动。包括年龄、婚姻状态、受教育程度、社会地位、宗教背景及居住地（在乡间还是城市），金赛和他的团队调查了与性行为有关的所有层面。

1938—1956年，有高达1.7万人接受访问，这一数字令人惊叹。金赛亲自进行了超过5000次访谈。《人类女性性行为》主要是根据5940名美国白人女性及其他范畴的1849名女性的案例写成。这本书包含了一份长长的清单，列出受访女性的职业，她们中有军队护士、高中学生、舞者、工厂工人、经济学者、健身教练、电影导演、办公室职员。访谈范围扩大后，还访问了女性囚犯。

## 成果

伴随庞大数量的原始数据，来自心理学、生物学、动物行为、精神医学、生理学、人类学、统计学和法律等领域的见解也纷纷呈现在《人类女性性行为》一书里，让这本著作比《人类男性性行为》更全面，研究者也用了更多的心力去审视不同年龄的性史。尽管使用的是枯燥的科学语言，再加上无止无尽的图表和表格，这本书还是震惊了世人，因为女性的性爱包含了更多的禁忌，而行文中让人吃惊的坦白信息，也叙说了深层的个人秘密。

这本书涵盖了形形色色的受访者,提供了上千种发现。下面列举其中一些。

## 自慰、性高潮和春梦

* 整体来说,男性更加倾向于通过幻想达到自慰高潮,而大多数女性只是依赖身体的感觉。不过,有2%的女性体验过光是通过幻想就达到性高潮。
* 36%的女性说结婚之前根本没有过性高潮,而且有不少女性即使在婚姻当中也从来没有达到性高潮。
* 女性跟男性一样,会在梦境中达到性高潮。65%的女性做过春梦,而20%的女性经历过夜间梦境的性高潮。
* 从性反应的角度来说,女性普遍比男性慢,需要更多的时间达到性高潮,然而证据显示,自慰时,女性达到性高潮的平均时间是3~4分钟,没有比男性通常需要花的时间多多少。
* 尽管有数千年的历史断言自慰会损害你的健康,金赛没有找到证据。唯一的损害是心理方面的,那就是罪恶感引发的焦虑。

## 没有性交的性关系和爱抚

* 男性很容易通过爱抚进入情欲高涨的状态,但是令人惊讶的是,相当数量的女性不会因为爱抚的动作而性亢奋。整体来说,如果给予正确的身体刺激,男性会情不自禁地亢

奋起来，而女性情欲高涨则更加依赖于情境的感受。
* 男性的性感受是在青春期突然开启的，在十几岁的阶段迅速攀升，直到二十几岁趋于稳定。女性的性感受是比较缓慢攀升，而且她们的反应更加偏向心理层面。
* 在64%婚前曾体验过性高潮的女性当中，性高潮经历只有70%是来自实际的插入性爱。其他的是在爱抚、自慰、梦境或同性间性接触发生的。
* 女性胸部受到刺激时，她们被撩动的性欲低于施加刺激的男性。只有50%的女性说，她们曾经刺激自己的胸部来获得性欢愉。

## 婚前性行为

* 直到20世纪40年代，大部分的书写都声称婚前性行为会导致永远的悔恨和心理伤害，尤其是对女性来说。金赛的研究发现，77%曾经有过婚前性行为的女性，事实上并不后悔。

## 婚外性行为

* 金赛的调查发现有四分之一的40岁以下已婚女性有过婚外性行为。在三十几岁和四十出头的阶段，是发生婚外性行为的高峰阶段。
* 年轻女性对婚外性爱比较不感兴趣，因为她们对伴侣有更

强烈的"性趣",而她们的年轻丈夫会要求妻子在性爱上专一。

* 尽管普遍认知是男性喜欢跟年轻的女性搞婚外情,但实际上许多男性宁可选择年长或同龄女性,部分原因是她们的性经验比较丰富。

* 在已经出轨的女性中,有56%表示,她们很可能再度尝试。

## 其他有趣的要点

* "传教士体位"不过是一种欧洲和美国的文化规范(但金赛不知道为什么会这样)。其他文化并没有如此偏爱这个体位,其他哺乳类动物也鲜少使用。西方世界长期以来偏爱这个体位,即使女性在上位能获得性高潮的概率大多了,因为她可以自由地随心所欲移动。

* 男性和女性陷入深层的性交状态时,面部表情和接受酷刑的人一模一样。

* 性行为达到高潮时,男性和女性的触觉和痛觉都会减弱,同时视线窄化。

* 受过教育的女性整体来说有更多的性经验,可能是因为她们认为自己比较"开明",比较不会受制于女性性行为的禁忌。

## 总评

既然金赛是生物学家,为什么《人类女性性行为》以及同系列作品会被公认为心理学经典?因为在20世纪50年代的美国,与心理学画等号的主题更多的是关于行为,而不是人们心里在想什么,而金赛的著作是关于人类性行为。他的团队想要阐释,人类无法逃脱他们身为哺乳类(也就是"动物")的遗传,因此关于性,我们受制于生理条件,对各种刺激会有特定回应。金赛的目标是要阐明,尽管我们喜欢把性行为想成与爱有关,但性行为并没有像我们想要相信的那样属于高层心灵的运作。

不过对科学家来说,金赛犯了一个根本错误,模糊了他的研究对象(即接受访谈的人)和他私人生活之间的界线。他身边的人,包括他的妻子和同事,最终都在"研究"的名义下陷入色情暧昧和不合规范的处境。金赛风评不太好的这一面有力地呈现在连姆·尼森主演的《金赛性学教授》(*Kinsey*,2004)这部电影中。

除了一整章探讨同性恋,还有一章关于青春期之前的性游戏,金赛还在书中谈到了如色情刊物(在《花花公子》之前的时代)、色情涂鸦、性施虐与受虐(性愉虐)动物引发的情欲刺激、集体性行为和窥淫癖等主题。有好几个篇章提供了人类性器官的解剖构造,描述了性交与高潮期间的生理反应，细节清清楚楚，教育美国人认识自己的身体，这些是过去相关研究都比不上的。

对于保守派来说，金赛的著作是文明崩塌的开始，于是他们拿金赛的研究中包含了1300名性罪犯受访者大做文章。不过，金赛把自己看成是与哥白尼和伽利略同等的人物，如实报告他在现实世界中的所见所闻，而不考虑神学或道德教条。由于他研究的主题是性，声名大噪也是可想而知的必然结果。

## 阿尔弗雷德·金赛

阿尔弗雷德·金赛1894年生于新泽西的霍博肯，他是家中的长子。父亲在当地学院教授工程学，是一个虔诚而专横的卫理公会教徒。在金赛成长的环境中，一切关于性爱的言论或经验都是被禁止的。他是活跃的童子军，热爱露营和户外活动。

中学毕业后，金赛服从父亲的意愿去学习工程知识，然而他渴望攻读生物学。两年后他违背父亲的愿望，进入缅因州的鲍多因学院，以优异成绩毕业，获得生物学和心理学学位。1919年，他在哈佛大学取得生物学博士学位，第二年拿到印第安纳大学动物学助理教授职位。

在生命最后几年，金赛必须不断奋斗以持续他的研究。他的目标是访问 10 万人，然而在 1954 年，洛克菲勒基金会在宗教团体的施压下，取消了每年的赞助经费。

金赛的其他著作包括一本被广泛使用的学校教科书《生物学入门》(*An Introduction to Biology*, 1926)、《瘿蜂：关于物种起源的研究》(*The Gall Wasp Genus Cynips: A Study in the Origin of the Species*, 1930)，以及《瘿蜂高等种类的起源》(*The Origin of Higher Categories in Cynips*, 1936)。

金赛卒于 1956 年。

# 1960

# 《分裂的自我》
# The Divided Self

❖

　　妄想症患者感觉到有明确的迫害者。有人反对他；有人在酝酿阴谋窃取他的大脑；卧室的墙壁里面藏了机器，它会放射灵魂射线使他的大脑瘫痪，或者在他睡觉时电击他全身。到了这个阶段，我所描述的人会觉得是现实本身在迫害他。现实的世界及现实中的他人，都很危险。

　　每个人都曾经在某种程度上陷入徒劳、没有意义、找不到目标的心情中，然而在精神分裂的人身上这些心情尤其强烈。这些心情源自下述事实：感知的门户及行动的大门不是由自我把守，而是由虚假的自我支持和操控。

**总结一句**

　　我们把强大的自我意识视为理所当然，然而如果人没有自我意识，生活可能就是折磨。

**同场加映**

　　卡伦·霍妮《我们内心的冲突》（第 30 章）
　　拉马钱德兰《脑中魅影》（第 44 章）
　　卡尔·罗杰斯《个人形成论》（第 45 章）
　　威廉·斯泰伦《看得见的黑暗》（第 50 章）

# R.D.莱恩
## R．D．Laing

在20世纪50年代末，苏格兰精神科医师R.D.莱恩开始撰写《分裂的自我》，当时精神医学的传统见解是，不平衡的人的心灵就像是一碗汤，充斥着无意义的幻想或执念。病人得接受官方制定的精神疾病症状检查，根据检查结果来进行治疗。

不过，莱恩用他写于28岁的第一本著作，协助社会改变了看待精神疾病的方式。他的目标是"让疯狂及陷入疯狂的过程，可以被理解"。他成功说明了精神疾病（尤其是与精神分裂相关的）为何实际上对患者来说是合情合理。因此，精神科医师的角色应该是进入患者的心灵。

莱恩煞费苦心地指出，《分裂的自我》不是精神分裂的医学研究理论，而是对精神分裂和精神分裂患者的一系列观察，带有存在主义哲学的色彩。从他的时代开始，研究精神分裂病症的科学已经大幅向生物学与神经学的解释发展，不过对于与分裂的自我共同生活、变得"疯狂"或者精神崩溃是什么感觉，他的描述仍然称得上是最出色的。

## 小心精神医学

在这本书的开头几页，莱恩表达了在20世纪六七十年代普遍的见解，真正疯狂的不是关在疗养院里的人，而是准备按下按钮毁灭人类的政客和将军。他觉得精神医学把某些人归类为"精神病"，仿佛他们不再是人类的一分子。对莱恩来说，精神科医师给的标签更加说明了精神医学这门专业及它创造的文化，而不是任何人真正的心理状态。

主流精神医学在治疗精神分裂患者时走错了路。莱恩指出，精神分裂的个人显著的特点是：对于心里发生的事高度敏感，并且极度保护隐藏在层层虚伪人格后面的自我。若医生只是想寻找精神分裂症状，仿佛把对方当成物体，势必处处遭遇抗拒。这样的病人想要的不是检查，而是倾听，真正的问题是，究竟是什么导致他们以这样的方式来体验这个世界。

## 精神分裂者独特的焦虑

在某方面来说，我多少算是死了。我切断跟别人的关系，把自己封闭起来……你必须跟别人一起活在这个世界上。如果你做不到，内心就有什么东西死了。

——彼得，莱恩的病人

莱恩认定精神分裂的人生活在分裂之中，要么是内在分裂，要么是自己与世界分裂。他们感觉到的自己不是一体的，而且感受到孤立于其他人之外的痛苦。莱恩认为精神分裂的人和精神分裂患者的区分是：精神分裂的人可以一直是混乱、困惑的，但仍保持神志清醒，而精神分裂患者分裂的心智已经进入精神病态。

大多数人理所当然地对自己有某种程度的确定。对于自己是谁及自己跟世界的关系，他们本质上是感到自在的。相反地，精神分裂的人有着莱恩所称的"本体不安全感"，对自己的身份认定及自己在大局中的位置有着基本、存在性而且根深蒂固的质疑。

**精神分裂的人独特的焦虑包括：**

* 与他人互动本质上让他们害怕。他们甚至可能畏惧别人爱他们，因为有人这么清楚认识他们，意味着自己暴露了。为了避免通过爱被另一个人吸引，精神分裂的人可能走到另一个极端，选择孤立，甚至宁可别人痛恨他们，因为这样"被吞没"的概率更小。因为他们的自我意识是如此脆弱，所以他们经常感到自己要溺毙了或燃烧殆尽了。

* "遭受侵犯"的感觉会时时刻刻都让他们觉得这个世界在碾轧他们的心灵，摧毁他们的自我认定。这样的担忧只可能来自最初就有的巨大空虚感，如果一个人一开始就没有什么自我意识，这个世界就可能像是迫害的力量。

* "石化"和"人格解体"，这种感觉像是变成石头，相应的

结果是，想要否认别人的现实感受，因此他人就会变成一个不需要费心应对的"它"。

莱恩指出，歇斯底里的人会尽他们所能忘记或压抑自己，而精神分裂的人会执念于自己。不过这样的执念和自恋相反，因为不涉及爱，只有冷漠而客观无情的检视，想要把自我掀开来看看，里面是什么东西。

## 自我的问题

莱恩评论道，许多人采取精神分裂的方式来应付身体或精神上无法逃开的可怕处境（例如身处集中营）。若要面对无法接受的事，他们可能会退缩到自己的内心世界，或者幻想自己在别处。但这种暂时的分裂不是应对生活的健康方式。

不过，分裂的人格会觉得这种分裂是永久的。他们经历的就是生活，只是没有感觉自己活着。莱恩援引文学典故指出，莎士比亚戏剧中的人物往往有缺陷，身上有着严重的个人冲突，但是他们仍然处于生命的浪潮之中，而且能掌握自己。另外，卡夫卡的小说和塞缪尔·贝克特（Samuel Becket）剧本中的人物，缺少这种基本的存在安全感，因此让人联想到典型的精神分裂。他们无法只是"质疑自己的动机"，因为他们甚至没有坚实、凝聚的自我来提出质疑。每天的生活都变成了战斗，要保护自己免受外面世界的威胁。

因为精神分裂的人没有确定的自我，于是往往会试图扮演他们认为世人期待他们成为的人，对融入对方环境的渴望到了病态程度。莱恩有位病人，这个12岁的女孩每天晚上不得不走过一座公园，而她害怕受到攻击。为了应付这样的处境，她发展出一种想法，相信她能够隐身，因此安全。他写道，只有内在真空（通常我们会在这里找到自我）的人才可能左思右想发展出这样的幻想来防御自己。

## 分裂的心智

莱恩区分了"具身的人"和"不具身的人"。具身的人有"血肉意识"，感觉到正常的欲望，而且寻求满足欲望。而不具身的人体验到身心之间的分隔。

精神分裂的人过的那种内在、精神的生活，使他们的身体并不代表自己的真我。他们建立了"假我系统"，通过假我与这个世界相遇，但是这么做，他们的真我就隐藏得更深了。他们非常恐惧被揭露，因此努力控制跟别人的每一次互动。这样精心思虑的内在世界让他们感觉获得保护，但是因为没有东西取代真实世界的关系，他们的内在生活变得荒芜。讽刺的是，他们最终垮掉或是崩溃不是因为他们恐惧的他人，而是因为内在防御自行运作造成的破坏。

对精神分裂的人来说，经历的每一件事都是极其个人化的，然而却感觉内心仿佛是真空的。他们所经历的唯一关系是跟自我的关系，然而那是混乱的关系，因此他们极度痛苦和绝望。

## 走向疯狂

是什么让有精神分裂倾向的人终究越过界线，成了精神病患者？

依靠假我系统来生活，以假我面对世界，精神分裂的人可以拥有想象的内在生活。对于事物、连串思考、记忆和幻想的依恋，取代了正常具有创造力的关系。任何事都变得有可能。精神分裂的人感觉自由和无所不能，然而这么一来，他们让自己盘旋着远离客观事实的中心。如果他们的幻想是破坏性的，很容易就会导致破坏性行为，而接触不到真我，他们可能就不会内疚，也不会补偿。

这就是为什么精神分裂患者可能这个星期看起来非常正常，而下星期就成了神经病，宣称父母或丈夫、妻子想要杀害他们，或者有人想要偷走他们的思想或灵魂。让他们看起来相当正常的假我（或者数个假我）的面纱突然被掀开了，揭露了秘密，暴露了那个一直躲藏起来不让世人看到的饱受折磨的自我。

## 总评

《分裂的自我》也呈现了莱恩一项引起争议的观念：如果孩子有精神分裂的遗传倾向，母亲（或亲人）的某些作为可能激发或者防止病症的出现。毫不意外，这个论点激怒了精神分裂患者的父母。

这本书比较持续的影响是有助于社会解除环绕着精神疾病的禁忌，同时让读者更加了解精神分裂症。还有一项重要理念是，心理学应该是关于如何获得个人的成长与自由，而不是模仿传统医学的"疾病—症状—治疗"模型。莱恩认为，探索你是谁是至关重要的，即使这场探索是冒险的历程。另一条路径是努力让自己融入社会的严密控制模式，但这样的妥协会伴随所有相关焦虑。莱恩因为上述理念在20世纪60年代变得知名，吸引了觉得自己被家庭或文化边缘化的人，也吸引了想要加入人类潜能运动追求自我实现的人。

药物滥用、酒精成瘾、抑郁，以及对轮回等非正统主题的兴趣，都导致莱恩的专业声望下降，他在1987年被迫放弃英国合格医生的注册资格。

尽管批评家企图贬低他的著作，他还是实现了自己的双重目标：改变人们对精神疾病的态度，协助重新制定心理学的终极目标。莱恩依旧是20世纪心理学的重要人物。

# R.D. 莱恩

R.D. 莱恩 1927 年生于格拉斯哥，是一个中产阶级家庭中的独子，他的父母是长老会教徒。莱恩后来写出了孤寂而且经常处于恐惧状态的童年。他在学校表现优异，15 岁就已经阅读了伏尔泰、马克思、尼采和弗洛伊德的作品，之后进入格拉斯哥大学攻读医学。

他以精神医师的身份效力于英国陆军，1953 年进入格拉斯哥的哥纳维尔精神医院工作。20 世纪 50 年代末，他在伦敦的塔维斯托克诊所启动精神分析培训计划。

在 20 世纪 50 年代的伦敦，莱恩交往的朋友包括作家多丽丝·莱辛（Doris Lessing）和摇滚乐队平克·弗洛伊德的团员罗杰·沃特斯（Roger Waters）。1965 年，他创建了一个社区精神复健机构——金斯利会所，在这里病患不会被强制接受特定的行为模式或药物治疗，获得了与工作人员一视同仁的待遇。

莱恩的《经验的政治》(*The Politics of Experience*，1967) 批评了家庭和西方的政治体制，销售数百万本。其他著作包括《理智、疯狂与家庭》(*Sanity, Madness and the Family*，1964)，以及自传《智慧、疯狂与愚蠢》(*Wisdom, Madness and Folly*，1985)。他对精神医学标准医疗方式的批判观点在托马斯·沙茨（Thomas Szasz）的著作《精神疾病的迷思》(*The Myth of Mental Illness*) 和威廉·格拉瑟（William Glasser）的《现实疗法》(*Reality Therapy*) 中获得了回响。莱恩是至少 5 本传记的主角。

1989 年他在圣特罗佩打网球时，心脏病突发去世。

# 1971

# 《人性能达到的境界》
## The Farther Reaches of Human Nature

---

大体上，我认为可以公平地说，人类历史就是人性如何被轻贱的记录。人性的最高可能性实际上总是被低估。

能被选为自我实现榜样的人，能符合自我实现标准的人，从这些小处开始着手：他们倾听自己的声音；他们负起责任；他们诚实；他们努力。他们深知自己是谁，不只是从人生使命的角度，也根据他们日常的经验。例如他们穿某种鞋子觉得脚痛；他们喜欢或不喜欢茄子；如果他们喝太多啤酒会不会整晚睡不着。这一切就是真正自我的意义。他们找到自己的生物学本质、先天本质，这些是不能逆转的或者难以改变的。

**总结一句**

我们对人性的看法必须拓展，融入我们之中最进步和最圆满的人具有的特质。

**同场加映**

米哈里·希斯赞特米哈伊《创造力》（第11章）

维克多·弗兰克尔《追求意义的意志》（第17章）

卡尔·罗杰斯《个人形成论》（第45章）

马丁·塞利格曼《真实的幸福》（第48章）

# 亚伯拉罕·马斯洛
## Abraham Maslow

虽然"自我实现"（self-actualized）这个语词是由另一位心理学家库尔特·戈尔茨坦（Kurt Goldstein）率先使用的，却是马斯洛让这个概念举世闻名。"自我实现"是用来描述那些似乎很罕见的个人，他们达到"完满的人性"，融合了心理健康和对工作的投入，让他们拥有高效能。马斯洛推断，如果有更多这样的人，我们的世界就会改变。与其把我们所有精力投入幻想更快、更好的事物，不如努力去创造能够产生更多自我实现者的社会。

在马斯洛之前，心理学分成两个阵营：科学的行为主义和实证主义，以及弗洛伊德派的精神分析。行为主义者和实证主义者认为除非经过验证，否则没有任何心理学论点站得住脚。马斯洛开启了"第三势力"——人本主义心理学。这一派拒绝把人类看成是对环境做出反应而运作的机器，或是任由潜意识摆布的棋子。在马斯洛的研究方法中，人类再度成为"人"，具有创造力和自由意志，而且想要实现他们的潜能。此外，马斯洛关于"高峰体验"的研究，也有助于学界奠定超个人心理学的基石，据此，一切都有了意义，我们体验到自己的统一，也体验到跟世界融为一体的超凡时刻。这股"第四势力"让宗教或神秘经验的研究有了科学架构，并且使马斯洛在20世纪60年代在美国西海岸成为著名人物。

《人性能达到的境界》在马斯洛死后才出版，实际上是文章合集，而不是一本完整的著作。前半部比较具有启发性，而且提供了出色的导论，让我们认识这位心理学冒险家的想法。

## 自我实现的人

马斯洛去研究自我实现的人始于他对自己老师的仰慕。这两位老师是人类学家鲁思·本尼迪克特（Ruth Benedict）和心理学家马克斯·韦特海默（Max Wertheimer），令马斯洛印象深刻的是，这两位虽然不完美，但在每个方向都充分发展。他也回忆起，当年发现有可能从他们身上归纳出通则时，自己有多么兴奋。

是什么让他们与众不同？首先，他们会献身于超越个人的事业。他们将自己的人生奉献于马斯洛听说的"存在价值"，例如真、善、美及简朴。然而这些存在价值不只是自我实现者向往的美好属性，也是必须被满足的需求。马斯洛评论道："以某些可以界定和经历的方式，人活在美之中而不是丑里面是必要的，就如同人肚子饿了需要食物，身体累了需要休息。"我们都知道必须吃饭、喝水和睡觉，但是马斯洛主张，一旦这些基本需求满足了，就会发展出与高层存在价值相关的形而上需求，这些需求也是必须被满足的。这就是他著名的需求层次理论，始于氧气和水，终于灵性和心理圆满的需求。

马斯洛相信，几乎所有的心理问题都是因为灵魂生病了，缺乏人生意义，或者因需求没有被满足而焦虑。大多数人说不出来他们还有这些需求，然而要成为圆满的人，这些追求是极为重要的。

## 获得完满的人性

为了让自我实现这个概念不那么深奥，马斯洛热衷于在日常生活的基础上，时不时地阐述自我实现意味着什么。对他来说，自我实现不是像宗教经验那样——是"某个伟大时刻"这样的事。相反，自我实现包含了：

* 全心全意去经历。投入某件事让我们忘掉自己的防卫、姿态和羞怯。在这些时刻我们重新获得童年的"天真无邪"。
* 意识到人生是一连串选择，一方面让我们朝个人成长前进，另一方面也可能导致退化。
* 觉察到拥有自我，同时倾听自我的声音，而不是听父母或社会的声音。
* 决定要诚实，因此会对自己所思所感负责。愿意说"不，我不喜欢这样或那样"，即使让你不受欢迎。
* 愿意工作，并全力以赴，充分发挥自己的能力。不管身处

哪个领域。

　*真心渴望展露自己的防卫，而且卸下防备。
　*永远愿意看到别人最好的一面。

　　只研究健康、具有创造力、完全实现自我的人带给我们什么启示？不意外地，马斯洛的结论是"你获得了看人类的不同视野"。

　　现在我们很难想象，在只用心理疾病来架构医学范式的时期，马斯洛决定以此为研究焦点掀起了多大的风浪。马斯洛觉得心理学应该反其道聚焦于"完满的人性"。在这样的背景下，神经症患者变成了只是"尚未完全自我实现"的人。这或许看起来像是语义上的差异，但实际上代表了心理学上翻天覆地的变化。

## 约拿情结

　　我们每个人生下来都拥有无限潜能，为什么只有少数人实现了他们的可能性？马斯洛提出来的原因之一是他所谓的约拿情结。《圣经》中的约拿是一个胆小的商人，试图抗拒上帝召唤他去完成重要的使命。马斯洛所指的约拿情结是害怕自身的强大，或者逃避自己真正的命运或使命。

　　马斯洛评述，我们恐惧自己最好的一面，就像我们恐惧自己最差的一面。或许拥有人生使命太可怕了，所以我们从事各种职业只为了糊口。我们都拥有完美的时刻，那时我们可以了解自己真正有能力做到什么，知道自己可以强大。然而，马斯洛指出，

"我们同时会因为软弱而战栗，面对这些相同的可能性，感到敬畏和恐惧"。

他喜欢问学生这样的问题："你们有谁立志要当总统？"或者："你们有谁会成为激励人心的道德楷模，像阿尔贝特·施韦泽（Albert Schweitzer）那样？"当学生扭捏不安或脸红时，他会接着抛出问题："如果不是你，那么谁会？"这些学生都是受训要成为心理学家的，但是马斯洛问他们学习当个平庸的心理学家有什么意义。他告诉他们，只做力所能及的事情，是导致人生极度不快乐的原因。他们是在逃避自己的才能和可能性。马斯洛联想到尼采永劫回归的概念，意思是，我们过的生活必然会一而再、再而三经历，直到永远，就像电影《土拨鼠之日》（Groundhog Day）中男主角的境遇。如果我们记住这个法则过日子，就只会去做真正重要的事情。

有些人逃避追求强大，因为他们害怕被看成是浮夸、想要得太多。然而这有可能只是不愿去尝试的借口。于是我们假装谦卑，为自己设定低目标。变得非凡的可能性对许多平凡人来说如同被雷电击中般恐怖。他们突然领悟自己会引人注目。约拿情结部分是害怕失去控制，害怕我们可能经历完全的蜕变，不再是过去的自己了。

马斯洛的提议是：我们需要脚踏实地来平衡伟大目标。大部分人一边太多，另一边又不足。如果你研究成功和自我实现的人，会发现他们平衡了两者，也就是说，仰望星空并脚踏实地。

## 工作与创造力

身为学院派心理学家,在 20 世纪 60 年代有大企业来敲他的门时,马斯洛颇感意外。在竞争越来越激烈、产品必须精益求精的时代,许多公司意识到,在能够让员工更有创造力和成就感的工作环境中,生产力也会提高。

马斯洛论述过"优心态"(Eupsychia),优心态指的是"一千名自我实现的人住在受庇护的小岛,不受任何干扰创造出来的文化"。虽然这是个乌托邦,他给予真实世界的解答是:"优心态管理"目标在于让工作场所的每个人都能获得心理健康和圆满。

《人性能达到的境界》超过四分之一的篇幅都在谈创造力的问题,因为这是马斯洛自我实现者这个观念的核心。他区分了原始创造力和续发创造力。原始创造力是最终产品被创造之前"看到"的灵感闪现;续发创造力是琢磨和发展这个灵感,并将其进行到底。

马斯洛指出,因为我们生活的世界比过去变化得快很多,一直遵循旧方法做事是不够的。最优秀的人愿意放弃过去,取而代之的是根据实际状况研究问题,抛下所有包袱。这项特质被他称为"天真",在自我实现的人身上普遍可见。关于这项特质马斯洛写道:"最成熟的人是那些可以变得最开心的人……这些人可以随心所欲地退化,可以变得孩子气,跟小孩玩耍,亲近小孩。"

马斯洛敏锐觉察到这样的人往往是组织中不守规矩的人或是麻烦人物,而且他坦白地告诉企业主他们必须想办法包容和重视这些有个性的人。组织在本质上就是保守的，但是为了生存和繁荣，组织需要放纵创造力天马行空地发展，或许就可以预见组织的需求或是创造出伟大的新产品或概念。理想的工作场所要能够反映出自我实现者的创造力本质，那是能创造出真正新颖事物的孩子般的灵感，以及穿透现实看到愿景的成熟。

## 总评

和许多开拓者一样，马斯洛没有完全肯定自己在研究方法上是否站得住脚，他写道："可靠性低的知识也是知识的一部分。"不过他的见解为心理学注入新生命。如亨利·盖格（Henry Geiger）在《人性能达到的境界》的导言中指出的，马斯洛的著作既在学术界备受推崇，也在一般大众之中大大畅销。这是读者对下述事实的回应：自我实现的确是大多数人可以企及的目标，而不是疯狂的观念。自我实现不只是保留给圣人、贤者及历史上伟大人物的，也是每个人的天生权利。

因此不让人意外地，马斯洛的观念已经被应用在职场上了。一方面，自我实现的概念激励我们永远去追寻有意义的工作，其他报酬成为次要考虑；另一方面，时刻记得约拿情结，也能激励我们不要辜负自己的潜能，将眼光放远，立下真正的大志。

# 亚伯拉罕·马斯洛

1908年,马斯洛生在纽约布鲁克林的贫民区,他是家中的长子。虽然他的父母是没有受过教育的俄国犹太人移民,但他父亲的生意做得风生水起,一心渴望他害羞而聪明绝顶的儿子成为律师。马斯洛一开始的确在纽约市立学院攻读法律,不过在1928年转学到威斯康星大学,在那里他对心理学的兴趣被唤醒,跟研究灵长类的哈利·哈洛共事(参见第254—261页)。同一年,马斯洛与表妹贝莎·古德曼(Bertha Goodman)结婚。

1934年,马斯洛拿到心理学博士学位,然后返回纽约进行了一项引发争议的研究,他在哥伦比亚大学跟爱德华·桑代克(Edward Thorndike)一起调查大学女生的性生活。他也在那里找到了一位导师——阿尔弗雷德·阿德勒。他开始在布鲁克林学院教书,一教就是14年。在那里还遇见其他导师,包括从欧洲移民来的心理学家埃里克·弗洛姆(Erich Fromm)、卡伦·霍妮(参见第278—286页),以及人类学家玛格丽特·米德(Margaret Mead)。马斯洛的《变态心理学原理》(Principles of Abnormal Psychology)于1941年出版。1943年,马斯洛在《心理学评论》(Psychological Review)上发表了著名的期刊论文《动机理论》(A Theory of Motivation),介绍了高低不同层次需求的概念。

1951—1969年,马斯洛担任布兰迪斯大学心理系主任,他在那里完成了《动机与人格》(Motivation and Personality,1954),以及《存在心理学探索》(Towards a Psychology of Being,1968)。

1962年，他成为加州一家高科技公司的客座研究员，让他可以把自我实现的概念与企业环境联系起来。

1968年，他获选为美国心理协会会长。在1970年去世时，他是劳格林基金会成员。

# 1974

# 《对权威的服从》
## Obedience to Authority

毒气室建造好了,死亡营地有人守卫,每日定额的尸体以制造家用电器般的效率被运出来。这些违反人性的政策或许源于一个人的脑袋,但是只有在非常多人服从命令的情况下,政策才有可能大规模执行。

人们的确会变得愤怒;他们的确会心怀憎恨地行动,对别人发泄怒气。我们还发现更危险的事情:人可以放弃他的善良人性,事实上,当他把自己独特的人格融入更大的体制结构时,注定如此。

**总结一句**
觉察我们有服从权威的自然倾向,或许会减少盲目遵从违反自己良知的命令的机会。

**同场加映**
罗伯特·西奥迪尼《影响力》(第10章)
埃里克·霍弗《狂热分子》(第29章)

# 斯坦利·米尔格拉姆
## Stanley Milgram

1961—1962年，有一系列的实验在耶鲁大学进行。志愿者获得很少报酬，参与了一项关于记忆和学习的研究（他们是这么以为的）。在大多数的情况下，一名身着白袍的实验者负责两名志愿者，其中一人被赋予"老师"的角色，另一人是"学习者"。学习者被绑在椅子上，被告知他必须记忆一长串配对的词。如果他想不起来，"老师"就会被要求用控制器对他施与小小的电击。随着每一次答案错误，电压会提高，而且"老师"被迫看着"学习者"从不舒服的小声呻吟到痛苦地尖叫。

"老师"不知道的是，实际上没有电流从他的控制器流到"学习者"的椅子上，担任"学习者"的志愿者其实是演员，他只是假装受到痛苦的电击。这项实验的真正焦点不是受害者，而是"老师"对按下电击按钮的反应。对于没有防卫的人施与越来越大的痛苦，他会如何面对和处理这一情况？

《对权威的服从》中描述的实验是心理学上最著名的实验之一。现在，我们来看看实际发生的事，以及为什么结果这么重要。

## 预期和事实

大多数人会预期，一旦受电击的人出现确实疼痛的迹象时，实验就会停止。毕竟，这只是实验。在真正的实验之外，米尔格拉姆调查了一批人的意见，询问他们认为在这样的环境下受试者会有什么反应。大多数人预测，在"学习者"要求放他自由之后，"老师"就不会再给予电击。这些预期完全符合米尔格拉姆的想法。但是实际发生的状况如何呢？

大多数分配到老师角色的受试者在实验中感受到非常大的压力，而且向实验人员抗议坐在椅子上的人不应该再忍受任何痛苦了。那么合乎逻辑的下一步看似是要求终止实验，实际上不是这么回事。尽管持保留态度，大多数人继续遵从实验人员的命令，执行越来越强的电击。事实上，如米尔格拉姆指出的："相当比例的受试者持续操作控制器，直到最大强度的最后一次电击。"这发生在他们可以听到学习者哭喊，甚至在对方恳求放过他让他离开实验的情况下。

## 我们如何面对和处理良心不安

米尔格拉姆的实验引发的争议持续了多年。许多人纯粹不愿意接受正常人会有这样的行为。许多科学家想要找出方法学上的漏洞，但是这项实验在世界各地都被重复过，得到了类似的结果。正如米尔格拉姆指出的，这个结果让人震惊。人们更愿意相信参与实验的志愿者是虐待狂和怪物。不过，米尔格拉姆确保这些志愿者来自不同的社会阶层和职业，他们只是被置于不寻常情境下的正常人。

为什么那些执行电击命令的受试者不会产生罪恶感，不干脆选择离开实验？米尔格拉姆审慎地指出，大多数受试者知道他们正在做的事情不对。他们痛恨施与电击，尤其在受害者提出反对的时候。然而即使他们认为实验残忍或没道理，大多数人都没办法让自己抽身离开。相反，他们发展出应对机制来合理化自己的作为，包括：

* 全神贯注于实验的技术面。人们强烈渴望自己能够胜任工作。实验本身及成功执行变得比参与者的福利重要。
* 把实验的道德责任转移到主事者身上。这是在所有战犯接受审判时常用的辩护："我只是遵守命令。"受试者的道德意识或者良知并没有丧失，但是转变成取悦老板或领导人的愿望。
* 选择相信他们的作为是必要的，那是更大、更有价值的目标的一部分。过去的战争是由宗教或政治的意识形态发动的，在这场实验中，起因是科学。
* 贬低接受电击的人："如果他们笨得记不住词配对，就应该接受惩罚。"像这样抨击智力或品格是专制者惯用的伎俩，用来鼓励跟随者去消灭一整个族群。他们的想法是：这些人没什么价值，所以如果灭绝了谁会真的在乎？这个世界会变得更好。

或许最令人意外的结果是米尔格拉姆的综合观察,他认为受试者的道德意识并没有消失,而是重新定位,因此他们觉得有义务效忠的不是当前正在被伤害的人,而是下达命令的人。受试者无法让自己抽身离开现场,因为反抗实验人员的要求是不礼貌的行为,这个理由着实让人惊诧。受试者觉得自己已经同意进行实验,因此退出会让他们看起来像是不守承诺的人。

想要取悦权威似乎比另一位志愿者哭泣引发的道德力量强大。受试者的确会出声反对正在进行的事,却总是以最恭敬的话语来表达。米尔格拉姆描述了一名受试者的表现:"他认为自己正在杀人,然而却使用了喝茶聊天般的语言。"

## 从个人到"施动者"

为什么我们会这样?米尔格拉姆评述道,人类服从权威的倾向是从单纯的求生目的演化而来的。要让事情完成必定要有领导者和跟随者,以及阶层制度。人是群居动物,而且不想惹是生非,伤了和气。比起伤害手无寸铁的人引发的良心不安,更糟糕的似乎是被孤立的恐惧。

我们大多数人在小小年纪就被灌输了下述观念:无辜伤害别人是错误的,然而我们生命的前20年一直是别人告诉我们去做什么,因此我们习惯服从权威。这道难题也是米尔格拉姆实验的核心问题。受试者应该在不要伤害人的意义上"乖乖的",还是在听话做事的意义上"乖乖的"?大多数受试者选择后者,这表明我们的脑袋已经设定好了，服从权威高于一切。

一个人被放入阶层结构时，不要伤害别人的自然冲动会大幅改变。独立行动时我们对自己的所作所为负完全责任，而且认为自己是自主的，但是一旦处于体制或阶层内，我们非常乐意把这份责任交给别人。我们不再是自己了，而是成为其他人或其他事物的"施动者"。

## 杀戮是如何变成简单的事

米尔格拉姆受到阿道夫·艾希曼（Adolf Eichmann）的故事影响。艾希曼在希特勒手下精心策划导致了600万犹太人死亡。汉娜·阿伦特（Hannah Arendt）在著作《艾希曼在耶路撒冷：一份关于平庸的恶的报告》（Eichmann in Jerusalem）中提出讨论，她认为艾希曼其实不是冷血的精神病态者，而是服从的官僚，他与死亡集中营的现场保持距离，让他能够以更高目标为名下令进行屠杀暴行。米尔格拉姆的实验确认了阿伦特的观点，"平庸的邪恶"此言不虚。也就是说，人不是天生残酷，而是当权威要求残酷时才变成如此。这是他的研究主要的经验：

平常人，不过是在做分内工作，本身也没有任何特别敌意，却可能在可怕的毁灭过程中成为施动者。

《对权威的服从》阅读起来可能不好受，尤其是阅读其中一名参与越南梅莱村屠杀的美国士兵访谈记录。米尔格拉姆的结论是：的确有天生的精神病态或邪恶这种事，但是在统计上并不常见。他的警告更多的是关于一般人（实验对象包括女性，她们在服从方面的表现跟男性几乎没有差别），如果置身特定情境下为什么会对别人做出可怕的事，而且对此不会感觉太糟糕。

米尔格拉姆指出，这就是军事训练的目的。受训士兵身处与正常社会隔离的环境里，也远离了心照不宣的社会道德，取代的是让他们处处从"敌人"的角度来思考。他们被灌输热爱"义务"，相信自己是为大义而战，而且极度恐惧不服从命令。"表面目的是教授新兵军事技巧，根本目标却是粉碎任何残留的个体性和自我。"受训士兵被打造成献身目标的施动者，而不是会思考的个体，因此他们没有拒绝丑恶行动的防御力。在他们眼里，其他人不再是人了，而是"附带损失"。

## 不服从的能力

在其他人做不到的时候，是什么让一个人有能力不服从权威？不服从是困难的。米尔格拉姆的受试者整体来说觉得自己忠诚的对象是实验和实验人员，只有少数人能打破这种感觉，把在椅子上受苦的人置于权威系统之上。米尔格拉姆指出，在抗议造成伤害（几乎所有受试者都抗议了）与真正拒绝继续实验之间有一条鸿沟。然而少数站在伦理或道德立场不服从权威的人，就是跃过了这道鸿沟。他们不论处境坚持个人信念，而大多数人屈服于处境。这就是愿意冒着自己生命危险拯救他人的英雄和"艾希曼"的差别。

米尔格拉姆评论道，文化教导我们如何服从权威，却没有教我们如何不服从权威，这在道德上是应该受到谴责的。

## ✍ 总评

《对权威的服从》似乎对人性不看好。因为数千年来，我们是在明确的社会阶层体系中演化的，大脑有部分神经通路设定让我们想要服从在我们之上的人。然而唯有认识了这种强大倾向，我们才能避免自己涉入可能作恶的情境。

每一种意识形态都需要一群服从的人打着它的旗帜行动。在米尔格拉姆的实验中，震慑受试者的意识形态不是宗教或共产主义，也不是具有领袖魅力的统治者。显然，人们会打着科学的名义做事，就像西班牙宗教法庭的审判官以上帝之名对人施与酷刑。只要有够大的"目标"，我们很容易见识到，为什么不需要太费事就可以合理化带给另一个有生命的个体痛苦这种行为。我们想服从的心理需求经常会凌驾原先接受的关于同情、伦理或道德戒律的教育或制约，显示我们珍视的"人有自由意志"这种想法是迷思。另外，米尔格拉姆描述道，有些人的确做到拒绝给予进一步电击，他们应该会带给我们所有人希望，展示在类似处境下可以如何行动。或许不经大脑地服从权威是我们继承的前人遗产的一部分，然而在我们的天性中也有一部分是：如果意识形态是带来痛苦的源头，那我们会愿意抛开意识形态，把人置于体系之上。

如果不是因为《对权威的服从》是本扣人心弦的科普著作，米尔格拉姆的实验或许就不会这么出名了。对心智如何运作感兴趣的人，都应该把这本书列为藏书。卢旺达的种族大屠杀、波斯尼亚战争期间发生的斯雷布雷尼察大屠杀，以及在伊拉克的阿布格里布监狱上演的美军辱囚事件，都能通过本书的见解照亮其幽微之处，并且获得部分解释。

## 斯坦利·米尔格拉姆

1933年，米尔格拉姆生于纽约市。1950年，米尔格拉姆高中毕业，1954年取得纽约市立大学女王学院的学士学位。他主修政治学，不过确定自己对心理学兴趣更大，修了夏季课程，好让哈佛大学接受他去读心理学博士班。他的博士学位在戈登·奥尔波特（参见第12—22页）的指导下获得，研究"为什么人会顺从"。米尔格拉姆在普林斯顿大学与所罗门·阿希（Solomon Asch）共事，后者开发了著名的社会从众性实验。

米尔格拉姆深入研究的其他领域包括：为什么人们愿意在公共交通工具上让座、六度分离的概念，以及攻击性和非语言交流。他还制作了纪录片，包括根据耶鲁大学的实验拍摄而成的《服从》(*Obedience*)，还有探讨城市生活对行为的影响的《城市与自我》(*The City and the Self*)。欲了解更多信息，请阅读托马斯·布拉斯的《为什么好人会作恶》(*The Man Who Shocked the World: The Life and Legacy of Stanley Milgram*，2004)。

米尔格拉姆于1984年在纽约去世。

# 2014

# 《棉花糖实验》
## The Marshmallow Test

❦

  传统观念相信意志力是天生特质，你要么拥有很多，要么没有……这是错误的。相反，自我控制技能，无论是认知上的还是情感上的，都是可以学习、提升和利用的，这样当你需要时，它就会自动启动。这对一些人来说更容易，因为情感上的刺激和诱惑对他们来说并没有那么炽热，他们也更容易冷却下来。但是，无论我们"天性上"在自我控制方面有多好或多差，我们都可以提高自己的自控能力，也可以帮助我们的孩子做同样的事情。

  自我控制能力是成功实现目标的关键，而目标本身给了我们方向和动力……推动我们生命故事的目标和想要达到目标所需的执行功能一样重要……执行功能可以让我们拥有能力，但如果没有强大到不可抗拒的目标和动力，我们就会漫无目的。

**总结一句**

  自我控制能力与"成功及情绪稳定"密切相关。有些人的自控力就天生比其他人强，但这是我们可以通过学习获得的能力。

**同场加映**

  阿尔伯特·班杜拉《自我效能》（第 3 章）
  卡罗尔·德韦克《终身成长》（第 12 章）
  丹尼尔·戈尔曼《情商 3》（第 23 章）
  卡尼曼《思考，快与慢》（第 33 章）

# 沃尔特·米歇尔
## Walter Mischel

从伊甸园的诱惑,到希腊哲学家用"akrasia"来描述意志力薄弱,延迟满足的能力一直是文明教养的人性这些概念的核心。然而出人意料的是,在沃尔特·米歇尔之前,几乎没有针对意志力和自我控制的科学研究。20世纪60年代初,米歇尔在斯坦福大学的附属幼儿园进行实验,他的3个女儿也参与了实验。实验人员给孩童一道两难的选择题:当场吃一颗棉花糖,或是独自坐在房间里等待20分钟,这样就可以拿到两颗棉花糖。任何时候小孩都可以摇铃召唤研究人员,拿到他的棉花糖,不过如果他们等满20分钟,就可以得到额外一颗棉花糖。许多学龄前幼儿经历心理折磨,努力忍住不吃眼前的东西,那个景象既迷人又好笑。

米歇尔设计这项实验只是想要研究短时间内的延迟满足。因此当观察性证据开始累积,将4岁小孩的行为与5年、10年和15年后的进步联系到一起时,米歇尔颇为震惊。1982年,米歇尔和他的团队展开斯坦福延迟满足的纵向长期研究，追踪参与棉花糖实验的 500 多名孩童日后的发展与进步。他们追踪了较少的一组人直到 20 岁、30 岁和 40 岁，米歇尔在孩童等待时间的长短，与一堆关于成功和幸福的指标（包括婚姻、职业、身心健康和财务状况）之间，发现了让人意外的相关性。等待得越久的孩童就越有可能达到某些指标：智力测验分数更高；注意力更持久；自我价值更高；展现出有效追求目标和应付压力的能力；对自己的判断更有信心；有能力建立坚固的关系；在大学入学学术能力评估测验（SAT）中拿到更高的分数；拥有更低的身体质量指数（BMI）。长久以来，童年初期的心理测验都不能准确预测后来的人生，因此这项数据就更令人吃惊了。"人人都急于知道自控力是如何运作的，"米歇尔说，"而且人人都想要多一点自控力。"但是为什么自控力对人生的成功如此重要？《棉花糖实验》不只是叙述了他的研究，还探讨了与这项课题有关的其他研究。罗伊·鲍迈斯特（Roy Baumeister）所著的《意志力》(*Willpower*) 这一类的畅销书已经让自我控制成为时髦的话题，但是他们都得大大感谢米歇尔的先锋之作。而《棉花糖实验》能进入大众视野又归功于 2006 年《纽约时报》的专栏文章《棉花糖和公共政策》(*Marshmallows and public Policy*)，执笔人是大卫·布鲁克斯（David Brooks），此后米歇尔的研究就以"棉花糖实验"之名为人所知。

## 执行功能

棉花糖实验似乎要告诉我们，自我控制与我们息息相关，因此，由于自我控制对人生的成功如此重要，所以人生在某种程度上是预先决定好的。然而米歇尔说这不是他的结论。他说了乔治·拉米雷斯（George Ramirez）的故事，这名男孩5岁时随家人移居美国，住在纽约市穷困地区。9岁时拉米雷斯中签得以进入办学成绩优异的特许学校。乔治说，这所学校把他从没有成就感的生活中拯救出来，让他转移焦点，聚焦在杰出、个人责任、自我控制和成就等目标。怎么会这样？这所学校培养了他的认知技巧，这些对自我控制非常关键的认知技巧被称为"执行功能"（executive function）。执行功能使我们能够"刻意、自觉地控制思想、冲动、行动和情绪"。执行功能让我们可以冷却自己的欲望，有意识地将注意力放在我们的目标及如何达成目标上。

有些人似乎在年幼时就拥有这些执行功能了。在米歇尔的实验中，成功控制自己的孩童展现了执行功能的三项元素：

* 回想起选定的目标，并且提醒自己可能发生的事（如果我现在吃，等下我就拿不到两颗糖）。
* 监督自己朝目标前进，同时通过重新聚焦于目标或运用减少诱惑的技巧来自我修正。
* 抑制可能阻止他们达成目标的冲动反应。

拥有上述元素的孩童能够记住指示，控制他们的冲动，并且把注意力聚焦在选定的目标上。如果少了这样的执行功能，人们会发现自己很难遵从指令,而且更容易惹出麻烦,因为他们无法运用冷静的思考来提醒自己后果和控制攻击性的冲动。不过,关键点是,这样的策略并不难学习。

## 自我控制的科学

通过研究,米歇尔对大脑中两个起作用的系统有了一个认识:一个是"热系统"——情绪化、反射性和不自觉的;另一个是"冷系统"——认知的、反思的和理性的。这两套系统如何互相影响是具有较强自控力或缺乏自控力的钥匙。

我们的"热"思考是由边缘系统驱动的,尤其是杏仁核。杏仁核是大脑里一小块杏仁形状的部位,在人类发展早期就演化出来了,是神经系统的黑匣子,会产生恐惧反应、性冲动及对食物的渴望。米歇尔说:"关键是,杏仁核不会停下来思考和反省,或者考虑长期后果。"从强烈渴望复制自己的角度来说,边缘系统让我们成为现在的样子,但是我们也可能被边缘系统绑架,因为似乎边缘系统往往比大脑理性慎思的部位(前额叶皮质,在人类演化上较后发展出来)更强大。节食的人、抽烟的人,还有性上瘾的人,都知道失去控制是怎么回事:偷偷地、狼吞虎咽地吃下一包饼干,深夜出门寻找卖香烟的地方,或者打电话给喜欢的妓女。

热系统的一项特点是,受到压力时最容易启动,因为它与生存相关,这时涉及理性、策略分析及选择的冷系统,通常会沦为背景。米歇尔写道："在互惠的关系里，热系统和冷系统不断而且无缝地互相作用，当其中一个系统变得比较活跃，另一个系统就变得比较不活跃。"米歇尔指出，正是在我们最需要发挥创意解决问题的时刻，往往失去这样做的能力。持续的压力和悲痛会导致我们做出糟糕的决定，原因就是非理性思考、强烈情绪和记不住什么是重要的。

抗拒诱惑不容易，原因很简单，比起延迟奖赏，人类天生就更偏向立即获得奖赏。这种"未来才能获得的好处"就是人们为什么很难早起去跑步或者去健身房的原因了。米歇尔引用了哈佛大学经济学教授戴维·莱布森（David Laibson）的研究，认为我们对延迟奖赏的重视大约是对眼前奖赏的一半。对许多人来说甚至远不够一半。在米歇尔看来，这项发现的含义很清楚：在我们心里，我们必须"加热"（即增加吸引力）未来，并且"冷却"当下（对眼前奖赏的价值要更客观地评估）。

米歇尔总结，唯一抵抗炽热诱惑的方法是：对于刺激产生的炽热告诉你"上吧！"时，要立刻以"不！"的回应取代，就像是反射动作。拟出一份"如果—那么"的执行计划，我们就能够预先想好，在面对特定诱惑时可以怎么做。例如如果电话响了，我会继续工作；如果别人给我甜点，我会拒绝；如果迷人的年轻助理约我下班后出去，我会拒绝，因为我是幸福的已婚人士；钟敲五下时，我会开始读书……这样的计划也可以从心理状态的角度来陈述。例如，如果我焦虑，就会打电话给朋友；如果我生气，就会去快走。过一阵子，这些提示就会成为自动反应，凌驾我们的热系统之上，否则热系统很容易压倒理性的意图。

冷系统会随着年龄增长而发展。大多数 3 岁小孩无法持续抗拒棉花糖很久，但是对于大部分 12 岁的孩童，等待 15~25 分钟是很容易的，因为他们可以采用各种心理策略来合理化这样的等待。其中也有性别差异：女孩整体来说更加善于延迟满足。

延迟满足的能力取决于我们是如何去想欲望对象。请孩童想象棉花糖甜甜、有嚼劲的滋味时（热思考），他们会变得迫不及待。但是如果请他们把棉花糖想成是圆圆、蓬松的云朵，这种冷思考可以让孩子等待两倍长的时间。

至于成人想要戒断上瘾，要重新架构对欲望对象的认识，用冷静分析的想法取代对欲望对象的感官念头。例如，如果想象餐厅提供的巧克力慕斯刚刚在厨房被蟑螂咬过，它就不那么诱人了。当然，在我们内心最深处，很难断绝巨大欢愉与奖赏联结在一起的事物，想要改变对它们的看法并不容易。认知上的再评估可以改变我们对刺激的看法，虽然不会每次都有效，但是可以协助我们免于沦为自己大脑的受害者。光有动机和最好的意图从来就不够。正是因为很难让自己的意志力变得更强大，在思考策略这方面，我们得要更聪明，或是更有创意。

米歇尔另一项重大发现是，情绪状态对延迟满足有强烈影响。在开始棉花糖实验之前，请孩童想一件悲伤事（例如哭泣而没有人来帮他们），这时孩子会更早地屈服于诱惑。在实验前请孩子想趣事，他等待的时间是平均的 3 倍。米歇尔写道："这一点适用于小孩，也可以应用在大人身上。当我们感觉悲伤或难过时，比较不可能延迟满足。跟比较快乐的人相比，长期偏向负面情绪和抑郁的人也倾向于即时但没那么值得拥有的奖赏，超过延迟但比较有价值的奖赏。"

## 聪明人做蠢事

人们可能在某些领域拥有非常高的自我控制，而在其他领域表现得很差。米歇尔指出，比尔·克林顿自律得足以帮他赢得罗德奖学金并成为总统，但是没有办法帮他抗拒和女人逢场作戏。真实的克林顿既是认真负责的总统，也是甘冒风险的好色之徒。事实是，人们往往不是非常一致。他们可能在生活的某些领域值得信任且正直，在其他领域则不然。米歇尔的著作《人格与评估》（*Personality and Assessment*, 1968）质疑了单一自我这个概念，主张自我意识取决于情境。例如，在工作上一丝不苟且井井有条的同事的家庭生活可能混乱不堪。易怒、严苛的老板可能在家里沉着、招人爱。在牙医诊疗椅上紧张得半死的人，在爬山的半路上镇定如常。行为是要看背景的。照顾你家孩子的保姆在一个晚上表现好，不表示你应该请她照顾你的孩子两星期，因为她会遇到许多不同的情境。一个人可能大多数时候能保持自我控制，但是在触发愤怒的特定情境中会有引爆的点。

包括罗伊·鲍迈斯特在内的心理学家已经发现，如果必须一整天在工作或社交情境中保持自我控制，我们会苦于"意志疲惫"。只要有机会摆脱约束、放松控制，我们就会掌握机会。有时候我们似乎需要使用大脑的热系统，把冷静理性的一面暂时抛开。我们的意志力有限，可能很容易短时间就耗尽了。如果你在一件事情上运用了高度自我控制，当诱惑从另一个领域过来时，可能就没有意志力去抗拒了。克服诱惑的关键是，有足够动机持续行使自我控制。事实上，坚持一项艰巨的任务，可以带给人活力。米歇尔也提到卡罗尔·德韦克的研究。德韦克发现，相信意志力和自我控制不会耗掉精力的人，可以更持久地继续进行他们的计划，而不会感觉筋疲力尽。米歇尔说这告诉我们，相信自己有多少控制力是非常重要的，比任何天生的生理或心理限制都重要。接受训练成为美国海军海豹突击队成员、在卡内基音乐厅演奏巴赫的曲目，或是竞争奥运金牌，这样的追求全部都需要不断挖掘意志力的极限，而动力来自热烈追求的目标。能成就这些事情的人和其他人唯一的分别是，他们对什么是可能做到的，有不同的自我理论。只有通过极致的自我控制，他们才会找到行动的力气和毅力。

我们的大脑结构比想象中更具可塑性，而不是由 DNA 和子宫发育决定的，我们可以通过我们的生活方式来积极地塑造我们的命运。

## ✍ 总评

在最后一章，米歇尔强调，虽然棉花糖实验有许多让人吃惊的发现，但更重要的科学发现是：大脑构造比人们过去想象中的更具可塑性，人类大脑构造不是由 DNA 和子宫内的发育预先注定的，相反，我们可以通过不同的生活方式，积极塑造自己的命运。虽然在棉花糖实验中表现优异的学龄前幼儿大多数在往后的人生中持续拥有良好的自我控制，但也有些人的自制力随着时间衰退。同样地，有些人 4 岁时表现不佳，然而在人生的道路上渐渐加强了他们的自我控制。事实是，有这样的改变意味着给予目标明确的心理训练和环境支持，小时候自我控制薄弱绝对不是不可改变的。事实上，虽然自我控制的技巧在追求目标时非常重要，并不等同于发现目标或使命。找到目标或使命才会真正带给我们人生意义，激发我们的热情，成就我们。毕竟，与人类相比，机器人体现了自我控制的精髓，但是机器人拥有激励它的生活目标，推动它迈向伟大吗？

米歇尔指出，大脑的可塑性意味着我们不只是"DNA 彩票的赢家或输家"，任由显然固定的特质，例如意志力和智力，决定我们的命运。相反，我们与自己的社会和生物环境持续互动，在互动中持续发展。笛卡尔都能说："我思，故我在。"那米歇尔的格言是："我思，故我变。"首

> 先，我们必须想要改变，意愿就是如此重要。我们便能得出根本原则——人生主要是自己建构出来的。

## 沃尔特·米歇尔

米歇尔于1930年诞生在维也纳。纳粹并吞维也纳之后，身为犹太人的父母决定逃去美国，当时他8岁。

米歇尔在纽约大学主修心理学，拿到纽约市立大学的硕士学位，1956年在俄亥俄州立大学取得临床心理学博士学位。他大半的学术生涯在哈佛大学、斯坦福大学和哥伦比亚大学度过，1983年至今，他担任哥伦比亚大学心理学教授。

米歇尔列名于美国心理协会推举的"21世纪卓越心理学家"，并且获颁"杰出科学贡献奖"。他是《心理学评论》的编辑，也曾担任美国心理协会会长。

# 2012

# 《潜意识》
## *Subliminal*

---

我们很容易接受的一个观点是，自己许多单纯行为，是自动反应。真正的问题是，对我们人生产生重大影响的比较复杂和有分量的行为，有多大程度也是自动反应？即使我们可能很确定这些行为是仔细经过思考，且完全合乎理性的。

我们有个潜意识的心灵，叠加在上面的是有意识的大脑。很难说，我们的感受、判断和行为有多少归因于前者，多少归因于后者，因为我们不断在两者之间来回转移。

**总结一句**

新的研究正在帮助我们理解弗洛伊德的梦，也就是关于潜意识的科学。

**同场加映**

戈登·奥尔波特《偏见的本质》(第02章)

西格蒙德·弗洛伊德《梦的解析》(第19章)

马尔科姆·格拉德威尔《眨眼之间》(第22章)

卡尔·荣格《原型与集体无意识》(第32章)

丹尼尔·卡尼曼《思考，快与慢》(第33章)

# 伦纳德·蒙洛迪诺
## Leonard Mlodinow

卡尔·荣格在《人及其表象》(*Man and His Symbols*)中写道:"有一些特定事件我们没有刻意去关注;可以这么说,它们留存在意识的门槛之外。它们发生过,但是融入了潜意识里面。"

荣格、弗洛伊德和其他人竭尽所能为西方世界介绍了潜意识的奥秘,而今日的新科技为正常意识之下运作的大脑部位提供了更清楚的图像。伦纳德·蒙洛迪诺表示,这些科技让关于潜意识的真正科学成为可能,是人类史上第一遭。

对荣格来说,研究梦境、神话、艺术和象征是通往人类"集体无意识"的窗口。而《潜意识》(*Subliminal*,该单词源自拉丁语,意思是"界限之下"),详细描绘了潜意识心灵如何再度出现,成为严肃的研究领域。蒙洛迪诺身为物理学者,曾与斯蒂芬·霍金合写了《时间简史》(*A Briefer History of Time*),对他来说,潜意识心灵不是什么精神实体,而具备坚实的生理基础,是远在文明出现之前人们为了生存在大脑里发展出来的。下面我们了解一些他提出来支持这个观点的发现。

## 不由自主的反应

你是否好奇过你的潜意识心灵对于买房子、雇保姆，或者选择长期伴侣之类的事，影响有多大？

蒙洛迪诺谈到他的母亲，她对事情往往会产生极端反应。他念大学时，会在每星期四晚上8点打电话给母亲，但是有一个星期他忘记打电话，跟别人约会去了。等到9点之后，没有接到电话的母亲开始咒骂他的室友隐藏他进医院的事实，夜晚过去了，她又开始咒骂他的室友掩盖儿子的死讯。

为什么会有这种极端反应？蒙洛迪诺的母亲在波兰一个有爱的中产阶级家庭长大，直到出现悲剧性的转折。首先，在一年之内，她的母亲由于腹部癌症痛苦地死去，之后有一天回家时又发现父亲被纳粹抓走了。她和妹妹被送上通往奴隶劳改营的火车，她妹妹没有活下来。被释放之后她移民到美国，重新开始在芝加哥建立起安全的中产阶级生活。但是她早年的创伤不时会发作。蒙洛迪诺偶尔会建议她去看心理医生，因为研究显示各种谈话治疗对创伤案例是有帮助的。不过目前的证据表明，情绪创伤会改变大脑实质的生理结构。类似蒙洛迪诺母亲这样的经历会改变大脑对压力敏感的部位。即使他母亲的意识想要控制，也无法避免这样的反应，这已经成为她生理的一部分。

## 新的潜意识

一般的看法是，弗洛伊德"发明"了潜意识心灵，不过事实上早期的心理学实验专家和思想家，包括查尔斯·桑德斯·皮尔士（Charles Sanders Peirce）、威廉·詹姆斯、威廉·冯特和威廉·卡彭特（William Carpenter）都已经开始发展科学的方法，试图阐明潜意识心灵如何运作。他们渐渐明白，大脑的运作有两套系统。从演化的角度来看，潜意识首先发展出来，这有非常充分的理由：让我们活着。除了调节身体全部的基本功能，潜意识让我们做出即时反应，协助我们在面对刺激或威胁时生存下来。当然，所有脊椎动物都有这个层次的大脑功能，但是能够有意识地进行推理是后来演化出来的，这种心智功能很像是可以选择的附件。

弗洛伊德认为许多行动是某种严重压抑的后果，不过现在的研究人员单纯认为，这些行动的产生源于这样一个事实，即心灵某些部分是有意识的大脑无法触及的。决定结果的是大脑本身的结构而不是遭到压抑的意图。这意味着必须把许多行动和选择看作大脑运作的正常结果，而大脑的运作是经过数千年发展出来的，目的是协助社会功能的运作和肉体的存活。事实上，蒙洛迪诺把潜意识心灵看成是演化的礼物。意识心灵或许让我们能够建立文明，然而要躲开咬人的蛇、突然冲向你的车子或可能会伤害你的人，只能靠潜意识的速度和效能。我们想要有最佳和最有效能的表现，就需要把一大堆关于看见、记忆、学习和判断的功能保持在意识的觉察之外。说真的，每秒钟有那么多信息进入大脑，如果意识心灵必须处理所有信息，你的大脑会像超过负荷的电脑那样死机了，蒙洛迪诺说。相反，我们只会觉察到大约5%的大脑活动，95%发生在我们的感知之外。

## 谁或者什么决定了我们的选择

为什么我们会做出这样的选择？往往能够说出来的理由不是真正理由。我们告诉朋友，我们接受一项工作是因为挑战性，其实一直以来吸引我们的是声名；我们因为技术和经验选择一名专科医师，而事实上我们喜欢的是她善于倾听。蒙洛迪诺提醒我们，约翰·T.琼斯（Johnt T.Jones）在2004年做过一项研究，发现跟相同姓氏的人结婚的概率是跟不同姓氏的人结婚的3~4倍。我们很自然会偏向跟我们拥有相似特质的人，因为熟悉并感到安心。这甚至会扩展到显然无意义的特质，例如姓氏。

长久以来，经济学家假定人是理性的行动者，会根据自己的利益对如何分配和使用资源深思熟虑，然后做出决策。加州理工学院的安东尼奥·兰格尔（Antonio Rangel）提出相反结论的研究。兰格尔发现，如果可以看到垃圾食品的实物，而不是荧幕上的图像，人们会多花40%~60%的钱来买垃圾食品。不过，如果垃圾食品放在玻璃柜后面，就丧失溢价的部分了。这听起来合乎理性吗？显然，我们的购买决策还有很多，这些决策使那些看起来无关紧要的事变得极为重要。不只如此，蒙洛迪诺指出："询问他们做出决定的理由时，受测者完全没有意识到这些因素影响了他们。"在兰格尔的另一项研究中，让受测者拿3瓶不同的清洁剂回家使用，然后请他们回来报告哪一瓶最好用，并说明理由。受测者回来时，说了每一瓶清洁剂不同的优点，而且给了排名。但他们不知道的是3瓶清洁剂是相同的，只是包装不同。这没有不影响受测者把有黄色斑点的蓝色塑料瓶排在纯蓝或纯黄的瓶子之前。

蒙洛迪诺讨论了其他研究：

* 研究发现人们购买法国酒还是德国酒取决于背景音乐是法国的还是德国的。但是只有七分之一的人承认音乐影响了他们的选择。
* 在芝加哥一家餐厅里，相较于没有阳光的日子，在阳光灿烂的日子，顾客给女侍小费大方得多。
* 公司的名称是否容易发音会影响最初上市时的表现。名字或者股票代码容易发音的公司表现好，至少在股票上市的第一年是这样的。
* 两项关于股票价格和华尔街天气的研究发现，好天气和股票涨势明确相关。蒙洛迪诺指出，"根据统计数字，如果一整年都是晴天，纽约证券交易所的市场回报率是24.8%；然而如果一年几乎都是阴天，市场回报率平均只有8.7%"。

我们认为重要的金融决策，特别是代替别人操作的决定，都是在深思熟虑地分析后形成的，而这些研究显示，主观因素同样重要，有时候其重要程度甚至令人震惊。

兰格尔的另外一项实验也值得注意：他让受测者品尝不同价钱的酒，没有例外地，人们总是偏爱标价更贵的酒的味道，即使他们品尝的酒事实上都是一样的。品酒的时候，用功能性磁振成像仪（FMRl）扫描受测者大脑，显示酒的价钱会影响大脑中一个叫作眶额叶皮层的部位，这个部位往往跟愉悦相连。言外之意，虽然两瓶酒没有差异，品尝起来的差异却是真实的。蒙洛迪诺写道，之所以如此，是因为我们的大脑不只是记录味道或其他经验，也会创造味道或经验。他换一个方式说："尽管你没有意识到，当你让冰凉的酒在舌头上流动时，品尝的不只是酒的化学成分，还有酒的价钱。"

## 认真看待预感

蒙洛迪诺曾经去过以色列的戈兰高地，他走在路上，看见田野上有一只长相有趣的小鸟。身为鸟类观察爱好者，他想要靠近一点观赏。田野周围的篱笆上挂了个牌子，上面有文字，但是他的希伯来语不怎么好。或许上面是说"禁止入内"，但是看起来似乎有点不同。尽管他有种感觉不应该爬过篱笆，他还是这么做了。他开始走近小鸟去瞧瞧。就在这时他看见当地一名农夫沿路走过来，疯狂地挥舞手臂，蒙洛迪诺便走回篱笆边，想知道究竟是怎么回事，然后他发现牌子上写的是：危险雷区。

从此之后，蒙洛迪诺总是相信自己的直觉，更准确地说，相信潜意识传送给他的判断，即使这些判断没有经过意识心灵的适当处理。他说："那些忠告往往可以拯救我们，如果我们愿意开放自己接受输入。"

## 低沉的声音、漂亮的面孔

对潜意识心灵来说，一个人的声音几乎跟他的长相同样重要。对于鸟类，声音在求偶和交配方面非常重要；而对于石器时代的人类，声音在繁衍下一代中具有重要性，我们至今仍保留了部分这一特性。我们仍然从人们的声音中发现许多线索，而女性依旧受到男性"呼唤"的声音吸引。测试表明，看不见而只能听见不同男性的声音时，女性都强烈偏爱声音比较低沉的男性。女性也会把低沉的声音跟想象中的身体特质连在一起，包括身材高大、肌肉发达及毛发发达的胸部。女性声音的高低和悦耳程度会随着排卵周期改变。女性在排卵阶段的声音对男性最有吸引力，反过来，在女性最可能怀孕时会发现声音低沉的男性比较迷人，因为男性声音低沉跟比较高的睾丸激素水平有关。比较高的睾丸激素水平意味着男性有比较高的性能力，因此可能生出比较多的小孩。蒙洛迪诺指出，"明显的结论是，经由潜意识，我们的声音为我们的性能力发挥了广告效果"。

通过广播听 1960 年美国总统大选辩论的人，大多认为尼克松是赢家，特别是当他的男中音与肯尼迪较高的声音形成对比。不过看电视的人认为肯尼迪毫无疑问是赢家。尼克松因为膝盖感染刚刚出院，既疲累又憔悴，而且没有化妆，因为他的电视顾问认为他不需要。肯尼迪把皮肤晒成健康的棕褐色，身材适中，同时完完整整化了妆。蒙洛迪诺引用候选人外表与选举胜利相关性的研究时指出，决定性的因素并不是哪位候选人长得比较好看，而是他们是否看起来比较有能力。2006年，研究人员在选举之前让人们评比全美候选人的面孔。光凭这项评比，他们就能以惊人的准确率预测出谁是赢家。受测者被判断为比较有能力的候选人赢了平均70%的选战。

蒙洛迪诺指出，事实上，一个人长得如何跟他的工作或行政能力并没有关联。我们一直在根据表面的事情做判断，而这些判断可能大大影响了我们选择工作、配偶、保姆或医生，以及我们推上位的政治人物。察觉潜意识如何扭曲判断肯定能帮助我们做出更加正确的判断。

## 归类与偏见

人们把事情归类是为了更容易地处理信息。通过心里已有的分类，我们不必每次看到一个客体就重新评估一次。不过这种强大的归类能力意味着我们可能犯错，误以为被我们归在同一类的东西彼此相似程度超过实际状况。例如只因为一群人戴着相同的彩色足球围巾，就倾向于把他们想成是一个团体，而不是个人。蒙洛迪诺指出，比较令人担忧的是，我们倾向把相同种族、肤色或国籍的一群人"一视同仁"。

1998年，华盛顿大学的研究人员确凿地证明了刻板印象属于潜意识。他们设计的内隐联想测验是用来测量你声称相信的与你真正的潜意识态度之间的差距。例如这项测验总是发现有68%的人偏向白人胜过黑人；80%的人偏爱年轻人胜过老人；还有76%的人偏好身体健全的人胜过残障的人，尽管他们嘴上说的是另一套。虽然这种偏好是潜意识的，但不可避免会影响我们达成的结论和做出的决定。我们会这样有演化上的理由，因为这可以帮助大脑在生死关头迅速做出判断。如丹尼尔·卡尼曼所说，我们是"跳到结论的机器"，不过好消息是，通过觉察自己潜意识的假设，我们可以提前反制，只根据原则和理念而不是假设来行动。蒙洛迪诺指出，内隐联想测验的重点是，人们的联想反映出文化中存在的刻板印象。不管我们是否意识到，我们倾向于将这些简单的分类作为预设。如果被告比较好看，陪审员更倾向于认为他们不会犯罪，但这种情况只发生在被告罪行相对较轻时。像谋杀这样严重的案件，需要更加审慎思考、过滤证据时，潜意识的偏见往往会消失，人们会根据被告罪行进行裁判，而不是外表或其他特征。

## 总评

《潜意识》书中表达的观念是，我们与某些潜意识有着密切联系的社会行为，是过去身为动物的残留，但这一观念大大背离了 20 世纪七八十年代的想法，当时正统心理学认为人们所有的选择都是有意识的，是经过深思熟虑的。我们的存在主要是由我们没有觉察到的心理力量塑造的，这样的概念似乎违反了我们对自己的看法。我们认为自己是"自我灵魂的统帅"，是自由意志的存在。然而大脑扫描科技及各种检视潜意识的新研究，显然只是确认了一项令人不舒服的真相。不过蒙洛迪诺主张，我们不应该害怕更深入地研究潜意识心灵，事实上，如果想要对自己的行动多一点控制，更好地理解社会关系，这方面的研究绝对是必要的。他再度引用荣格的话："除非你可以意识到潜意识，否则潜意识会主导你的人生，而你会称之为命运。"

蒙洛迪诺原先研究的领域是物理学，他把物理学的严谨带入向来模糊不明的心理学领域。确实，蒙洛迪诺指出，潜意识对我们的行为有着重要影响，这个观念直到最近还被当作大众心理学避而不谈。曾经在这个领域指引我们的只有弗洛伊德和荣格，或者是受欢迎但非科学的著作，例如约瑟夫·墨菲（Joseph Murphy）撰写的《潜意识的力量》（*The Power of Your Subconscious Mind*）。蒙洛迪诺为当前这些探入潜意识的恰当研究照亮了前方道路。

# 伦纳德·蒙洛迪诺

1954年，蒙洛迪诺生于芝加哥，他拥有布兰迪斯大学的物理学硕士学位及加州大学的理论物理学博士学位，也曾经是加州理工学院的研究员。1985年蒙洛迪诺改变职业，搬到洛杉矶成为编剧，为风靡一时的电视影集，例如《百战天龙》（MacGyver）和《星际旅行：下一代》（Star Trek: the Next Generation）写剧本。20世纪90年代他设计并生产了几款电脑游戏。1997—2002年，他在纽约学乐出版社（Scholastic）工作，为孩子制作教育及其他软件。

2005年，蒙洛迪诺协助斯蒂芬·霍金撰写《时间简史》，又在2010年和霍金合写了《大设计》（The Grand Design）。其他著作包括《欧几里得之窗》（Euclid's Window）、《费曼的彩虹：物理大师的最后24堂课》（Feynman's Rainbow: A Search for Beauty in Physics and in Life，2003）、《醉汉的脚步：数学圈丛书》（The Drunkard's Walk: How Randomness Rules Our Lives，2008），以及讲述演化故事的《思维简史》（The Upright Thinkers，2015）。

# 1927

# 《条件反射》
## Conditioned Reflexes

条件反射是寻常而且广泛发生的现象：条件反射的建立是日常生活中不可或缺的功能。我们在自己和别人身上辨识出条件反射，顶着"教育""习惯""训练"等名义，而上述一切其实不过是生物出生后建立新的神经联结的结果。

如果动物没有百分之百正确应对环境，迟早会消失……举个生物学的例子：如果动物没有受到食物吸引，而是排斥食物；或者如果动物不是逃离火，而是投入火中，那么它很快就会灭亡。动物必须回应环境的改变，而且回应的行动是出于维护自己的生存。

**总结一句**
由于我们的心智受到制约，并没有自己认为的那么自主。

**同场加映**
威廉·詹姆斯《心理学原理》（第 31 章）
拉马钱德兰《脑中魅影》（第 44 章）
B. F. 斯金纳《超越自由与尊严》（第 49 章）

# 伊万·巴甫洛夫
## Ivan Pavlov

你大概听过巴甫洛夫和他著名的狗,然而他是谁,他对心理学的贡献是什么? 1849 年,巴甫洛夫生于俄国中部,家人期待他追随父亲的脚步成为东正教的神父(司铎)。不过在阅读达尔文的作品受到启发后,他逃离当地的神学院,前往圣彼得堡攻读化学与物理学。

大学期间,巴甫洛夫对生理学产生了浓厚兴趣,在几位杰出教授的实验室工作。他以研究出名,专长是消化和神经系统。身为生理学家,巴甫洛夫并不怎么看重心理学这门新兴科学,然而却是这门学科引导他发展出关于"条件反射"的见解。条件反射就是动物(包括人类)发展出新的反射以回应环境的方式。

《条件反射:关于大脑皮层生理活动的研究内容》(*Conditioned Reflexes: An Investigation of the Physiological Activity of the Cerebral Cortex*),是巴甫洛夫 1924 年首度在圣彼得堡军事医学院演讲内容的合辑,被从俄文翻译成英文,书中充斥着枯燥乏味的细节。

这本书总结了他的团队 25 年来的研究，这些研究成果最终让他获得诺贝尔奖。现在我们来看看巴甫洛夫的发现，以及这些发现对人类心理学的意义。

## 动物是机器

在《条件反射》一开头巴甫洛夫就指出，当时人们对大脑缺乏认识。他很遗憾大脑研究成为心理学的领域，因为它应该是生理学家的专有课题，生理学家能确定大脑的物理结构和化学作用等事实。

他向哲学家笛卡尔致敬，因为笛卡尔早在 300 年前就用机器来形容动物。根据环境中的刺激，动物的反应是可以预测的。动物的反应是为了跟环境达成某种平衡。这些反应是神经系统的一部分，沿着设定的神经通路发生。这些反射反应其中一项是唾液的产生，这就是巴甫洛夫最初在狗身上研究的消化腺活动。他想要从化学角度分析，不同情境下狗回应食物分泌的唾液有什么不同。

不过在初期实验中，巴甫洛夫注意到了一件奇怪的事。在狗的唾液反射中存在着心理因素，意思是，只要它们想到自己要获得食物了，就开始流口水。显然不是笛卡尔所说的自动反应那么简单，巴甫洛夫想要深入探究。

## 创造反射作用

巴甫洛夫决定在狗身上试试各种刺激，如果不只是单纯的自动反射，看看究竟是什么引发它们分泌唾液。为了实时进行他的实验，他必须帮狗动个小手术，让狗的一些唾液通过一个洞口流到脸颊外面的一个小袋子里，这样就可以测量产生的唾液有多少。

巴甫洛夫给予狗各种刺激，例如节拍器摆动的声音、蜂鸣器的嗡嗡声、铃声、冒泡声和爆裂声，加上展示黑色方块、加热和触摸狗的不同部位，以及让灯闪烁。上述每一项都发生在给食物之前，因此下一次当狗听见、看见或感觉到特定刺激时，就开始流口水，即使食物还没有出现。光是节拍器摆动的声音就会让狗产生唾液，即使狗没有看见食物。从生理上来说，狗听到节拍器声音的反应和它实际看到食物时发生的事并没有差别。对狗来说，节拍器——而不是一碗肉——意味着食物。

巴甫洛夫领悟到动物对环境有两种类型的反射或回应：

* 先天或者非条件反射（例如狗开始吃东西时分泌唾液，帮助消化）。
* 后天或者条件反射，是通过潜意识的学习产生的（例如听到铃声时狗开始流口水，因为铃声"等于"食物）。

反射反应可以通过灌输成为动物自然运作的一部分，这样的事实让巴甫洛夫意识到，如果动物真的是回应环境的机器，那么必然是非常复杂的机器。它让我们看到大脑皮层（大脑最先进的部位）可塑性非常高，与大脑皮层联结的神经通路也是如此。所谓的本能是可以学习得来的，也可以消除，因为他能够示范，通过把食物跟狗不喜欢的事情联结在一起，可以抑制或消除反射动作。

不过巴甫洛夫也指出条件反射的建立有其限度。随着时间推移，条件反射会逐渐衰弱；也有可能狗有时候懒得回应，直接睡着了。他的结论是大脑皮层不能过度工作，或是改变太多。狗的生存和适当的运作似乎需要大脑的设定保持一定程度的稳定。

## 回应环境的高等机器

巴甫洛夫评述动物回应环境的方式有两个层次。首先是"神经—分析"，大脑运用它的感官弄清楚是怎么回事；其次是"神经—整合"，确立一件事情如何嵌入既有的反应和知识。例如为了生存，狗必须能够迅速决断，眼前的事物对它是不是威胁。

巴甫洛夫在部分实验中割除了狗的整个大脑皮层。这让狗几乎成为单纯的反射机器，虽然保留了大脑和神经系统中固有的非条件反射，但是无法适当地回应环境。它们依旧可以走动，但是遇到即使是像桌脚这样的小障碍，也不知道怎么办了。对比之下，对于正常的狗来说，即使是环境刺激中细微的改变或者出现了什么新事物，"探索反射"也会促使狗竖起耳朵或是嗅闻刺激。狗可能花很多时间来"探索"，为了让它们针对环境的反射能充分更新。

巴甫洛夫知道自己的实验不只适用于狗。他说，生物越高等，就有越强的能力"让自己与外界交流的复杂程度加倍，于是可以越来越多样与精准地适应各种外在条件"。可以将"文化"和"社会"理解成管理反射反应的复杂系统，人与狗的差异只在于条件反射凌驾先天反射的程度。狗能够发展出更进步的社会和领地意识，那是它们对环境的最佳回应，而人类的回应是创造出了文明。

## 人与狗：相同之处

《条件反射》的最后一章关注的是巴甫洛夫的研究如何应用在人身上。由于人的大脑皮层比狗的复杂多了，巴甫洛夫小心翼翼避免过度解读自己的研究。不过，他指出下述的类比：

* 人类接受训练、纪律和文化的方式，跟狗如何接受教导去行动，没有什么太大差异。我们知道学习一件事最好的方式，就是分阶段进行，就像狗的条件反射也是一步一步建立起来的。正如巴甫洛夫在狗身上发现的那样，人类除了学习，也必须忘掉所学。

* 巴甫洛夫为了他的实验打造了一栋特别的隔音建筑，因为他发现外在刺激会影响条件反射的能力。同样地，如果同时有电影放映，我们大多数人无法好好读一本书。我们也发现在假期后或短暂脱离正常轨道后很难回到日常工作。跟狗的情况一样，神经症和精神病的发生是极端刺激无法适当融入既有思考和反应的结果。

\* 狗的反应是无法预测的。巴甫洛夫回忆，当一场彼得格勒著名的水灾席卷实验室时，有些狗变得兴奋，有些狗吓到了，还有些狗则退缩。同样地，他指出，我们永远无法预测，面对严重的侮辱、失去所爱的人等情况，当事人会有什么样的情绪反应。这些反应似乎映照出面对冲击时两种普遍的心理反应，在狗和人身上都看得到，那就是神经衰弱（疲惫、退缩、动弹不得）及歇斯底里（神经质的激动）。

上述最后一点，巴甫洛夫的意思是：演化确保我们无法不对重大事件做出反应——我们必须以某种方式思索这些事件。最终要回到稳定状态，我们必须融合自己经历的。面对挑战时，选择"战斗或逃跑"的现象是神经系统短期自我保护的方式。长期来说，我们产生反应是为了确保最终能够恢复跟环境平衡的状态。

## 总评

巴甫洛夫把大脑皮层看成是复杂的电话总机，在这里一组一组的细胞负责不同的反射。总有空间建立更多的反射，但是也有容量更改既有的反射。巴甫洛夫的狗的确有"自动"的特征，然而同时它们的反射和反应是可以改变的。对于人类这有什么意义？虽然大部分时候我们根据习惯或从小接受的文化熏陶过日子，但有能力改变自己的行为模式。我们跟动物一样容易受到制约，不过如果这些模式最终证明不符合自己的利益，我们也有能力打破自己的模式。通过环境给予的反馈，我们学习到面对生活什么是有效的回应，什么不是。

巴甫洛夫的研究对心理学的行为学派有重大影响。行为学派主张，对于刺激我们有可以预测的反应，而且可以接受制约表现出特定的行为方式，在这方面我们与狗相差无几。对于死硬派的行为主义者，自由意志的概念是神话。从态度和行为的角度来说，无论对一个人输入什么都会产生特定的输出。不过巴甫洛夫的观察结果似乎与这样的观点相互矛盾。例如巴甫洛夫指出，狗的许多反应是无法预测的。即使产生了条件反射，狗的个性依旧有表达空间。考虑到我们的大脑皮层比狗的大得多，我们必然享有的各种表达空间（或者对环境的回应）会多出多少？

《条件反射》有着非常单调乏味和科学的风格，反映出巴甫洛夫对经验性事实、秩序和纪律的热爱，巴甫洛夫不允许过多个人色彩渗入他的行文。不过他是具有魅力的人。尽管对共产主义有所批评，在布尔什维克革命之后他的事业却更上一层楼，列宁下达命令颂扬巴甫洛夫的研究"对全世界劳工阶级具有重大意义"。

鉴于巴甫洛夫不信任心理学的主张，他的名字跟这门学科联结在一起，极具讽刺意味。他的焦点只在于可以测

> 量的生理反应，几乎正好对立于弗洛伊德学派专攻的"内在驱动力与愿望"的学术路径，不过这样的焦点让心理学获得了更加坚实的科学基础。

## 伊万·巴甫洛夫

1849年，伊万·巴甫洛夫出生于俄罗斯中部的梁赞。他是家中的长子，父亲是村庄里的东正教神父。他在圣彼得堡大学的日子，对研究胰脏神经做出了成绩斐然的研究。1975年他拿到学位，进入帝国医学院继续深造。他在那里获得研究员的职位，之后成为生理学教授。他的博士论文是关于心脏的离心神经。

1890年，巴甫洛夫建立了圣彼得堡实验科学研究所的生理学部门，在那里进行了他的一生大部分关于消化和条件反射的研究。他主管一支庞大的团队，成员大多数是年轻科学家。

他赢得许多荣誉，成为俄罗斯科学院院士，获得1904年的诺贝尔医学奖，1915年获颁法国荣誉军团勋章。1881年，他与莎拉·卡契夫斯卡娅（Sara Karchevskaya）结婚。莎拉是名教师，两人育有4个孩子，其中一个后来成为物理学家。

巴甫洛夫在1936年过世前，依旧在他的实验室工作，享年87岁。

# 1951

# 《格式塔治疗》
## Gestalt Therapy

❖

你以为要不断努力保持自己的稳定,其实大部分的力气是不必要的。如果你放松对自己行为趋势的刻意克制、强迫关注、持续思考和主动干预,你并不会因此崩溃、四分五裂或是行为像个疯子。相反,你的经验开始凝聚,组成比较有意义的整体。

我们有些人没有心或没有直觉,有些人没有可以站立的双腿、没有生殖器、没有信心、没有眼睛或耳朵。

**总结一句**

每一分钟都要活得生龙活虎,活在你的实体世界。倾听你的身体,不要活在抽象世界。

**同场加映**

米尔顿·埃里克森、史德奈·罗森《催眠之声伴随你》(第14章)
卡伦·霍妮《我们内心的冲突》(第30章)
R.D. 莱恩《分裂的自我》(第35章)
亚伯拉罕·马斯洛《人性能达到的境界》(第36章)
卡尔·罗杰斯《个人形成论》(第45章)

# 41

# 弗雷德里克·皮尔斯
# Friedrich Perls

伊莎兰学院位于加州海岸上的大苏尔，是20世纪60年代社会革命的震中。该学院坐落于陡峭的山崖上，名符其实地在边缘，高高俯瞰着太平洋，吸引了想要突破自我和挣脱社会束缚的人们。身为心理学家的弗雷德里克·皮尔斯1964年抵达伊莎兰。皮尔斯在前卫的柏林长大，逃离希特勒统治下的德国来到美国，对他来说伊莎兰就像是精神家园，他大部分时间待在这里，直到1970年过世。

皮尔斯极富个人魅力，但有时候爱跟人争吵，是美国西海岸早期个人发展大师之一。他的哲学是：现代人在应该去体验、去感受和行动时，却想得太多。他的口号是"丢掉你的理智，追随你的感觉"。这与反文化完全合拍。

《格式塔治疗：人格的兴奋与成长》（*Gestalt Therapy: Excitement and Growth in the Human Personality*）是皮尔斯与才华横溢的激进分子保罗·古德曼（Paul Goodman）及大学教授（也是皮尔斯的病人）拉尔夫·赫弗林（Ralph Hefferline）合写的，成为新型态心理学的宣言。虽然皮尔斯接受过弗洛伊德学派的精神分析训练，但他早就抛弃诊疗室躺椅，他发现对抗性的小组会议往往是最好的方式，能刺穿一个人的心理防线，让他释放出真实、活泼的自我。

对于一本关于兴奋感受的书来说，《格式塔治疗》可能读起来有些沉闷，需要相当的专注力。但无论如何，书的宗旨是阐述格式塔治疗概念的理论基础。甩掉正常社会角色的紧身衣、活在当下等主题让这本著作极具革命性。我们很容易忘记在20世纪50年代的美国，这本书看起来是多么新颖。

## 格式塔 = 整体

你曾经见过那些图片吗？从某个角度看见的是漂亮女子，然而从另一个角度看见的却是老巫婆。如果你见识过，那你就有过格式塔或顿悟的经验。"Gestalt"在英文中没有精准的翻译，不过德语意思是"形状"或"形式"，或者某样事物的整体。以马克斯·韦特海默（Max Wertheimer）、沃尔夫冈·柯勒（Wolfgang Köhler）、库尔特·勒温（Kurt Lewin）、库尔特·戈尔茨坦（Kurt Goldstein）、兰斯洛特·劳·怀特（Lancelot Law Whyte）和阿尔弗雷德·科兹布斯基（Alfred Korzybski）等为代表人物的完形心理学派，阐明了在关于视觉感知的实验中，面对不完整的形与像，大脑总是试图"完成整个图像"。我们习惯于在底图或背景中找出"形象"来，意思是，将注意力放在一件事上而忽略另一件事，在混乱的颜色和形状中找到意义。皮尔斯汲取格式塔心理学的理念从中打造出自己的治疗形式。他想要把整体的观念应用在个人幸福上，同时借用了下述概念：人们永远是由某个主导的需求（轮廓）塑造的，这个需求得到满足时就会退回到背景（底图）中，让路给另外一项需求。所有的生物均以这种方式管控自己，获得生存所需。

不过人类的问题是，我们的复杂性会打乱"需求—满足"这个简单的方程式。我们可能压抑某些需求，又过度看重其他需求；我们对生存的想法可能被扭曲了，因此相信必须以特定方式维持自己的生存，即使在外人看来我们的作为很愚蠢。我们的主导性需求与自我意识完全联结在一起，然而这个自我不再流动或是具有弹性，成为神经质的自我。这个自我停止了觉察。

在传统的弗洛伊德学派分析里，医生试图通过深入探究患者的心灵来了解他们，把他们当成客体。相反，格式塔治疗师将人视作他们所处环境的一部分；心灵、身体和环境都是整体考虑的一部分。不像心理学倾向把事情分解成碎片的细节，格式塔治疗理解的是整体。用皮尔斯的话来说："格式塔的观点就是原始的、未被扭曲的、自然的生活方式，也就是对应人的思考、行动和感受。一般人是在充满分裂的氛围下长大的，已经丧失他的整体性和完整性。"

## 接触和合流

嗅觉、触觉、味觉、听觉和视觉是我们跟这个世界"接触的边界"。一旦我们开始把自己想成是孤立的客体,就不再是会听、会接触、会兴奋的存在了。皮尔斯认识到现代生活如何麻痹了我们,想想坐在有空调的办公室里有多沉闷。我们刻意降低自己觉察的敏锐度,以创造更有秩序、却没有惊喜的生活。但是人们在临死时会说什么?不是"我希望自己曾追求更多的保障,或是赚更多的钱",而是"我希望曾把握机会,做了更多的事(也就是多多接触生活)"。

皮尔斯指出,真正与环境有接触的人,是处在兴奋状态的。他们时时刻刻都在感受,不管用什么方式。相反,有神经症的人不会去冒险真正接触这个世界,而是退缩到他们熟识的内在世界,因此不会成长。健康的人投入生活,去吃喝、觅食、爱别人、进取、冲突、沟通、感知、学习等。

接触的反面是"合流"(confluence),展现出别人对你的教导,出于习惯或遵循你"应有的想法"来看事物。皮尔斯举了一则例子,某人在画廊观看当代艺术作品。他觉得自己是直接感知这些作品,然而事实上他真正接触的是他喜爱的杂志艺术评论家。人们逐渐适应这个世界,而世界高度期待改变人们的基本天性,成为他们不是的那个人。我们的生物本质和社会要求的差距导致人格的漏洞。皮尔斯告诉他的学员:"我们有些人没有心或没有直觉,有些人没有可以站立的双腿、没有生殖器、没有信心、没有眼睛或耳朵。"这种言论非常吓人。在格式塔治疗中,人们认领他们失落的部分,在过程中找回失去的攻击性或感性。

## 觉察身体和情绪

皮尔斯在反省和觉察之间看到清楚的差异。觉察是"自发地意识到内心产生的东西，与你正在做的事、你的感受、你的计划有关"。另外，反省是"用评价、修正、控制和介入的方式思索相同的活动"。二者的区别很重要，因为传统心理学包含的假设是，我们能够分析自己，从某种角度来说我们似乎与自己的大脑和身体分离了。然而这样的分析只会让我们变得神经质，要想让自己找回清醒的神志，并且与世界保持快乐的平衡做法是：跟自己的感官重新联结。

《格式塔治疗》纳入许多实验，是皮尔斯用来让学员增强觉察的，例如告诉他们："感觉你的身体！"通过躺着不动感觉身体，你会发现有些部位的感觉是"死的"（什么都感觉不到），其他部位你可能体验到疼痛或是不平衡。只是这样简单的行为，把注意力放在肌肉或关节的特定部位，就可以引导你找出结论，例如为什么脖子僵硬，或者为什么胃疼。皮尔斯指出："神经症人格通过不自觉地操控肌肉产生症状。"往往，实验会让人恍然大悟：如果他们不是唠叨、好批评的人，就是承受唠叨和批评的人。

在另一项实验里，皮尔斯要求学员时时刻刻对自己说看到了什么，以及正在做什么。例如，我坐在这张椅子上，在这个下午，看着眼前的桌子。这时候街上有车声，而且现在我感觉到阳光通过窗户照在我脸上。之后他询问学员进行这项活动时遇到哪些困难。他们总是反问:"什么困难?"实验的发现是:只要你全心全意关注当下,注意和感受周围环境,就没有烦恼。只有在你抽离环境时,抽象的担忧和焦虑才会重新入侵。有些人发现这样的体验会让他不耐烦、无聊或焦虑,根据皮尔斯的说法,这显示了他们平日的意识多么缺乏"真实性"。

## 隐藏的无法转化

格式塔治疗的目标是停止过自动而无意识的生活。许多人发现自己只有很少的时间是真正地活在真实里,当他们有意识地让自己有更多的时间活在真实里,就可能带来突破。皮尔斯教导的是:充分的觉察和关注会解决心理问题,而不是将它合理化。

大多数人可能会发现,我们试图扼杀、当作不存在的部分总是再次出现。然而,有目的地压制或降低认识意味着我们永远无法改变或解决这个问题。皮尔斯教导我们:如果过去发生了可怕的事情,我们必须把它完全带入当下,甚至重现出来,才能支配它。试图忽视它只会给它更多的能量。

## 热切 vs 责任心

皮尔斯相信健康的成人不应该完全抛弃儿童的特质。自发性、想象、好奇和惊叹是我们应该保留的,如同所有伟大的艺术家和科学家,而且我们不应该因为责任心而麻木,也不必总是要讲究有意义、有道理。

小孩比成人优越的地方是他们的热切，即使在玩游戏。他们可能一时兴起暂停一项活动，但是当他们投入活动时，其他的事情都变得不重要。天才会保留这种非常直接的意识，但是一般成人通常对他们正在做的事情没有足够兴趣。

皮尔斯指出，我们认为的责任感多数时候只是把自己封闭起来，不去过充满激情的生活。用他的话来说："习惯性的深思熟虑、务实、不投入，还有过度的责任心，大多数成人的这些特质是神经症，而自发性、想象力、热切、好玩耍及直接感受表达，这些小孩的特质是健康的。"

## 总评

"做你想做的事，而不是你应该做的事"，皮尔斯这一套哲学保障了他在许多人心目中的地位。他著名的"格式塔祷文"总结了20世纪60年代的精神：

**我做我的事，你做你的事。**
**我活在这个世界上不是为了符合你的期待。**
**你活在这个世界上也不是为了符合我的期待。**
**你是你，我是我。**
**如果我们有缘找到彼此，那是多么美好，**
**如果无缘，那也是无可奈何。**

有时候海报上会删除最后一行,因为似乎这句跟"花的力量"这种倡导爱与和平的时代思潮不那么契合。但是皮尔斯经常取笑那些追求喜悦、狂喜和亢奋的人,而且特别指出他治疗时涉及的工作非常辛苦,过程经常是不愉快且赤裸裸的,可能让人伤心流泪。没有人想让自己的隐私受到侵犯,听别人指出自己有人格漏洞。然而皮尔斯指出,只有在我们承认自己被某些事绊倒之后,才能继续前行。

与米尔顿·埃里克森一样,皮尔斯也是解读肢体语言的大师。在团体会面上,他往往比较感兴趣的不是谁说了什么,而是人们说话的语气和坐姿。不准学员谈论不在场的人,因此加强了格式塔治疗"此时此地"的强度。皮尔斯认为自己擅长在人们身上发现愚蠢的事,这种技巧是生活中不可或缺的,与那个时代模糊的真言"爱与和平"相差十万八千里。

皮尔斯也喜欢谈论攻击性。他相信,在愤怒中把控自己,就是否认人类本质上是动物。我们掐熄倦怠与无聊的火苗,但是应该像猫那样,打个哈欠伸个懒腰,让自己再度恢复活力。身体想要的我们应该给予,才能保持平衡。你是否割舍了自己身上某个部分,因为那是反社会的,或者不是一个好人该有的?要让自己重获生机,就把它找回来吧。

## 弗雷德里克·皮尔斯

1893年,弗雷德里克·皮尔斯生于柏林。1926年他拿到了医学学位。毕业时他在法兰克福的脑受损军人医疗研究所工作,受到格式塔心理学家、存在主义哲学及新弗洛伊德学派卡伦·霍妮和威廉·赖希(Wilhelm Reich)等人的影响。

20世纪30年代初期,由于德国对于犹太人来说不再安全,皮尔斯与妻子前往荷兰,之后又转往南非。他们在南非开始自己的事业,进行精神分析,并且建立了南非精神分析学院。不过他开始批评弗洛伊德的概念,慢慢发展出格式塔疗法,这在《自我、饥饿与攻击性:修订弗洛伊德的理论与方法》(Ego, Hunger and Aggression: A Revision of Freud's Theory and Method,1947)中有清楚陈述。1946年皮尔斯夫妇搬到纽约。1952年他设立了格式塔治疗学院。后来夫妻二人分居,皮尔斯去加州,他的妻子与孩子留在纽约。1964年皮尔斯去了伊莎兰学院。

去世前一年,皮尔斯出版了他在伊莎兰的课堂记录《格式塔治疗实录》(Gestalt Therapy Verbatim)、自传《进出垃圾桶》(Out of the Garbage Pail)。

# 1923

# 《儿童的语言与思想》
*The Language and Thought of the Child*

　　儿童的逻辑是极其复杂的主题，处处都是问题——功能和结构心理学的问题、逻辑的问题，甚至是认识论的问题。走在这座迷宫里，要抓紧一致的主线，系统性排除所有跟心理学无关的问题，并不容易。

　　儿童……似乎话说得比成人多很多。几乎他们做的每一件事都会伴随着自己的评语："我在画一顶帽子""我做得比你好"，等等。因此儿童的思考似乎更加偏向社会性，更缺乏进行持续和独立研究的能力。这只是表面上如此。儿童比较口无遮拦，单纯是因为他不知道什么是保密。尽管他几乎是不停地跟旁边的人说话，他鲜少置身于他们的观点。

**总结一句**

　　儿童不只是缩小版的大人，或只是思考效率低下，他们的思维方式根本与大人不一样。

**同场加映**

　　阿尔弗雷德·金赛《人类女性性行为》（第34章）
　　斯蒂芬·平克《白板》（第43章）

# 让·皮亚杰
## Jean Piaget

让·皮亚杰跟阿尔弗雷德·金赛走了相同的学术路径，金赛在投入人类性行为研究之前花了许多年时间收集标本，研究瘿蜂，而皮亚杰在把他的精力投入研究人类之前，是观察自然界的大师。在儿童和青春期阶段，他游走于瑞士西部的丘陵、溪流和高山，收集蜗牛，后来的博士论文写的是瑞士瓦莱山区的软体动物。

那些年他学到的先观察后分类的方法，为他研究儿童思考这个课题打下了良好的基础。儿童思考这一课题吸引了许多学者，大家纷纷提出理论，但是没有多少人对真实儿童进行过扎实的科学观察。进入这项领域，皮亚杰的主要愿望是从事实归纳中得出结论，无论这些结论看起来是多么令人费解或是自相矛盾。除了有条理的技巧外，如虎添翼的是他拥有良好哲学的基础，就科学家来说，这是罕见的。儿童心理学与一堆认识论的问题纠缠在一起，不过皮亚杰决定聚焦于非常实际的问题，例如，小孩为什么说话，他们跟谁说话，还有为什么他们要问这么多问题。

他知道，如果找到答案，对教师会有极大帮助，因此他写《儿童的语言与思想》主要就是为了教育工作者。大多数探索儿童心智的研究都聚焦于儿童心理学的数量特性，研究者认为，儿童如此表现是因为他们的心智能力不及成人，而且会犯比较多的错误。不过皮亚杰相信，重点不在于儿童某些特质比较多或比较少，而是思考方式根本不同。大人和小孩之间有沟通问题，不是因为信息的差距，而是由于小孩用截然不同的方式看待自身世界中的自己。

## 小孩为什么说话

在开头的篇章，皮亚杰问了他承认很奇怪的问题：小孩说话时想要满足什么需求。任何头脑清楚的人都会说，语言的目的是跟别人沟通，然而对于小孩也是如此吗？皮亚杰好奇为什么没人在场时小孩也会说话。显然语言不能归结为只有沟通这一项功能。

皮亚杰在日内瓦的卢梭研究所进行他的研究。卢梭研究所建立于1912年，投入儿童和教师训练的研究。在那里他观察4岁和6岁的小孩，记录他们在工作和玩耍时说的每一句话。这本书收录了孩子"对话"的逐字稿。

皮亚杰很快发现，小孩讲话时，很多时候都不是特别对谁讲，而且每位父亲和母亲都可以证实这一点。小孩是出声思考。皮亚杰鉴别出两种类型的说话：自我中心型和社交型。自我中心型有三种模式：

* 重复：说话时没有针对谁，说出某些语词纯粹是因为好玩。
* 独白：孩子一边行动或游戏，一边全程评论。
* 集体独白：孩子显然在交谈，然而并没有真正理会别人在说什么。房间里有十个小孩坐不同桌，讲起话来可能很吵，不过事实上他们都在自言自语。

皮亚杰指出，在特定年龄（他认为是7岁）之前，小孩是"口无遮拦"的，他们脑袋里出现什么就一定得说出来。他写道："幼儿园或托儿所，严格来说，是个人和社会生活尚未分化的社会。"因为小孩相信自己是宇宙中心，没有隐私的概念或是不需要顾忌别人的看法。相反，因为成人没那么以自我为中心，已经适应了完全社会化的语言模式，所以许多事情都不会说出口。唯有疯子和小孩会想什么就说什么，因为真正要紧的只有他们自己。就是这项理由让小孩能够在朋友面前一直说个不停，但是无法从朋友的角度看事情。

小孩以自我为中心有部分原因是：他们的语言有很大一部分涉及手势、动作和声音。因为这些不是字词，他们无法表达每一件事，因此小孩必然有部分依旧禁锢在自己的心里。成人越能自如驾驭语言，就越有可能了解或者意识到别人的观点，理解了这一点就能明白皮亚杰在说什么了。语言事实上让人们超越自己，这就是为什么人类文化如此注重于教小孩语言。语言让小孩终于可以摆脱以自我为中心的思考。

## 不同的思考，不同的世界

皮亚杰从精神分析借用了两种类型思考的区别：

* 定向或理性的思考。这类思考有个目的，思考是为了让目的适应现实，而且可以用语言传达思考过程。这种思考是以经验和逻辑为基础的。

* 无定向或自闭的思考。这类思考涉及的目的是不自觉选择的，而且不会去适应现实，是以满足欲望为基础，而不是想要确立真相。这类思考的语言是意象、神话和象征符号。

对于定向的心智来说，水具有特定性质，而且遵循特定法则，除了从物质上也可以从概念上来设想水。对于无定向的心智来说，水只有跟欲望或需求相关时才有意义，水是可以喝、看得见，或者可以用来享乐的东西。

这样的区别帮助皮亚杰领会 11 岁之前的儿童思考发展。3～7 岁的儿童大致是以自我为中心的，具备自闭思考的要素；而对于 7～11 岁的儿童，以自我为中心的逻辑会让位给感知智能。

皮亚杰设计实验，请小孩讲述他们听到的故事，或是解释某件事情，例如水龙头的运作（先展示给他们看）。7 岁以下的小孩并不真的在乎他们讲话的对象是否明白故事或水龙头的原理。他们能够描述，但是不会分析。不过七八岁之后，小孩就不会默认对方懂得他们的意思，所以会努力给予忠实的叙述，也就是保持客观。在这个年龄之前，以自我为中心不会让他们保持客观，遇到他们无法解释或不懂的就编造。但七八岁之后，小孩明白正确说出真相的意思，也就是懂得虚构和现实的区别。

皮亚杰指出，儿童是依据"图式"来思考，这让他们可以聚焦于信息的整体，而不必理解每一个细节。当小孩听到自己不理解的事，他们不会试着分析句子结构或字词，而是企图掌握或创造整体的意义。皮亚杰指出，心智发展的倾向永远是从统合到分析——先看见整体，之后才获得把事情分解成部分或者分类的能力。在七八岁之前，孩子的心智主要是统合的，不过之后会发展分析能力，标志了从青少年转变为成人的心智。

## 儿童的逻辑

皮亚杰好奇为什么小孩，尤其是7岁以下的小孩，总是在幻想、做白日梦、天马行空。他评述那是因为儿童没有进行演绎或分析的思考，就不会严格划分"真实"与"不真实"。因为他们的心智不是从因果关系和证据的角度运作的，对他们来说一切皆有可能。

小孩会问："如果我是天使会发生什么事？"对大人来说，这个问题不值得深究，因为我们知道这不可能是真的。但是对小孩来说，任何事都有可能，而且都说得通，因为他们不需要客观逻辑。要让他们的心智满意，只要有动机就好了。举个例子，球想要滚下山坡，所以球就滚下来了。一个6岁男孩可能会觉得河从山丘上流下来是因为河想要这么做。再长大一岁，他会从"水永远从山上流下来，这就是为什么河从这座山流下来"的观点来解释。

许多小孩不停地问为什么，是因为他们想要知道每个人和每件事的意图，即使是无生命的，他们还不明白只有一些事是有意图的。之后，等小孩能够领会大多数事情是有原因的，不是有意图就可以，他们的问题会变成追究因果关系。在他们能够了解前因与后果之前的时期，刚好跟自我中心时期重叠。

"虚构的世界"（大人以优越的态度贴上这样的标签），对于小孩却是冰冷、确凿的现实，因为这个世界里的一切，根据它们的意图和动机来判断，都是合理的。事实上，如皮亚杰略带挖苦地评述，从儿童的理解角度来看，世界似乎运作得如此之好，并不需要逻辑来支持。

成人往往发现很难了解小孩，因为他们忘记在小孩的心智里，没有"逻辑"这个角色。在小孩到达特定年龄之前，我们无法让小孩用我们的方式思考。在每一个年龄段，小孩与他们的环境达到独特的平衡。也就是说，他们在5岁时的思考和感知方式完美解释了他们的世界。不过相同的方式不适用于他们8岁时。

在后来的著作里，皮亚杰探索心智发展的最后阶段（始于11、12岁）。青少年推理、抽象思考、判断以及考虑未来的能力让他们本质上与成人无异。从此之后就是能力增长的问题，而不是性质的改变了。

## 总评

尽管关于精确的年龄还存疑，皮亚杰的儿童发展阶段大体上还是通过了时间考验，而且他对学龄前和学龄教育的影响是巨大的。

不过皮亚杰从来不认为自己是儿童心理学家，更准确地说，他是专注于知识理论的科学家。他对儿童的观察引导出更加广泛的沟通理论和认知理论，他从儿童心智上面了解到的，让我们对成人的心智也有了更清晰的认知。例如不只是儿童使用图式来理解世界，成人也必须让新信息符合自己的已知框架来容纳和吸收新信息。皮亚杰创造出"发生认识论"（genetic epistemology）的领域，探讨的是知识理论如何根据新信息演化或改变。他把心智看成是相当随心所欲的创造，以这样的方式成形，因此当事人可以根据自己的世界模型来解释现实。教育必须考虑这些模型，而不只是把事实硬塞给学生，否则信息是无法吸收的。填鸭式的教育方法会让学生变成呆滞的顺服者，他们对改变不自在。皮亚杰领先时代，主张我们应该把人教育成能够创新和创造的思考者，他们能觉察自己心智的主观性，又足够成熟来容纳新事实。可以说，他最初观察儿童语言和思考的实验，得出伟大见解，让世人明白成人是如何处理知识、创造出新的理解。

# 让·皮亚杰

1896年，皮亚杰出生于瑞士西部的纳沙泰尔，皮亚杰的父亲是当地大学一名中世纪文学教授。他对生物学有强烈兴趣，因此在离开学校之前就已经发表了好几篇科学文章，而且在1917年出版了一本哲学小说《追索》(*Recherché*)。

拿到博士学位之后，皮亚杰开始研究儿童的语言发展，1921年他成为日内瓦卢梭研究所的主任。1925—1929年，他是纳沙泰尔大学心理学、社会学和科学哲学的教授，之后他返回日内瓦大学，成为科学思想教授，在那里待了10年。他同时任职于瑞士教育当局。1952年皮亚杰成为巴黎索邦大学的发生心理学教授，他也一直主持日内瓦的"发生认识论国际中心"，直到1980年过世。

重要著作包括《儿童对世界的概念》(*The Child's Conception of the World*, 1928)、《儿童的道德判断》(*The Moral Judgment of the Child*, 1932)、《儿童智力的起源》(*The Origins of Intelligence in Children*, 1953)、《生物学与认识》(*Biology and Knowledge*, 1971)，以及《意识的把握》(*The Grasp of Consciousness*, 1977)。

# 2002

# 《白板》
## *The Blank Slate*

许多人认为，承认人有天性就是支持种族主义、性别歧视、战争、贪婪、种族灭绝、虚无主义、反动政治，以及忽视孩童与弱势群体。若听到有人主张心智有先天组织，人们当下想到的不是这个假设可能为真，而是它是不道德的。

每个人对人性都有自己的理论。每个人都必须预期别人会做出什么行为，这意味着我们都需要有理论来解释人们行事的动机。关于人性，我们都有个心照不宣的理论，也就是行为是由思想和感受引发的；这个理论深藏在我们对人的想法里。

**总结一句**

遗传科学和进化心理学显示，人性不只是环境将我们社会化的结果。

**同场加映**

劳安·布里曾丹《女性的大脑》（第 07 章）

汉斯·艾森克《人格的维度》（第 16 章）

威廉·詹姆斯《心理学原理》（第 31 章）

拉马钱德兰《脑中魅影》（第 44 章）

# 斯蒂芬·平克
# Steven Pinker

关于"遗传或教养"的知名辩论,核心的问题是我们来到这个世界是已经被设定好拥有某些特质或才华,还是我们完全是由身处的文化和环境塑造。在20世纪六七十年代,父母接受行为主义心理学家、人类学家和社会学家的专家意见,相信环境就是一切。他们尽自己的本分,不让男孩玩玩具枪,而是给他们洋娃娃,想要创造出更加和平、更加没有性别歧视的世界。然而,有小孩的人从第一天就知道,每个孩子天生就和他们的手足不一样。首屈一指的实验与认知心理学家斯蒂芬·平克写了《白板》纠正许多没有根据的主张,比如关于人的心智可塑性有多强,并且揭穿了我们的行为是社会化结果这类迷思。

人们不愿意承认的事实是,生物学决定了人性,平克说这如同维多利亚时期的人不愿意讨论性。平克还补充说,这样的观点扭曲了公共政策、科学研究,甚至我们对彼此的看法。不过他不是单纯站在"基因就是一切,而文化无关紧要"的立场。相反,他的用意是想搞清楚下述事实:相比我们受文化和环境塑造的程度，人性有多少是由已经存在大脑里的模式形塑。

## "白板"理念的历史

启蒙时代哲学家约翰·斯图亚特·密尔（John Stuart Mill）指出了经验的重要及人类心智的可塑性，把人类心智描绘成一张等待书写的白纸，这个理念后来以"白板"为人所知。平克将这个概念定义为：人的心智没有先天结构，可以任由社会或我们自己来铭刻。这种想法蕴含了合乎逻辑的假设，也就是每个人都是平等的，而今日我们理当接受。除非有严重的身心障碍，否则任何人都可以有志者事竟成。

不过，接受这样的概念也蕴含了下述观点：在解释人的样貌时，生物学施展不了力量，无法扮演任何角色。《行为主义》（*Behaviorism*）中有一段著名的话，约翰·华生（John B. Watson）吹嘘，只要给他一打健康的婴儿，他可以随自己心意把他们塑造成各种成人，无论是医生、艺术家、乞丐还是小偷。

平克说，即使行为主义不再是心理学的正统，完美的白板这个观念也被顽固地保存下来，成为"当代知识界的世俗宗教"。很容易理解，我们不希望回到只强调人与人之间生理差异的时代，因为那似乎也允许种族、性别或阶级的歧视和偏见。不过讽刺的是，白板理念创造出来的真空却被极权政权利用、滥用了，他们相信可以把群众打造成想要的任何样子。平克问：在白板理念最终消除之前我们还需要经历多少"人类改造"计划？

## 我们就是我们

平克指出，人类的心智永远不可能是一块白板，因为那是经过几千年物竞天择锻造出来的。有些人的大脑让他们拥有敏锐感官，能机灵地解决问题，他们自然会胜过其他人，基因也自然被留传下来。可塑性太强的心智在生存竞争中被选择出来淘汰掉了。

进化生物学家和某些得到启蒙的人类学家已经阐明，一系列"社会建构"的因素事实上主要是由生物学预先设定的，例如情绪、亲属关系及性别之间的差异。唐纳德·布朗（Donaid Brown）勾勒出他所谓的"人类共性"，也就是全世界各个社会中都找得到的特质或行为，无论社会发展程度如何。这些共性包括冲突、强暴、嫉妒和控制，如我们预期的，也包括解决冲突、道德感、仁慈和爱。人类有可能既残酷又聪明，同时还有爱心，因为我们继承的神经构造是来自在冲突和战斗中存活下来的人，不过他们也有能力生活在亲密的社群里，成为缔造和平的人。平克总结："爱、意志和良心，也是'生物学设定的'，意思是，经过演化的适应已经根植于我们的大脑回路中。"

## 出生时的设定

神经科学家进行的各种研究已经表明，我们的大脑在出生时设定有多么精细。例如：

* 男同性恋者通常有个大脑部位（在下视丘前缘的第三间质核）比一般人的要小。大脑这一部位一般被认为在性别差异上有重要的作用。
* 爱因斯坦的大脑中的顶下小叶较大而且形状不寻常，这个部位对于空间和计算智能很重要。相反，对被定罪的杀人犯大脑的研究表明，他们大脑的前额叶皮层小于平均值，这个部位掌管决策和冲动抑制。
* 研究发现，一出生就分开的同卵双胞胎下述各项表现的水平差不多：整体智力、口语和数学技能，内向或外向、亲和力之类的人格特质，以及对整体的生活满意度。他们甚至拥有相同的人格怪癖和行为，例如赌博和看电视。这不仅是因为他们拥有一模一样的遗传物质，而且他们大脑实际的生理构造（各个部位的沟壑和皱褶及大小）也几乎是相同的。
* 许多病症过去被认为是单纯由个人环境造成的，现在也找到了遗传根源。这些病症包括精神分裂（思觉失调）、抑郁、孤独症、阅读障碍、躁郁及语言障碍。这一类病症会在家族之间流传，而且不容易根据环境因素预测。
* 心理学家能够把人格划分为五个主要方面：内向或外向、神经质或稳定、对新事物不感兴趣或持开放态度、亲切或对抗，以及认真尽责或茫然无目标。这五个方面都可能是遗传的，我们的人格有40%～50%跟这些遗传倾向有关。

平克明白我们的恐惧，如果基因影响了心智，那么我们的思考和行为就完全由基因控制了。不过，基因只是赋予了特定的可能性，并没有决定什么事。

## 总评

平克把人们对白板的信念比拟为伽利略时代的宇宙观，当时人们相信物理的宇宙建立在道德框架上。同样地，今日的道德和政治环境让科学事实（指人性的生物学基础）被放到一边，以迁就意识形态。我们害怕这些事实会导致价值观崩塌，而且会失去掌控力，不再能够把社会控制成我们想要生活在其中的那种社会。

平克引用了俄国小说家契诃夫的一句话来回应："只有知道自己是什么样，人才能变得更好。"关于我们是谁及我们是什么样子，只有坚持事实，以生物学、遗传科学和演化心理学为根基，我们才能够向前迈步。人的天性中或许有许多方面是我们不愿意承认的，但是否认并不会让它们消失。

《白板》是本厚重的书，要花你不少时间来阅读和理解。这是一本智识上的杰作，很可能会粉碎你珍视的观点，或是将你转移到比较坚定的科学立场。我们很容易明白为什么平克是先进最顶尖的科普作家，他的著作结合了科学的严肃庄重和乐趣无穷的文字风格。

# 斯蒂芬·平克

斯蒂芬·平克1954年生于加拿大的蒙特利尔，拥有麦吉尔大学和哈佛大学的学位。他在哈佛大学拿到实验心理学的博士学位。他最出名的是关于语言和认知的研究。

其他著作包括《语言本能》(*The Language Instinct*, 1994)、《心智探奇》(*How the Mind Works*, 1997)、《思想本质》(*The Stuff of Thought*, 2007)、《人性中的良善天使》(*The Better Angels of Our Nature*, 2014)，以及《风格感觉》(*The Sense of Style*, 2014)。2003年之前，平克是麻省理工学院的心理学教授，同时是认知神经科学中心主任。目前他是哈佛大学约翰斯通家族讲座心理学教授。

# 1998

# 《脑中魅影》
## Phantoms in the Brain

有一种保持幼态不长毛的灵长类，有着独特的古怪之处，那就是他们演化成可以回顾并且询问自己起源的物种。更古怪的是，他们不仅能够发现大脑如何运作，还可以询问关于自己的存在之类的问题：我是谁？死后会发生什么事？我的心智纯粹是由我大脑里的神经元产生的吗？如果是这样的话，自由意志有什么余地可以发挥？是这些问题奇特的递归性质——大脑努力想要了解自己——让神经学令人着迷。

**总结一句**

弄清楚神经学上比较怪异的案例，能够帮助人洞察我们是如何感知自己的。

**同场加映**

维克多·弗兰克尔《追求意义的意志》（第17章）
安娜·弗洛伊德《自我与防御机制》（第18章）
威廉·詹姆斯《心理学原理》（第31章）
奥利弗·萨克斯《错把妻子当帽子》（第46章）

# 拉马钱德兰
## V. S. Ramachandran

什么是意识？什么是自我？几千年来这一类的大问题一直是留给哲学家去解答的。现在，由于我们对大脑本身的认识越来越精进，科学便加入这场辩论。拉马钱德兰是世界上数一数二的神经科学家，他表示人们研究大脑时日尚短，不足以发展出什么关于意识的伟大理论，像爱因斯坦发展出相对论那样，不过或许我们正处于深入了解的早期阶段。

与桑德拉·布莱克斯利（Sandra Blakeslee）合写的《脑中魅影》是拉马钱德兰初探"心智奥秘"的畅销书，也是一本启示录。阅读完这本书之后，你再也无法将举起手臂或拿取茶杯的动作视为理所当然。科学家擅长的是发展理论然后找出证据来支持，然而拉马钱德兰做的是相反的事，他刻意采纳目前科学无法轻易解释的医学异常案例。对于有兴趣研读精神医学的读者来说，或许这本书最突出的信息是，我们现在对许多先前被诊断为"发疯"的病例有更清楚的了解，这些病症是因为脑回路运作不正常导致的。看似疯狂的行为或许不代表当事人精神失常。

除了让我们跟上基本的大脑解剖学，这本书读起来也很愉快。热爱福尔摩斯的拉马钱德兰承认，他不是一般人心目中的科学家，他写作时会援引莎士比亚和整体治疗大师迪帕克·乔普拉（Deepak Chopra）的作品，同时也论及弗洛伊德和印度宗教。他没有历数自己的学术成就，反而坦承自己在知识上受惠于科普著作。这样的宽广胸襟让《脑中魅影》成为有趣的读本，即使你从来没听过视丘或额叶。这本书可能有点漫谈的味道，拉马钱德兰信手拈来的风格传达出他的赞叹和惊奇，想想看，为什么一大团湿湿的灰色细胞能创造出自我觉察和意识？

## 大脑的位元

拉马钱德兰指出一项惊人事实：跟沙粒一样大小的人类大脑，包含了十万个神经元、两百万根轴突和十亿个突触，彼此都会互相"交谈"。他详细描述了大脑各个部位，包括4个脑叶——额叶、颞叶、顶叶和枕叶，4个脑叶组成了"核桃的两半"。每一半控制身体另一边的动作——左脑半球控制我们右边动作，右脑半球控制左边。左脑半球往往是大脑中一直在"说话"的部位，负责理性的意识层面，无论是在脑袋里思考或者用嘴巴说出来。右脑半球跟我们的情绪和生活中的整体意识更相关。额叶往往被公认为大脑中最"人性"的部位，是智能、计划和判断等功能的基地。

大脑其他特点包括：

* 胼胝体：由神经纤维组成的带状体，联结两个脑半球。
* 延脑（延髓）：位于脊髓顶端，调节血压、心跳速率和呼吸。
* 丘脑：位于大脑中央，除了嗅觉，其他感官都是通过丘脑来传达信息，一般认为是大脑的原始部位。
* 下丘脑：位于丘脑下面，跟攻击、性、恐惧等驱动力相关，也跟激素和新陈代谢的功能相关。

拉马钱德兰指出，尽管有了这些基础知识，我们依旧无法真正确定记忆和知觉是如何产生的。举个例子，记忆是被收容在大脑的特定部位吗？还是说记忆涉及范围更广，涉及整个大脑？作者认为两种解释或许都正确，虽然大脑的各个部位都有特定职责，但了解它们如何互动，我们才能开始接近真相，理解是什么构成了"人性"。

## 幻肢

"脑中魅影"指的是什么？拉马钱德兰最著名的是他针对有幻肢经验的人进行的研究。在截肢或瘫痪之后，当事人仍拥有这部分肢体的全部感觉。最糟的是当事人确实会感觉到幻肢的疼痛。拉马钱德兰好奇，这些幻觉是如何产生的，以及是从神经系统中什么地方产生的。为什么在截肢之后拥有肢体的感觉仍然"冻结"在大脑里。通过针对患者的实验和研究，他如此解释幻肢的感觉：本质上，大脑有个身体意象，呈现出包括手和腿的身体。当其中一肢丧失时，大脑可能需要一段时间才能意识到这点。

传统的见解是，失掉一只手或一条腿的打击太大，当事人便一心幻想肢体还在，或是否认肢体丧失。不过拉马钱德兰指出，他见过的大多数研究对象都没有神经症。事实上，他治疗的一名妇女米拉贝尔生下来就没有双手，却仍然有使用双手的逼真感觉。这显示，大脑预先设定好了四肢的协调，即使感官信息告诉大脑并没有东西可以移动，大脑也想要享受使用四肢的乐趣。他提到另一则案例，有位女孩频繁地想使用手指做简单的算术运算，但她一生下来就没有前臂。人们失去一肢时，大脑通常会继续发送信息要使用它，不过当有一天肢体不存在的回馈累积得够多时，这种感觉就会停止了。然而跟截肢不一样，生下来就没有双手的人从来没有接收过来自残肢的感觉回馈，告知他们已经改变了，因此大脑便继续相信自己有手臂可以使用。

## 否认手脚瘫痪

病觉缺失是一种综合征，患者显然在大多数方面的神智正常，但是否认他们的手臂或腿瘫痪了，不过只有在瘫痪的是左手臂或左腿时，才会出现这种状况。是什么导致了这样的认知失调？只是患者一厢情愿的想法吗？还有，为什么只发生在左肢？

拉马钱德兰的解释涉及两个脑半球之间的分工。左脑半球负责创造信仰系统或现实模型。左脑半球的本质是顺应，而且"总想要墨守成规"。因此当新的信息不符合模型时，左脑半球就会采用否认或压抑的防御机制来维持现状。相反，右脑半球的职责是挑战现状，寻找不一致的地方或改变的迹象。当右脑半球受损时，左脑半球就可以自由地追求"否认和虚构"。没有右脑来检核事实，心智就会走上自欺欺人的路。

## 不惜任何代价保存自我

拉马钱德兰对病觉缺失综合征患者的研究似乎证实了弗洛伊德关于防御机制的见解。防御机制就是我们用来保护自我概念的思想和行为。神经学的任务是搞清楚为什么人们会合理化和回避现实，只不过要考虑的是大脑的线路设定，而不是心理层面。采取否认模式的患者是最佳研究对象，因为他们的防御机制是集中和放大的。

大脑会做任何事来保存自我意识。自我意识的演化或许是因为大脑和神经系统涉及许多不同的系统，需要一个大幻影把这些系统全部联结在一起。要生存、要社交、要交配，我们需要体验到自己是自主的存有，有掌控能力。不过，我们可以掌控的部分事实上只是整个存有的一小部分，其余的是自动进行，像僵尸一样。

## 怪异而奇妙的案例

拉马钱德兰引用了托马斯·库恩（Thomas Kuhn）划时代的

著作《科学革命的结构》(*The Structure of Scientific Revolutions*)。库恩在书中指出，科学倾向于把不寻常的案例"扫到地毯下"掩盖起来，直到这些案例可以嵌入已经确立的理论之中。不过拉马钱德兰的观点恰恰相反，他认为解答了奇异的案例我们可以更接近一般性。想想他讨论的三则例子：

* 偏侧忽略症（Hemi-neglect）患者对世界上位于左边的物体或是发生在左边的事件没反应，有时候甚至对自己左边的身体也漠不关心。艾伦不会吃盘子左边的食物，不会给左侧的脸上妆，甚至不会刷左边的牙齿。尽管会吓到跟她住在一起的人，这种症状不是那么少见，而且往往发生在右脑中风之后，尤其是右顶叶受到损伤。

* 卡普格拉斯妄想症（Capgras's delusion）是一种罕见的神经系统疾病，患者会把自己的父母、小孩、配偶或手足当成冒充的骗子。患者熟悉这些人的脸，但是看着他们的脸时体验不到任何情绪，于是大脑认定他们一定是冒充的骗子。从神经学的角度来说，是辨识脸部的区块（位于颞叶皮质）和杏仁核（边缘系统的门户）之间的联结断裂了。杏仁核协助我们对特定的脸孔产生情绪反应。

* 科塔尔综合征（Cotard's syndrome，或称行尸综合征）是种诡异的病症，患者相信自己已经死了。他们声称闻到自己的腐肉味道，看见蠕虫在自己的身体上爬进爬出。拉马钱德兰认为这种幻觉的产生是因为大脑的感觉区块和处理情绪的边缘系统联结失败。患者确确实实再也感觉不到任何

情绪，因此与生命脱离了。他们的大脑处理这种情境的唯一方式是，假设他们已经死了。

## 意识是什么

因为更容易针对当事人进行实验，这种诡异的案例便可以揭露正常的心智是如何运作的。我们把自己再现世界的能力视为理所当然，但是如果我们的大脑设定稍微出错，对于什么是真实、什么不是真实的整体概念可能就会让我们如身处迷雾之中。我们开始了解，人的现实感其实更像是精巧设计的幻觉，让我们能够行走于这个世界，并且存活下来。如果我们必须处理每一秒的纯粹感知，就永远完成不了任何事。我们需要把一定量的基本现实感知视为理所当然，不必再去处理，通常大脑会出色地完成这部分。只有当事情出错了，我们才会明白意识是如何精巧地保持平衡。

拉马钱德兰说，对于意识的产生，杏仁核和颞叶发挥了极其重要的作用。没有这两个部位，我们与机器人无异，无法意识到我们所作所为的意义。我们大脑里不只有回路告诉我们如何做事，也有回路告诉我们为什么会做这些事。拉马钱德兰用了一整章探讨宗教感增强和颞叶癫痫之间的关联；当大脑的颞叶发作癫痫时，当事人可能突然以极为灵性的方式看待眼前的一切。能够赋予事物不同意义，包括有能力讨论我们具有意识这项事实，区分了人跟其他动物，不过如果这项功能受损或者更改了，有可能人们会体验到周围事物更多深刻的意义。

> **总评**
>
> 拉马钱德兰说，人类历史上最伟大的革命将发生在我们真正开始了解自己的时候。他呼吁投入更多资金来赞助大脑研究，不只是为了满足我们的好奇心，而是因为"所有卑劣的事"，如战争、暴力、恐怖主义，都是源自大脑。
>
> 神经学提供了大脑构造和回路的知识，我们需要这些知识作为起步。然而更艰巨的任务是，了解一大团灰色细胞和我们作为自由意志个体的感觉之间的关系。即使确如拉马钱德兰提出的，自我意识也是大脑创造出来的精巧幻觉，为了确保我们的身体能够存活。自我意识也是关于我们如何在哲学或精神的层次上与宇宙互动。自我意识在动物界是独一无二的，因此我们应该加以珍惜，而且值得进行更深入的研究。

## 拉马钱德兰

维莱亚努尔·拉马钱德兰（Vilayanur Ramachandran）生于1951年，在印度和泰国长大（他父亲是外交官），他在印度金奈的斯坦利医学院拿到硕士学位，在剑桥大学取得了博士学位。他目前是加州大学圣地亚哥分校大脑与认知中心主任，也兼任索尔克生物研究所的生物学教授。拉马钱德兰获得了荷兰皇家艺术与科学院颁赠的奖章和来自澳大利亚国立大学的金质奖章，同时被选为牛津大学万灵学院院士。

拉马钱德兰出席世界各地的重要讲座，包括主讲英国BBC 2003年的睿思演讲，以及美国国家心理卫生研究院的"大脑十年"讲座。《脑中魅影》还被制作成两集纪录片，在英国的第四频道和美国的公共电视网播出。其他著作包括《人类大脑百科全书》（*Encyclopaedia of the Human Brain*，2002）、《浮现的心智》（*The Emerging Mind*，2003）、《浅入人类意识》（*A Brief Tour of Human Consciousness*，2005），以及《会讲故事的大脑：一名神经科学家追索人之所以为人》（*The Tell-Tale Brain: A Neuroscientist's Quest for What Makes Us Human*，2011）。共同作者桑德拉·布莱克斯利是《纽约时报》的科学撰稿人，专长是认知神经科学。

# 1961

# 《个人形成论》
## On Becoming a Person

---

  如果我能提供一种特定形态的关系，对方就会发现自己有能力运用这份关系来成长，于是产生改变，个人也会发展。

  当个人逐渐地、痛苦地探索他呈现给这个世界的面具背后是什么，甚至在面具背后他一直在欺骗自己……便越来越能成为自己，不是从众的假象，不是愤世嫉俗地否认所有感受，也不是知性和理性的门面，而是活生生的、会呼吸、有感受、有波动的历程——简单来说，他成为一个人。

**总结一句**

  真正的关系或互动是，在其中你能自在地做自己，而对方可以清楚地看见你的潜能。

**同场加映**

  米尔顿·埃里克森《催眠之声伴随你》（第14章）
  亚伯拉罕·马斯洛《人性能达到的境界》（第36章）
  弗雷德里克·皮尔斯《格式塔治疗》（第41章）

# 45

# 卡尔·罗杰斯
## Carl Rogers

※

你是否曾经和某人长久对话后感觉被治愈了？一份独特的关系让你再度感觉正常或良好？很可能这些互动是发生在信任、开放、坦诚的环境里，你获得百分之百的关注，而且对方认真地倾听你，不带判断。

卡尔·罗杰斯认为上述是良好关系的特征，把这些应用在他身为心理学家和咨询师的工作上，结果是革命性地颠覆了心理咨询师和病人的传统模式，让成功的人际互动具有了更加宽广的含义。

罗杰斯进入他这一行时觉得会成为一名优秀的心理咨询师，不管谁来求助，他都会"解决"他们的问题。但是他开始领悟到这个模式很少产生效果，患者状况的好转其实更多依赖的是坐在咨询室的两人之间深刻的理解与开放性。他受到存在主义哲学家马丁·布伯（Martin Buber）及他的"坚信对方"观念强烈影响。这点意味着完全确认一个人的潜能，也就是有能力看见对方"生下来要成为"的那个人。重点转移成人的可能性

（相对于只是关注问题）让罗杰斯与马斯洛成为新兴的人本主义心理学标杆人物，而他们对个人成长和人类潜能的理念在今日我们习以为常。

《个人形成论》不是单篇成书，而是罗杰斯写作10年的合集，是他跨越30年的心理治疗生涯累积下来的智慧，尽管不容易阅读，一旦你掌握了其中的概念，就可以获得非常多的启发。

## 让每个人做自己

在受训成为心理咨询师的过程中，罗杰斯很自然地吸收了下述观念：心理咨询师可以控制与患者的关系，而且他的职责是分析和治疗病人，仿佛他们是物体。但是他最后得出的结论是，让病人（案主）引导前进方向更加有效。这就是他著名的以人为中心治疗形式的开端。

罗杰斯觉得比起试图"修复"案主，更重要的是全心全意倾听他们在说什么，即使他们说的听起来似乎是错误的、软弱的、奇怪的、愚蠢的或恶劣的。这样的态度让人们可以接受自己所有的想法，经过几次会谈之后他们就会治愈自己。罗杰斯将他的哲学概括为"我做我自己，同时让对方做他自己"。当时的心理学研究都环绕着实验室小白鼠的行为，但罗杰斯相信让"疯狂"的病人决定方向就好，这个做法大大挑战了心理学专业，许多人都驳斥他的想法。

如果以为这样不够颠覆，罗杰斯还粉碎传统观念——治疗师要冷静自持地客观倾听患者的问题。他主张，治疗师有权利拥有自己的人格，表达他们的情绪。例如如果在会谈过程中他感受到敌意或者被惹恼了，他不会假装自己是和气、超然的医生。如果他没有答案，也不会声称自己有。他认为心理咨询师和患者的关系若要建立在真实基础上，必须包含心理咨询师的心情和感受。

罗杰斯著作的核心见解是，他把人生看成流动的过程。他相信圆满的人应该会接受自己"是逐渐、持续成形的，而不是成品"。人们犯的错误是试图控制自身经验的所有方面，结果他们的人格不是以真实为根基。

## 成为真正的人

罗杰斯观察到，人们第一次来见咨询师寻求治疗时，通常会给个理由，例如跟另一半或是雇主相处有问题，或者是自己有无法控制的行为。相同的是，这些理由都不是真正的问题。事实上他见过的所有患者都只有一个问题：他们绝望地想要成为真正的自己，让自己能丢掉至今他们用来应付生活的虚假角色或面具。他们通常非常在意别人对他们的想法，考虑在各种情境下自己应该如何行事。治疗带他们回到自己对生活与各种处境的直接体验。他们成为一个人，而不只是对社会的反映。

这样的蜕变其中一个层面是，人们开始承认自我的方方面面，允许存在完全矛盾的感受（一个患者承认她同时爱和恨她的父母）。罗杰斯的格言是，要厘清自己的情绪和感受时，"事实永远是友善的"，真正的危险是否认我们的感受。当我们觉得羞耻的感受一一浮出表面时，就能领悟到，允许这些感受存在不会杀死我们。

## 总评

罗杰斯的影响远远超出了他专注的心理咨询领域。他强调人们需要将自己看作流动的创造过程，而不是固定实体，此观念引导了 20 世纪 60 年代反文化革命的思想氛围。我们也很容易在现在自我成长类图书作者的身上看到他的影响。例如斯蒂芬·柯维（Stephen Covey）提出的高效能人士的七个习惯之一就是"先去理解别人，再寻求别人理解你"。这是带有强烈罗杰斯色彩的概念。在人际关系中，除非一方觉得可以安全地讲出心里话，而且对方会倾听，否则关系永远不会有进展。而"活出你的热情"这样的呐喊，从某个角度来说也可以回溯到罗杰斯的关注焦点——过可以表达你真正样貌的生活。

罗杰斯认为心理学家有着世界上最重要的工作，因为最终拯救我们的不会是物理科学，而是人与人之间更好的互动。在他的会谈中创造出来的开放、透明的氛围，如果能复制到家庭、公司或政界中，就能带来更少焦虑和更有

> 建设性的结果。然而关键是，渴望真实感受他人或其他团体的想法和感受这样的意愿，虽然从来不是简单的事，却能够转化牵涉在里面的人。

## 卡尔·罗杰斯

1902年，罗杰斯生于芝加哥一个严格信奉宗教的家庭，在6名孩子中排行第四。他在威斯康星大学先研习农业，接着攻读历史，不过他的目标是成为神职人员。1924年，他进入自由开放的纽约协和神学院（附属于哥伦比亚大学），然而两年后他觉得奉行教义的信仰束缚了他，开始在哥伦比亚大学的师范学院修习心理学。他在那里取得硕士（1928年）和博士（1931年）学位。

罗杰斯拥有儿童心理学博士学位，因此在纽约州罗彻斯特防止虐待儿童协会找到工作，担任心理学家，协助有情绪困扰或违法倾向的儿童。尽管没有获得学术声望，这份工作也能够让他支撑自己的小家庭，他在这里一待就是十多年。1940年，罗杰斯通过著作《问题儿童的临床治疗》(*Clinical Treatment of the Problem Child*)展现了实力，他获得俄亥俄州立大学的教授职位。他影响深远的作品《咨询与心理治疗》(*Counselling and Psychotherapy*)于1942年出版，1945年他开始在芝加哥大学任职，在那又待了12年，还在那里创立了咨询中心。《当事人中心治疗》(*Client-*

*Centered Therapy*，1951）更加提升了罗杰斯的名声，1954年他获得美国心理协会颁发的第一个"杰出科学成就奖"。1964年他搬到加利福尼亚州的拉霍亚市，任职于西部行为研究学院，此后就待在加利福尼亚，直到1987年过世。使他闻名于世的成就还包括："会心团体"的研究、对"成人体验式学习"理论的贡献，以及在"解决冲突"领域的影响。

# 1970

# 《错把妻子当帽子》
## The Man Who Mistook His Wife for a Hat

神经学和心理学是很奇特的,虽然它们谈论其他一切,却几乎不谈"判断"——然而正是失去判断力……构成了那么多神经心理失调的本质。

于是,这名超级抽动秽语综合征患者被迫战斗(其他人不必如此,只为了可以生存),为了成为真正的人,为了在面对不断出现的冲动时,仍然保有完整的人的样子……奇迹是,大部分病人都成功了。因为生存的力量、想要活得独一无二的意志力,绝对是我们生而为人最强大的精神:比任何冲动、疾病都要强大。健康,以及为健康而战的力量,通常是胜利者。

**总结一句**

人类大脑高明的地方是,它会不断创造自我意识,即使是面对严重的神经疾病,自我意识仍然能保存下来。

**同场加映**

维克多·弗兰克尔《追求意义的意志》(第 17 章)

威廉·詹姆斯《心理学原理》(第 31 章)

拉马钱德兰《脑中魅影》(第 44 章)

# 奥利弗·萨克斯
## Oliver Sacks

神经学家奥利弗·萨克斯在畅销全世界的成名作《错把妻子当帽子》一开头就指出，他一直对疾病和人具有同等兴趣。一辈子的研究让他相信，问题往往不是"这个人有什么疾病"，而是"什么人有这个疾病"。你检查病人时不能把他们看作昆虫，你谈论的是一个"自我"。

在神经学上这点更加重要。大脑的实质功能障碍往往会影响当事人的自我认知。萨克斯的著作意在呈现，即使人们正常的机能遗弃了他们，当事人依旧保存着无可置疑的独特性。对见识过许多奇怪案例的萨克斯来说，人们在面对心理或生理的挫败时，对自己的努力调适和改造是令人赞叹的。

全书24章详细描述了各种奇怪而有趣的案例，让书染上了小说令人不舍释卷的性质。第一部分标题为"不足"，是关于那些渐渐失去某种心智功能的人如何战斗要恢复正常的自我意识。

## 吉米丢失的数十年

没有了记忆，有可能拥有自我吗？萨克斯讲述了吉米的故事。49 岁的吉米住在老人之家，这里是 1975 年萨克斯工作的地方。

吉米是位英俊、健康的男士，而且非常和善。他高中毕业时被征召到美国海军，成为潜艇上的无线电操作员。但是在讲述自己个人生平和家庭生活时，萨克斯注意到吉米使用的是现在时。他问吉米现在是哪一年，得到的答复是："当然是 1945 年！"对吉米来说，战争已经赢了，现在的总统是杜鲁门，他期待根据《美国军人权利法案》进入大学。他相信自己 19 岁。

萨克斯走出咨询室，两分钟后再回去时吉米似乎不认得他了，仿佛他们刚刚的会谈没有发生过。吉米显然活在永恒的"当下"，他的长期记忆骤然停止在 1945 年。他具有较强科学能力，他能毫无困难在测验中解决复杂问题，然而对周遭世界中的重大变化感到困扰。他无法否认镜子中将近 50 岁的男士是他，然而无法解释为什么会这样。萨克斯在他的记录中写着，他的病人"没有过去也没有未来，困在不断改变却毫无意义的时刻里"。他诊断这样的病症是健忘综合征（Korsakov's syndrome，也称科尔萨科夫综合征），由于酒精损伤了大脑乳状体，影响了记忆，不过大脑其他部分不会改变。

萨克斯找到吉米的兄弟，了解到吉米在 1965 年离开海军，没了生活寄托，开始酗酒。不知什么原因他患上了逆行性健忘症，记忆回到了1945年。

萨克斯要求吉米写日记，这样他才知道自己前天做了什么，但是这样做并不能带给他连续感，因为他仿佛是在阅读发生在别人身上的事。吉米似乎"被夺走了灵魂"，从自我的角度来说，他丢失了一些东西。

萨克斯问老人之家的修女，她们是否认为吉米实际上失去了他的"灵魂"。她们觉得这个问题有点冒犯，于是请他去看看吉米在教堂的样子。当萨克斯去教堂观察吉米的时候，发现了一个不同的吉米，他似乎沉浸在敬拜的行为及弥撒的仪式中，比之前"整合"一点。这种程度的精神意义显然足够让他克服平常的心智紊乱。萨克斯写道："光是记忆、心智活动和心智行为，支撑不住他，不过精神上的专注和行动可以完全支撑住他。"而吉米喜欢在花园中摆弄花草、观赏艺术、聆听音乐，也会让他的专注、"心境"与静肃持续好一阵子。

因此，尽管从正常的记忆经验的角度来说吉米已经"死了"（我们觉得是记忆带给我们自我意识），其他时刻他明显是充分活着的人，从经验中获得意义。通过精心安排他喜欢的活动，他能够保持平静的意识。尽管有病，他仍然有一部分，不管是灵魂还是自我，找到方法存留下来。

## 自我 VS 抽动秽语综合征

《错把妻子当帽子》第二部分是"过度"。研究的案例涉及的不是特定功能的丧失，而是过多的天马行空的幻想、夸大的感知、非理性的热情洋溢、狂躁。这些过度状态事实上让当事人情绪高亢地意识到自己活着，那可是正常状态不会有的生命感。严格来说他们生病了，这些病症给了患者强烈的幸福感和对生命的热情（尽管他们内心深处有着这一切无法持久的感觉）。过度的功能融入了当事人的自我认定，所以有些人并不想痊愈。

神经功能过度的一则范例是吉尔斯·德·拉·图雷特（Gilles de la Tourette）在1885年首度描述的一种综合征。图雷特是神经学先驱查科特（Charcot）的学生（弗洛伊德也是），他记录的症状是：突如其来的不由自主的小动作（抽搐）、夸张的动作、咒骂、发出怪声、鲁莽的幽默，以及古怪的强迫行为。每位患者的病情程度不同，而且显现出来的症状各异，从无伤大雅到暴烈。由于这种古怪病症令人费解而且相当罕见，医学界差不多都遗忘了抽动秽语综合征。

不过，这个病症从来没有消失，到了20世纪70年代，有个抽动秽语综合征协会，会员达数千人。研究确认了图雷特最初相信的，这是大脑的失调，问题主要出在"旧脑"。旧脑是人脑中最原始的部分，包含了丘脑、下丘脑、边缘系统和杏仁核，这些掌管本能的部位合在一起形成了我们的基本人格。研究人员发现抽动秽语综合征患者的大脑里有多于平常数量的兴奋性神经传导物质，尤其是多巴胺（帕金森患者缺乏多巴胺）。可以用药物来治疗，以抑制分泌过量。

但是抽动秽语综合征不只是大脑化学物质的问题，因为有时候,例如唱歌、跳舞或表演的时候,患者平常不由自主的小动作和行为就消失了。在这些例子中,萨克斯观察到,"我"这个人似乎克服了病症的"它"。正常人假设拥有自己的感知、反应和动作,很容易就具备坚固的自我意识。抽动秽语综合征患者总是受到无法控制的冲动袭击,却能够维持自我意识,果真如此就太惊人了。萨克斯指出,有些人能够接纳自己的抽动秽语综合征,不仅融入人格里面,甚至善加利用以加快自己的思考速度。而有些人则是被抽动秽语综合征掌控了。

萨克斯24岁的病人雷,患有相当严重的抽动秽语综合征。每隔几秒钟他就会不由自主地抽搐,吓坏每个人(除了熟识他的人)。拥有高智商、机智、幽默和良好的品格,雷顺利念完高中和大学,甚至结了婚。他找得到工作,却总是因为他的行为被开除,因为他发病时的行为有挑衅意味,包括爆粗口。他的抽动秽语综合征是"不请自来的入侵者",他尽力把它融入自己周末担任爵士鼓手的角色里,有时候来一段狂野的打鼓独奏。他唯一能够摆脱病症的时刻是性行为之后睡着了,或者完全沉浸在工作里面。

雷愿意试试服用氟哌啶醇,但是担心一旦不由自主的小动作消失之后,他还剩下什么。毕竟,从4岁之后他就一直是这个样子。当药物开始生效,雷必须面对自己是不一样的人。工作日,药物让他成为冷静、不会抽搐,甚至有点无趣的人,但是他怀念过去有激情、抽搐、妙语连珠的自我(这是他唯一认识的自我),因此他选择周末时不吃药,这样他就可以成为"机智的抽动雷"

（他这么称呼自己）。

在这则案例中，哪一个是雷真实的自我？萨克斯没有给出答案，不过他指出这是"心灵修复力"的典型。即使要面对内在可能掌控我们的极端的"它"，我们内在也永远有个寻求自我肯定的"我"。

## 被施了魔法的纺织机

萨克斯指出，我们目前是以计算机为基础来理解大脑的模式。但是他问：算法和程序能够解释我们从戏剧、艺术、音乐的角度体验现实的丰富方式吗？我们如何调和保存在大脑这台计算机里的"记忆"，以及普鲁斯特和其他伟大作家在文学作品里表达出来的"追忆"？当然，人不只是思考机器，而是生活在充满意义的经历里，拥有一个"代表性象征"来展现我们的实相。这个象征纳入了关于事物的鲜活意识，是我们的整体。

英国生理学家查尔斯·谢灵顿（Charles Sherrington）想象大脑是"被施了魔法的纺织机"，不断编织出意义的图案。萨克斯认为这样的比喻胜过将人脑比作计算机，更能解释经验的个人特质，以及随着时间流转获得意义的方式。萨克斯用"脚本和乐谱"的比喻来理解大脑。我们的人生就像是一份脚本，也可能是一份乐谱，在行进的过程中我们才懂得其中意义。那么归根结底，我们理解自己人生意义通过的棱镜就不是科学或数学的棱镜（或许就左脑的运作来说这样就够了），而是艺术的棱镜。右脑深入参与创造出我们感觉的"自我",对于这样的右脑来说,意义的获得必须来自"经验和行动中蕴含的艺术风情和旋律"。

从某个角度看来,人类可能像是先进的机器人,通过神经系统的计算机回应环境,然而要形成"自我"还需要点什么。萨克斯指出:"经验科学……不考虑灵魂,不考虑是什么构成和决定了个人的存在。"他的病人面对"入侵者"努力想要拿回来或保留的,就是形成自我的关键。

## 总评

只有在神经方面出了什么差错时,我们才会领悟到,自己是多么习以为常地忽视了这样一个事实:要保持自主的感觉、永远能掌控自己,要付出多少努力。萨克斯表示,我们是"整合的奇迹",而且往往低估了自我在面对裂解的力量,例如神经的损伤或疾病时,会有多么强的意志要肯定自己。

如果大脑只是像计算机,就不可能把自己从混沌边缘带回来,重新建立意义感和独立感。人的心智不只是讲求有效率的操作,而是追求完整,寻求从随机的感觉和经验中创造出意义。

一幅画作或者一曲交响乐不只是油彩或乐音,而是意义。同样地,人们用了一辈子时间,成为大于部分总和的

> 存在。当人们死去时我们哀悼，不是因为他们是"好的肉体"，而是因为他们代表了某种意义。这就是萨克斯写作的核心主题：无可否认、充满意义又宝贵的自我。

## 奥利弗·萨克斯

1933 年，萨克斯生于伦敦，他的父母都是医生，萨克斯在牛津大学拿到他的医学学位。20 世纪 60 年代，他搬到美国，在旧金山实习，在加州大学洛杉矶分校完成住院医师训练。

1965 年他定居纽约。20 世纪 60 年代他在布朗克斯的贝丝·亚伯拉罕医院研究昏睡症患者，因此名声大噪。他以当时的实验用药左旋多巴（L-DOPA）治疗，让许多病患得以恢复正常生活。这项实验成为他的著作《睡人》（*Awakenings*, 1973）的主题。《睡人》给了哈罗德·品特（Harold Pinter）灵感，创作出剧本《一种阿拉斯加》（*A Kind of Alaska*），也催生出一部好莱坞电影《无语问苍天》，由罗伯特·德尼罗和罗宾·威廉姆斯主演。

除了私人执业，萨克斯是阿尔伯特·爱因斯坦医学院的神经学临床教授，并兼任纽约大学医学院的神经学教授。《看得见的盲人》（*The Mind's Eye*, 2010）透露了萨克斯的"脸盲症"（无法辨识人的脸孔）。他也是安贫小姊妹会经营的疗养院咨询的神经学家。此外，他获颁许多荣誉博士学位。

其他著作包括《看见声音：走入失聪人的寂静世界》(Seeing Voices: A Journey into the World of the Deaf，1990)、《火星上的人类学家》(An Anthropologist on Mars，1995)、《色盲岛》(The Island of the Colorblind，1996)，以及《钨舅舅：少年奥利弗·萨克斯的化学爱恋》(Uncle Tungsten: Memories of a Chemical Boyhood，2001)。

萨克斯在2015年去世。2016年，他的自传《说故事的人》(On the Move: A Life) 出版。

# 2004

# 《选择的悖论》
## The Paradox of Choice

❦

不像愤怒、伤心、失望、悲痛等其他负面情绪，懊悔让人如此难受的地方是，你觉得令人懊悔的事态是可以避免的，如果你的选择不一样，就可以避免。

数百万年来，人类的存活都是依靠简单的区别，或许事实就是，我们在生物学上还没有准备好应付现代世界要面对的这么多选择。

**总结一句**

说来好像很矛盾，快乐可能在于限制而不是增加我们的选择。

**同场加映**

丹尼尔·吉尔伯特《撞上幸福》（第21章）
马丁·塞利格曼《真实的幸福》（第48章）

# 巴里·施瓦茨
# Barry Schwartz

有选择是好是坏？《选择的悖论》以心理学家、经济学家、市调人员和决策领域的专家研究成果为基础写成。在书的开头，心理学家巴里·施瓦茨一气呵成地摊开事实和数字，说明他在当地超市可以买多少种品牌的谷物脆片，以及他在服饰店遇到的难题。当他询问店员有没有"一般的"牛仔裤时，对方不知道是什么意思，因为在今日样式无穷的状况下没有所谓"一般的"这种东西。

施瓦茨引用了一项研究，要求两组大学生评价盒装巧克力。第一组只给一小盒6块巧克力品尝和打分，给第二组一盒30块。结果是：相较于选择比较多的那一组，供应的巧克力品种比较少的那一组对他们拿到的巧克力更加满意（他们的确说"更加好吃"），甚至选择以巧克力而非现金作为他们的报酬。

这个结果令人意外，因为我们会假设更多的选择让我们感觉更好，选择代表了权力。事实上，当提供的选择比较少时，我们似乎更容易满意自己获得的。施瓦茨说这是在富有的发达国家中出现的特殊焦虑。也就是说，太多的选择可能对我们的快乐产生负面影响，因为更多的选择不一定意味着更好的生活品质或更加自由。

## 抉择的代价升高

施瓦茨巧妙地指出，现代人必须做越来越多的抉择，付出的代价也不断升高。

科技的本意是要节省我们的时间，谁知，反而带我们返回"觅食的行为"，因为现在我们必须筛选上千种选项，才能找到真正需要的。举个例子，过去提供电信或公共服务的公司很少，人们几乎没有选择。现在往往选项多到令人不知所措，结果我们固守旧的供应者，只为了免掉麻烦，不用伤脑筋和花时间去考虑各种各样的优惠条件。

在职场上，我们父母那辈人可能一辈子都待在同一家公司，而这一代人通常每2～5年就换个工作。我们总是在寻求更好的机会，即使在目前的职位上我们相当快乐。

在我们的爱情生活里，也有一箩筐的选择。即使我们已经确定了"唯一"，还是必须抉择：应该住得靠近谁的家人？如果双方都在工作，根据谁的工作来决定住在哪里？如果有小孩，谁要留在家照顾孩子？

还有宗教，施瓦茨观察到，我们现在根据自己的选择决定宗教信仰，而不是遵循父母给的。我们可以选择自我认定，选择做人的实质内涵。我们一生下来就属于特定的种族、家族和阶级，这类事情现在只被看成是"包袱"。我们曾经通过这些事实告诉别人一大堆关于我们是谁的信息，不过现在就可以假定这些无关紧要了。

曾经有这么多我们无法掌控的因素，而现在成了选择，雪上加霜的还有另一个因素：人的心智是容易犯错的。施瓦茨花了不少篇幅阐述这一点。由于容易犯错，通常做出"正确"决定的概率相当低。有些错误的后果或许比较轻微，但是有的就严重了，例如选择婚姻对象、就读哪个大学，这些选择都会形塑我们的人生。拥有的选项越多，一旦做出错误决定，就输得越多。我们忍不住要去推想："有那么多的选择，我们怎么还会错得这么离谱？"

施瓦茨强调了在我们的选择和选项中的三种"蘑菇效应"：
* 每一个决定需要花更多的力气。
* 犯错的可能性更大。
* 这些错误的心理后果更严重。

## 为什么"只要最好的"可能不是好策略

鉴于我们经常做出错误决定，而且需要做的决定那么多，追求"足够好"而不是总是追求"最好"，肯定是更有道理的。施瓦茨把人分成"追求极致的人"和"满意即可的人"。

追求极致的人除非获得"最好"（不论是在什么情况下），否则不会快乐。这使他们在做决定之前必须考虑每一个选项,无论是试穿 15 件毛衣,或是尝试交往 10 位可能的伴侣。

满意即可的人只要够好就愿意定下来,无须确定是否还有更好的选项。满意即可的人有一定的准则或标准,只要符合就会下决定。他们没有追求"最好"的这种意识形态需求。

"满意即可"这个概念是经济学家赫伯特·西蒙(Herbert Simon,中文名司马贺)在 20 世纪 50 年代提出的。司马贺迷人的结论是,如果把做决定需要的时间考虑进去,满意即可实际上是最好的策略。

施瓦茨好奇:鉴于他们投入选择的时间,追求极致的人做出的决定真的更好吗?他发现客观来说答案是肯定的,但是主观上并不是。他这么说的意思是,追求极致的人做出了他们相信的可能最好的选择,但是这项选择不一定会让他们快乐。他们可能得到了稍微好一点的工作,稍微高一点的薪资,但不太可能满意自己的处境。

追求极致可能让我们的人生付出痛苦代价。如果我们做每一件事都追求百分之百正确,就会让自己承受沉重的自我批判。我们因为做错决定折磨自己,不明白为什么自己没有去试探其他选项。"应该、本来可以、早知如此"总结了许多追求极致的人对过往决定的纠结心态。而施瓦茨用一幅漫画概括他们的命运:一名垂头丧气的大学新生身上穿的大学衫印着"布朗大学……可是我的第一选择是耶鲁"。

对比之下,满意即可的人更容易原谅自己的错误,心想:"我根据眼前的选择做了决定。"满意即可的人不相信他们能够为自己创造一个完美的世界，因此当世界不完美时（通常是如此），他们也不会太受困扰。

调查显示，跟满意即可的人比起来，追求极致的人普遍更不快乐、更悲观，而且更容易抑郁。如果你想要拥有比较平静的心灵和比较满足的生活，做个满意即可的人。

## 在限制中感到快乐

施瓦茨指出，过去 40 年美国的个人平均所得（考虑了通货膨胀）已经翻倍。拥有洗碗机的家庭从 9% 上升到 50%；拥有空调设备的家庭从 15% 增加到 73%。然而在同一时期，在相关调查中，人们的快乐感并没有提高。

真正带来快乐的是与家人和朋友的亲密关系，而这里有个悖论：亲密的社会联结的确减少了生活中的选择和自主性。例如婚姻减少了自由，人们不能有超过一个恋爱对象或性伴侣。如果上述悖论成立，结论就是与快乐相连的必然是较少而不是较多的自由和自主性。施瓦茨问；"那么是否有可能，选择的自由并不像人们说得那么好？"毕竟，要应付数以万计的选择，我们必须花的时间正是可以用来经营宝贵关系的时间。选择有可能不仅改善不了现状，实际上还可能降低我们的生活品质。在这项等式中，某种程度的限制有可能是解放。

施瓦茨指出，在一项调查中，65% 的访谈对象表示，如果他们得了癌症，会想要掌控自己接受的治疗。然而在真正罹患癌症的访谈对象中，88%的人不想选择。我们以为自己想要，但真的有选择的时候，选择就没有那么大的吸引力了。太多的选择的确会使我们苦恼。

## 为什么比较会让所有的事变糟

施瓦茨指出，有调查显示，人们面对选择而需要考虑如何取舍时，既犹豫不决，也更加不快乐。例如买东西时若面对两个有吸引力的选项，最后很可能一样都不买。

为什么更多的选择不会让我们更快乐？其中的关键原因或许是，选择增加了我们的责任。在这样的前提下，有一项重要研究显示，当我们知道自己的决定是不可逆时，其实会更快乐。这是因为当我们做出自己知道无法改变的决定时，会在心里努力验证这个决定是对的，并且抛开所有的心理权衡。举个例子，对婚姻保持弹性态度自然而然会削弱婚姻意愿。

过去，在蓝领社区居住和工作的人，他们所有朋友也都在这一带，他们可能对自己的生活状况感到快乐。但是随着电视、网络等的出现，有了更庞大的可以比较的对象群体，事情变得不一样了。即使我们已相当富裕，总是会有更有钱的人。这些是施瓦茨称呼的"向上比较"。向上比较容易让我们嫉妒、产生敌意、感觉压力，并且降低我们的自尊。

相反，"向下比较"让我们注意到，跟那些拥有很少的人相比，我们是多么幸运。这样更能振奋心情，提升自尊，同时降低焦虑。只要每天早上和晚上对自己说"我有许多事情要感谢"，并且想想这些事，就能带领我们接近现实，增加快乐。感恩的人更健康、快乐，也比不感恩的人更乐观。

既然更多的选择会带来更多的比较机会，那快乐的处方就很简单，包含这两部分：

＊让你的选择不可逆。

＊总是欣赏你拥有的生活。

## ✎ 总评

大量的选择是心里痛苦的主要来源，因为涉及错失机会的焦虑，以及懊悔没有选择的路径。然而这种独特的伤痛，曾经只是少数人才有的，随着财富和选择的增加，已经几乎成为流行病了。在地球村的现实里，我们忍不住会想，为什么我们不像麦当娜那么有名，不像比尔·盖茨那么有钱，相比之下我们的生活看起来那么平凡，那么有限。

如果你是追求极致的人，《选择的悖论》可以是改变人生的书。如果你让自己陷入"要是如何"的煎熬之中，这本书可以让你看清，你对生活有多么满意不是取决于你的经历究竟是好是坏，而在于你是否认识到现状与可能的状况之间的鸿沟。

> 施瓦茨纳入了两份 7 道题的测试，因此你可以自行判断你是追求极致还是满意即可的人。他承认自己是满意即可的人，这点也在他的书中显现出来。施瓦茨显然不是为了让《选择的悖论》成为选择和决策的"最佳著作"而笔耕多年，让每一句每一行都恰到好处。不过这本书成功了，因为施瓦茨花了几十年思考这些议题及它们对我们的快乐可能会有什么影响。

## 巴里·施瓦茨

施瓦茨生于 1946 年，于 1968 年拿到纽约大学的学士学位，1971 年取得宾夕法尼亚大学的博士学位。与自己的理论"限制生活中的选项"相符，施瓦茨过去 45 年一直在同一所大学教书和研究。1971 年他成为宾夕法尼亚州斯沃斯莫尔学院的助理教授，目前是心理系"多温·卡特莱特讲座"社会理论和社会行动教授。他也早婚，而且一直维持着婚姻。

施瓦茨在学习、动机、价值和抉择等领域，发表过许多期刊文章。其他著作包括《人性的战争：科学、道德和现代生活》(*The Battle For Human Nature: Science, Morality and Modern Life*, 1986)、《生活的代价：看市场自由如何腐蚀了人生中最美好的事物》(*The Cost of Living: How Market Freedom Erodes the Best*

*Things in Life*，2001）、与瓦瑟曼（E. Wasserman）和罗宾斯（S. Robbins）合写的《学习与记忆的心理学》（*Psychology of Learning and Memory*，第五版，2001），以及《你为什么而工作》（*Why We Work*，2015）。

# 2002

# 《真实的幸福》
## Authentic Happiness

---

　　这是我顿悟的时刻。就我自己的人生来说，妮基击中我的要害。我是个爱抱怨的人。我花了五十年的光阴忍受灵魂里始终挥之不去的阴霾，最后十年在散发阳光的家庭里宛如行走的乌云。我拥有的任何好运大概都不是因为我性情乖戾，尽管我确实性情乖戾。在那一刻，我决心改变。

　　（非常）快乐的人跟一般快乐的人及不快乐的人的显著差别在于他们全部都拥有丰富而令人满足的社交生活。非常快乐的人独处的时间最少，大部分时间都在社交，而且对自己的人际关系很满意，朋友们也认为他是好朋友。

**总结一句**

　　幸福跟享乐没什么关系，密切相关的是培养个人的长处和品格。

**同场加映**

　　戴维·伯恩斯《伯恩斯新情绪疗法》（第08章）
　　米哈里·希斯赞特米哈伊《创造力》（第11章）
　　丹尼尔·吉尔伯特《撞上幸福》（第21章）
　　丹尼尔·戈尔曼《情商3》（第23章）
　　巴里·施瓦茨《选择的悖论》（第47章）

# 马丁·塞利格曼
## Martin Seligman

❦

如果有 100 篇科学期刊论文是关于悲伤的,只会有一篇在谈快乐。马丁·塞利格曼指出:心理学向来是研究人什么地方出错了,而且过去 50 年来人们在诊断和治疗精神疾病方面相当成功。不过聚焦于此意味着人们很少关注如何找出是什么让人们快乐或圆满。

在工作生涯的前 30 年,塞利格曼投身于变态心理学领域,不过他在无助感和悲观方面的探讨引导他去研究乐观和正向情绪,以及如何在我们的生活中增加乐观和正向情绪。这项研究让他重新思考心理学更大的目标,而现在他以"正向心理学"运动的创立者为人所知。他的著作《学习乐观》(*Learned Optimism*,1999)是公认的经典,《真实的幸福》也带来深远影响。这本书有点像是正向心理学的宣言,关于如何过美好、有意义的生活,给了我们许多启发。

# 什么让人快乐

塞利格曼核对数百份研究结果,针对传统上认为可以带来幸福的因素,提出下述论点。

**金钱**

在过去50年,美国、日本、法国等富裕国家的消费力翻了不止一倍,但是人们整体的生活满意度根本就没有改变。非常贫穷的人幸福程度比较低,不过一旦达到"过得去"的基本收入和消费力,超过这个定点,财富增加也不会使幸福增加。塞利格曼指出:"金钱对你的重要性,比金钱本身更影响你的幸福。"物质主义的人不快乐。

**婚姻**

在一项针对过去30年3.5万美国人的大规模调查中,美国全国民意研究中心发现,40%的已婚人士说他们"非常幸福"。只有24%的离婚、分居和丧偶人士说他们"非常幸福"。这项统计也经过其他调查证实了。婚姻似乎能增加幸福程度,与收入和年龄无关,而且不分性别。在塞利格曼自己进行的研究中,他发现几乎所有非常幸福的人都处于爱恋关系中。

**社交性**

几乎所有认为自己非常幸福的人都拥有"丰富而令人满足的社交生活",在同辈之中他们独处的时间最少。花大量时间独处的人通常感受到的幸福程度更低。

**性别**

女性的抑郁经验是男性的两倍，而且倾向有比较多的负面情绪。不过女性体验到的正面情绪也比男性多很多。也就是说，女性既比男性悲伤，也比男性快乐。

**宗教**

有宗教信仰的人一般比没有宗教信仰的人更幸福，对生活更满意，抑郁的比例比较少，遇到挫折和不幸的事也更容易复原。调查发现，越是基本教义派的宗教信徒就越乐观。举例来说，犹太教徒中正统派比改革派对未来有更多信心。基督教中福音派教会的布道要比在平常新教徒集会中听到的更美好、有希望。用塞利格曼的话来说，这种强烈的"对未来怀抱希望，让人们对自己、对世界感觉良好"。

**疾病**

疾病对生活满意度或幸福的影响，不像我们所想的那样大。人们认为健康是理所当然，只有严重或多重疾病才会真的降低人们幸福程度。

**气候**

气候不会影响快乐程度。塞利格曼评论："饱受内布拉斯加州寒冬之苦的人们相信加利福尼亚人更幸福，但是他们错了，人们很快就对好天气习以为常。"

最后，智力和高教育水准对快乐没有可见影响。种族也无关，尽管有数据显示，有些族群例如非裔和拉美裔美国人，忧郁程度比较低。

## 品格与幸福

传统上把上述所有因素看成是带来幸福的主要因素，然而研究显示，这些因素加在一起也只解释了 8%～15% 人类的幸福。考虑到这些因素都是关于你是谁及你的生活处境这些非常基本的事，这个数据实在不高。正如塞利格曼提出的，对于那些相信生活处境使他们无法幸福的人来说，这是大好消息。

塞利格曼的看法是：真正幸福和生活满足的涌现，是通过慢慢发展出"品格"（或许你最近一次听见这两个字是从你祖父母口中）。品格是由世俗中的德行组成的，这些德行在每种文化和每个年代的文献中都能找到。其中包括了智能、知识、勇气、爱、仁慈、正义、节制及灵性等。我们陶冶和培养个人长处，例如创造力、胆量、正直、忠诚、良善和公平，来获得这些德行。

品格的概念早已不受青睐，因为人们认为那是过时和不科学的。不过塞利格曼表示，品格特质和个人长处都是可以测量和努力取得的，因此适合心理学的研究。

## 长处和幸福

才华和长处是有区别的。才华是先天带来的，因此自然就擅长；长处是我们选择去发展的。塞利格曼指出，有人克服了巨大障碍而取得成就，带给我们的激励远胜过这个人只是因为天赋能力而取得成就。如果用意志和决心来发挥自身才华，我们对自己的成就会自豪，就如同当别人赞美我们诚实时，我们会感觉光荣。才华说明的是我们的基因，但是德行和发展出来的长处（构成一个人大多数的长处）才能说明自己的独特性。

通过精进"专属长处"（塞利格曼通过问卷来确认这一点），我们获得生活中的满足及真正的幸福。塞利格曼指出，把人生花在修正自己的弱点是错误的。相反，生活中最大的成功和真正的开心（真实的幸福）是来自发展你的长处。

## 你的过去会决定未来的幸福吗

纵观大半心理学历史，上述问题的答案是"会"，从弗洛伊德到"内在小孩"的自我成长运动。不过实际的研究发现指向另一个答案。举例来说，如果一个女孩的母亲在她11岁前就过世了，她往后人生陷入抑郁的风险会比拥有同样经历的男孩子高，不过只是稍微高一点，即使如此也只有大约一半的研究显示出这样的结果。父母离婚只有在童年晚期和青春期造成轻微的不良影响，往后的人生影响会渐渐消失。

成人的抑郁、焦虑、上瘾、糟糕的婚姻、愤怒，没有一项可以怪罪到童年时发生在我们身上的事。塞利格曼的信息让人醍醐灌顶：如果我们认为是童年造成现在的不幸，或是让我们对未来消极，就是在浪费自己的生命。真正要紧的是培养个人长处，不受制于童年和当前处境的好坏。

## 幸福真的可以增加吗

在一定程度上，答案是不能。许多研究提出人们既定范围的幸不幸福，都是遗传得来的，就好像尽管限制饮食，人们仍倾向于回归固定的体重。事实显示，即使中了彩票，一年之后中奖者还是会回到之前的悲伤或幸福程度，那是他们天生的命运。塞利格曼直率断言，我们的幸福程度不可能持续增加，不过有可能的是，我们活在自然范围的最高极限。

## 情绪的表达

"情绪的水力学"这个概念说明了我们需要让负面情绪流通，压抑它们只会造成心理问题。在西方，人们认为表达愤怒是健康的，把情绪封锁起来不健康。但是塞利格曼表示反过来才正确。当我们老是想着别人对我们做了什么事，以及我们要怎么表达，感受会变得更坏。关于"A型人格"（激烈、执着）的研究显示，与A型人格心脏病发有关的，是表达敌意而不是感受到敌意。当人们决定封锁愤怒或表达友善时，血压的确会下降。东方人"感受愤怒，但是不要表达"的方式，是开启幸福人生的钥匙。

对比之下，你对生活中的人或事越感激，感受就越好。塞利格曼的学生会举行感谢之夜，邀请他们想要当众感谢的人来参加，感谢他们为自己所做的事。参与的人通常之后几天或几星期都心情高昂。

我们的大脑构造让我们没法只因为想要遗忘就能让自己忘掉。但是我们能做到的是宽恕，如此可以"拔除甚至转化心上的刺"。不宽恕其实没有惩罚到作恶的人，而宽恕能够改变我们自己，使我们重新获得对生活的满足感。

### 总评

我们如今生活的世界不断提供快乐的捷径。我们不需要多么努力就能获得正向感受。然而奇怪的是，唾手可得的享乐很容易在许多人的生命中留下一个空洞，因为享乐不要求人的成长。享乐的人生让我们成为观众，而没有投入生活之中。我们什么都不精通，而且没有发挥创造力。

真正的人生是我们努力追求挑战，同时也要不断回应。塞利格曼相信，我们需要的是"迎接挑战"的心理学，或者他称之为"杜鲁门效应"。在罗斯福总统死于任内之后，杜鲁门接位，结果让大家大吃一惊，他成了伟大的美国总统。这个职位让他展现了品格，也让他发挥了长期磨炼出来的个人长处。

我们是否每时每刻都幸福大体上无关紧要，就像杜鲁门，要紧的是我们是否选择发展我们的内在——幸福不会自动降临，而是包含了选择。

《真实的幸福》最棒的特色之一是有几项测验，你可以用来判定你的乐观程度、专属长处等。有些读者不喜欢书中不时插入塞利格曼私人生活的片段,例如他如何赢得美国心理协会会长的职位,不过这些小故事通常很有趣,而且的确让这本书增色不少。令人惊讶的是,塞利格曼承认自己前50年的人生性情乖戾,但是关于幸福的如山铁证促使他思考,应该应用到自己身上!

我们无法再让自己相信幸福是神秘的事,只有别人能享受。通往幸福的道路前所未有地清晰,就看我们要不要为自己的心情承担责任了。

## 马丁·塞利格曼

1942年,塞利格曼生于纽约州的奥尔巴尼,他的父母都是公务员。塞利格曼就读于纽约奥尔巴尼男子学院,1964年以最优等的成绩从普林斯顿大学毕业,1967年在宾夕法尼亚大学拿到心理学博士学位。1976年开始担任宾夕法尼亚大学的心理学教授。

1998年,他获选为美国心理协会会长,也从协会中拿到两项杰出科学贡献奖。协会历任会长包括威廉·詹姆士、约翰·杜威、亚伯拉罕·马斯洛及哈利·哈洛。

塞利格曼著述丰富,撰写了两百篇学术论文和二十本书籍,包括《习得性无助》(*Helplessness*, 1975)、与戴维·罗森汉(David

Rosenhan）合写的《变态心理学》(*Abnormal Psychology*, 1982)、《学习乐观》(*Learned Optimism*, 1991)、《认识自己，接纳自己》(*What You Can Change and What You Can't*, 1993)、《教出乐观的孩子》(*The Optimistic Child*, 1995)，以及《持续的幸福》(*Flourish: A Visionary New Understanding of Happiness and Well-Being*, 2012)。

塞利格曼已婚，有7个孩子。

# 1971

# 《超越自由与尊严》
# Beyond Freedom and Dignity

在 2500 年前,人了解自己,就像了解周围一切一样。如今人们最不了解的就是他们自身。物理学和生物学已经有长足进展,但一门关于人类行为的科学至今都没有可以与之相提并论的发展。

马背上的游牧民族和外层空间的宇航员差异很大,然而就我们所知,如果他们在出生时交换过,就会取代对方的位置。

虽然文化的提升得依靠凭着智慧和同情心来做事的人们,终极的提升来自让人们变得有智慧和有同情心的环境。

**总结一句**

就像所有动物一样,人类是由环境塑造的生物,不过我们也有能力调整或创造新环境。

**同场加映**

哈利·哈洛《爱的本质》(第 27 章)

斯坦利·米尔格拉姆《对权威的服从》(第 37 章)

伊万·巴甫洛夫《条件反射》(第 40 章)

斯蒂芬·平克《白板》(第 43 章)

# ㊾

# B. F.斯金纳
## B.F.Skinner

❖

　　心理学史上最具争议的人物之一，B. F.斯金纳因把人类看成与动物无异而闻名。当他还是一名年轻的心理系学生时，就反对"人们的行动是内在情绪、想法和驱动力（灵魂）的结果"这种听起来有些浪漫的观念。正好相反，他认为诚如巴甫洛夫的研究指出的（参见第384—391页），应该从动物跟环境相互作用的观点来分析人类。

　　不过在他的"操作性行为"理论中，斯金纳走得比巴甫洛夫更远。他论证，人类不只是反射机器，同时也会根据行为的后果改变自己的行动。这点哲学上的区别，在坚守行为主义的方针（即人类基本上是环境产物）的同时，容许了人类彼此有极大差异及难以置信的多样性的空间。

　　斯金纳成为行为主义最著名的大师，部分原因在于他是非常出色的实验专家（鸽子之于斯金纳，就像狗之于巴甫洛夫），不过也因为他擅长写作。他既有专业技巧，又渴望看见哲学意义的全貌，这两者的结合非常罕见，因此他受到同侪推崇，并写出了一本又一本刺激人们思考的畅销书。

## 行为科技

《超越自由与尊严》写在人口过剩和核战争之类的议题似乎是严重威胁的年代。人类的生存似乎岌岌可危。我们能够做些什么？

尽管斯金纳指出，想要通过科技或科学进步来解决这个世界的问题是自然想法，然而他断言只有人们的行为改变了，真正的解答才会浮现。有了避孕工具不能保证人们就会使用；发展出更先进的农业技术也不确保有人会应用。制造问题的是人，仅仅创造出人跟科技之间更好的关系，或是把科技个人化，并不够。确切地说，我们需要的是"行为科技"。

斯金纳指出，跟物理学和生物学相比，心理学的进展微不足道。在古希腊，人们对于自己行事的动力，以及宇宙是如何运作的，有同样多的了解。但是今日，尽管我们的自然科学知识突飞猛进，但对自己的了解程度依旧没有提高多少。

## 创造新的心理学

斯金纳相信，心理学这门科学在错误的地方寻找行为的成因，因此本质上就弄错了。他指出，我们不再相信人们被恶魔附身，然而心理学依旧建立在过去的见解，认为人的行为取决于

"内心的代理人"。举个例子，在弗洛伊德的心理学中，一个人的身体行动不是在一个而是三个内在元素（本我、自我和超我）互相作用下驱动的。中世纪的炼金术士认为每个人都有一个神秘的"本质"，这塑造了他们的行为，而今日我们相信有所谓的人类本性，是它推动了我们的行为。结果就是我们被教导，世界上所有问题的解法都可归结为改变内在态度：克制骄傲、降低对权力的渴望、降低攻击性、提升自尊、产生使命感等。

不过对斯金纳来说，这一类关于人的概念都产生于科学出现之前。物理学和生物学早就放弃了物体或动物是由"内在目的"驱动的观念，然而我们依旧说无形的感受"造成"有形的攻击行为。心态造就行为是假定的事实。这种斯金纳所说的"唯心论"意味着不是根据行为本身来研究行为。

## 排除心灵的环境心理学

斯金纳指出，当我们询问别人为什么要去看戏，而他们回答"我想去"时，我们就接受这样的解释。不过，更精准的是弄清楚以往是什么让他们去戏院，关于这部剧他们读过或听闻什么，以及引导他们决定去看戏的其他环境因素是什么。我们认为人是"产生行为的中心"，然而比较准确的是把人们看成是世界对他们的影响加上他们对世界的反应的最终成果。我们不需要知道一个人的心态、感受、人格、计划或目的就能研究行为。斯金纳主张，要知道人们为什么会有这样的行为，只需要知道是什么样的情境造成他们以特定方式行动。

环境不仅是我们凭意志自主行动的背景，环境还塑造了我们，使我们成为现在的样子。我们会根据学习到的经验，知道一样事物对我们好或不好，是否有助于生存，并改变我们的行动方案。我们相信自己是自主行动，然而更准确的描述是，我们是根据某些可以"加强"行动的因素来行动。正如物种的兴盛或凋零取决于与环境的互动和调适，我们是什么样的人也是我们与身处的世界互动和调适的结果。

## 更好的环境，而不是更好的人

《超越自由与尊严》主旨是什么？斯金纳承认关于自由的文章在过去成功地启迪了人们反抗压迫与权威。这些著述很自然地把对人的控制和利用看成邪恶手段，而逃离那样的控制是美好的。

但是斯金纳发现这简单的等式中忽略了某些东西，我们实际上在设计我们的社会时纳入了许多不同形式的控制，而这些控制是奠基于对某些事物的厌恶或吸引力，不是完全靠外力。这些比较精微的控制形式大多数是人们愿意顺从的，因为它们最终是为社交或经济目的服务。举例来说，数百万人痛恨他们的职业，但是因为承受不起不工作的后果所以不得不工作，他们是受到厌恶的控制而不是外力，不过依然被控制。几乎每个人都生活在社群之中，为了维持运作社群需要某种程度的控制。为什么我们不能大方承认，我们不像自己喜欢和相信的那样自由和自主，反而愿意去选择顺从的控制形式？为什么不用科学来探讨最有效的控制形式？这就是行为主义的本质。

根据斯金纳的看法，对付不了解而且不能正确回应社会伟大目标的人时，惩罚是笨拙的方式，更好的方法是通过强化另一种行动方案来改变他们的行为。你无法赋予人们目的或意图，然而可以让某些行为更有吸引力，而让其他行为比较没有吸引力。斯金纳写道，鉴于环境巨大的塑造力量，最好是运用文化资源来"设计更好的环境而不是培养更好的人"。我们无法改变心灵，只能改变可能促使人表现出不同行为的环境。

## 锁链中的环节

斯金纳的观点是，我们花费了大量精力维护个人主义的伦理，但如果我们更加关注能催生出不凡成就的环境，身为物种的我们就可以成就得更多。他没有否认有些了不起的人成就了非凡的贡献，但是他相信，通过创造出更有利的环境可以催生出更多这样的人物，而不是通过扬扬自得的个人主义伦理。

斯金纳的说法是："虽然文化的提升得依靠凭着智慧和同情心来做事的人们，但终极的提升来自让人们变得有智慧和有同情心的环境。"我们认为所谓的"性格特征"，其实是一次又一次环境强化累加的结果。简单来说，斯金纳相信我们把人类放上了神坛。莎士比亚让哈姆雷特说出："人多么像一个天神！"而巴甫洛夫对人类的评述是："多么像条狗！"斯金纳觉得我们不只是狗，虽然惊叹于人类和他们的行动是多么复杂，但他说，作为科学分析的主题，我们与狗无异。虽然诗人、写手、哲学家和作家长久以来颂扬引导人类自我的内在动机，但斯金纳的临床定义是："自我是一系列与特定的偶然事件相适应的行为。"

那么良知和道德呢？斯金纳这么说："就拥有特殊的特质或德行的意义上来说，人不是道德动物，而是创造了诱使我们以道德方式行事的那种社会环境。"

尽管斯金纳相信每个人都是独特的，甚至小到身体的每一根纤维都不一样，然而也觉得这并不是重点。每个个体是历史进程中的一个阶段，而这个进程在他们来到这世界之前已经开始很久了，在他们离去之后还会长久地持续下去。在这样一个更大的背景之下，大肆宣扬什么个体性不是很愚蠢吗？当然更有成效的是把自己看成是长长锁链中的一个环节，我们由基因历史和环境塑造，但是也有能力反过来塑造环境。

### 总评

《超越自由与尊严》出版时引发了非常多的争议，因为这本书似乎损害了个人自由的伦理。但是斯金纳的观念真的那么危险吗？

自由是个美妙的概念，不过究其根本，文化和社群需要密集的控制机制才能存活。斯金纳形容文化的演进是"一种自我控制的庞大演练",跟个人组织自己的生活以确保持续生存和繁荣的方式没什么不同。因此控制是生活中的事实。斯金纳的重点是:少一点令人厌恶的控制,例如惩罚的威胁,多一点人们在自由状态下会同意的正面控制,要创造出这样的文化是有可能的。这样的情境是他在虚构的乌托邦经典《瓦尔登湖第二》(*Walden II*)中勾勒出来的。行为主义的目标是用科学来分析人们究竟是如何行动,因此从行为主义观念中衍生出来的任何文化都不是建立在虚幻的希望上,而是观察得到的事实上。

斯金纳最迷人的观点之一是,有些文化把自由与尊严置于一切之上,采取浪漫的心理学见解,只关切人的内在自由等,但这类文化恐怕会被其他把生存当作第一要务的文化超越。这点或许对我们这个时代仍有意义。有些国家可能自豪于它们的"正当性",但是缺乏弹性的社会不一定能保障未来。

如果你对个人责任、自由意志和个人至上,永远坚定地抱持着像安·兰德(Ayn Rand)那样的信仰,斯金纳或许会让你的思想掀起革命。他真的相信应该废除个人观念吗?不,只是要废除传统观念,不要再依赖有个"内在我"英勇操纵环境达到目的。斯金纳强调,我们不会因为用科学态度看待人就改变了人，就像牛顿分析彩虹不会折损彩虹的美丽。

今日斯金纳的观点依旧不流行，但对好几个领域有重大影响。总有一天，大众对他的普遍看法很有可能改变，不再把他当成实验室里的冷漠之人，而是还他清白，明白这个人知道，把赌注都放在意识形态及对人性的浪漫观点，风险太大。人类应该致力于找出科学根据来改善全体的命运，就这点来说，斯金纳是真正的人道主义者。

## B. F. 斯金纳

斯金纳于1904年诞生在美国宾夕法尼亚州的一个铁路小镇萨斯奎哈纳。他的父亲是律师，母亲是家庭主妇。

斯金纳念的是纽约汉密尔顿学院，毕业时拿到英文学士学位，他梦想成为作家。有一阵子他在纽约格林尼治村过着吉卜赛式的生活，创作诗歌和短篇小说，但不怎么成功，后来不经意接触了巴甫洛夫及行为主义创始人约翰·华生的著作，才申请进入哈佛大学攻读心理学。

在哈佛拿到硕士与博士学位后，他展开研究工作，并且教书。让斯金纳闻名于世的许多研究是在明尼苏达大学（1937—1945）及印第安纳大学（1945—1948）完成的。在印第安纳大学时期，他是心理系主任。1947年他回到哈佛，担任威廉·詹姆斯讲座的讲师，之后成为埃德加·皮尔斯讲座心理学教授。

斯金纳获得许多荣誉，包括在1968年获得了由约翰逊总统颁发的国家科学奖章。著作包括《有机体的行为》(*The Behavior of Organisms*, 1938)、《瓦尔登湖第二》(*Walden II*, 1948)、《科学与人类行为》(*Science and Human Behavior*, 1953)、《语言行为》(*Verbal Behavior*, 1957，遭到诺姆·乔姆斯基高调的批评)，以及《关于行为主义》(*About Behaviorism*, 1974)。他的自传三部曲是《我这一辈子的点点滴滴》(*Particulars of My Life*, 1976)、《一名行为主义者的塑造过程》(*The Shaping of a Behaviorist*, 1979)，以及《重要的事》(*A Matter of Consequences*, 1983)。1990年，斯金纳因白血病过世。

# 1990

## 《看得见的黑暗》
### *Darkness Visible*

---

多年来第一次重读我小说中的片段——我的女主角在走向毁灭的道路上跌跌撞撞的段落，我震惊地觉察到，我在这些年轻女人心里创造出多么精准的抑郁风景……因此，当抑郁终于找上我时，事实上抑郁对我来说不是陌生人，甚至不是不速之客，它已经敲我的门几十年了。

即使任何形态的治疗对你都派不上用场，你还是可以期待风暴终究会过去。熬过了风暴本身，狂风骤雨几乎总是会慢慢减弱，然后消失。来得神秘，去得也神秘，折磨走到尽头，就能找到平静。

**总结一句**

抑郁可能折磨任何人，它的成因有时是神秘的。

**同场加映**

戴维·伯恩斯《伯恩斯新情绪疗法》（第08章）
R.D. 莱恩《分裂的自我》（第35章）

# 威廉·斯泰伦
## William Styron

1985年12月，美国小说家威廉·斯泰伦造访巴黎时，终于明白他患有抑郁症。他来到巴黎是为了领一个重要奖项，通常他会发现这种经验能提升自我感觉，令人陶醉。但是当时他精神上笼罩在黑暗的迷雾里，颁奖典礼和其后的晚宴成为他痛苦的煎熬。必须假装自己正常对他来说更是雪上加霜。晚上跟出版社老板共进晚餐时，他甚至挤不出笑容，满脑子只想着要回到美国去看精神科医师。

《看得见的黑暗》是斯泰伦叙述他与抑郁奋战的经典著作。最初是他在约翰·霍普金斯大学医学院的演讲，之后写成文章发表在《浮华世界》，广受好评。这本书的文学性让它在相关主题的数百本著作中鹤立鸡群。

## 描述无法描述的

斯泰伦指出，抑郁与其他疾病不同的地方在于，如果你没有经历过，你无法想象那是怎么回事，抑郁跟正常生活中会侵袭大多数人的"忧伤"或偶尔的无精打采大不相同。抑郁无法跟其他人描述特征，那样只会增加环绕着抑郁的谜团和禁忌，因为如果人人都能了解抑郁是怎么回事，就不会有羞耻的问题了。同情不等于了解。

关于抑郁的感受，斯泰伦生动地将其描述为溺水或窒息，不过他也认为这样的描述其实不怎么准确。当事人变得像僵尸，依旧可以走动、说话，但是不再感觉自己是活人。

斯泰伦指出了抑郁的一些特征：

*强烈的自我厌恶，感觉自己毫无价值。

*有自杀的念头和幻想。

*失眠。

*困惑、无法专心、失忆。

*疑病症——心灵无法面对自己的崩溃，责怪身体。

*丧失性欲和胃口。

斯泰伦同时指出抑郁的特征就是每个人的症状都不相同。举例来说，大多数患者一天的开始很悲惨，往往没办法起床，白天过去后心情才会渐渐轻松。斯泰伦似乎刚好相反，在早晨他的状态通常相当稳定，但是到了下午乌云就朝他围拢过来，他会陷入几乎无法忍受的感受和想法之中，苦挨到傍晚。只有在晚餐后的某些时刻他才会再度获得一些喘息。他原本睡得不错，抑郁发作时他必须服用医师处方的镇定剂才能勉强睡两三小时。他发现抑郁会随着白天的时间消减或变得猛烈，因为生理上抑郁会破坏生理时钟，而生理时钟强烈影响白天的情绪周期。

斯泰伦也描述了"无能为力的恍惚"，此时正常的思考和逻辑消失。发展到极端的抑郁的确会让人发疯。神经传导物质承受的压力导致大脑化学物质去甲肾上腺素（旧称正肾上腺素）和血清素的消耗，以及皮质醇（压力激素）增加。这些化学物质和激素的不平衡造成"器官痉挛"，使当事人感觉受到打击。他悲叹英文使用"brainstorm"（头脑风暴）来指涉"脑力激荡"，因为风暴在大脑里面肆虐的意象对他来说更像是在说抑郁的暴烈力量——凶猛、似乎毫不留情、遮蔽了一切。

## 最大的禁忌

斯泰伦提到了在文学上启发他的阿尔贝·加缪（他相当晚才读到加缪的小说），他的确曾经安排要去见加缪，却正好传来加缪的死讯。尽管斯泰伦不认识加缪，他也感觉到巨大的失落。加缪经常在跟抑郁战斗，他的许多作品都在探讨自杀的主题。

在《看得见的黑暗》中，斯泰伦用了相当篇幅讨论他认识的苦于抑郁症的人。他想知道他的朋友罗曼·加里（Romain Gary），这样一位杰出的作家、外交官，喜欢美食，享受生活，同时是猎艳高手，怎么会把子弹射进自己脑袋？如果这样的人都觉得生命不值得活下去，自杀难道不会发生在任何人身上吗？

死者的家人很难接受亲人居然会结束自己的生命。我们认为自杀是禁忌，理由是我们认为自杀是怯懦的表现，选择简单的出路，然而事实上自杀更是没有能力再忍受活着的痛苦了。我们原谅以自杀来结束身体疼痛的人，然而不能原谅出于精神痛苦而自杀的人。

斯泰伦指出，近年来，人们对抑郁症有了更多的关注和觉察，因此大多数患者不会以自杀收场。斯泰伦建议：不过如果他们自杀了，加诸他们身上的非难，不应该多于癌症末期的受害者。

斯泰伦观察到艺术家类型的人陷入抑郁的可能性高很多，因此自杀的艺术家名单有一长串，包括哈特·克莱恩（Hart Crane，美国诗人）、凡·高、弗吉尼亚·伍尔芙（Virginia Woolf）、海明威、戴安·阿勃丝（Diane Arbus，美国摄影家）和马克·罗斯科（Mark Rothko，美国画家）。俄国诗人弗拉基米尔·马雅可夫斯基（Vladimir Mayakovsky）曾谴责他的同胞谢尔盖·叶赛宁（Sergei Esenin）自杀，然而几年后他也终结了自己的生命。我们从中可以获得什么信息？那就是我们绝对不应该妄加判断，因为活下来的人感受不到甚至想象不出来那些自杀的人究竟有什么感受。

## 神秘的成因

抑郁可能很难治疗，部分原因是往往没有可以确认的单一成因。遗传、化学激素不平衡，以及过往的经历和行为或许都很重要，治疗了一个方面，可能就忽略了另一方面。我们可以把一次重大的抑郁发作归因于一场特别的危机，但是如斯泰伦指出的，多数人在经历过不好的事情之后都能走出来，结果还是好的，不会落入每况愈下的疾病当中。这显示，事件本身并不是成因，可能只是触发了蛰伏在底层的抑郁潜质。

斯泰伦相信发生在他身上的事情是：他以健康为由放弃喝酒，这让他心中的恶魔不再因酒精而变弱，从它们的洞穴中飞出来。他用来防御某种持久焦虑的盾牌不见了，他必须去感受过去被他麻醉而忽略的一切。他第一个抑郁征兆是对通常会让他开心的事，如到树林中遛狗或到玛莎葡萄园岛避暑，都无感了。他封闭自己，无法逃脱不断出现的负面念头。

斯泰伦指出了所有抑郁的根源：失去（这一点或许是显而易见的），无论是害怕被抛弃、害怕孤独，或是害怕失去所爱的人。在斯泰伦的案例中似乎是正确的，他的母亲在他13岁时去世，这个早年创伤带给他过早和深切的失去经验。在《看得见的黑暗》中他得出的结论是，他实际上发生的抑郁事件只不过显现了更深层、终其一生的焦虑。他领悟到跟加缪一样，抑郁和自杀是他书中恒久的主题，而且他的书反映了他的抑郁。他说："当抑郁终于找上我时，事实上它不是陌生人，甚至不是不速之客，它已经敲我的门几十年了。"

他提到他身为造船厂工程师的父亲也苦于抑郁症。基因遗传、母亲早亡，再加上他艺术家的敏感气质，斯泰伦大概是这个疾病的头号候选人。

## 如果其他一切都失败，时间会治愈

对于发病已久的抑郁症患者，心理治疗没多大帮助，而且斯泰伦发现：心理治疗和药物都没有舒缓他的病情，尽管许多医生信誓旦旦地保证。他清楚对严重抑郁没有速效疗方。抗抑郁剂或认知治疗，或者两者结合，或许能发挥作用治愈饱受折磨的心灵，但是两者都不能完全依赖。虽然治疗上有许多进展，还没有出现能用于靶向治疗的神奇"子弹"，也没有速效疫苗。抑郁的成因仍然还有谜团待解。

斯泰伦的抑郁在他入院之后才有所缓解。他相信匿名治疗这种医疗程序带来的稳定性，救了他的命，他希望自己早点这么做。他写道："对我而言，真正的治愈者是隐居和时间。"

他从经验中得到的知识是，虽然对受苦者来说抑郁似乎是永久的，实际上抑郁像一场风暴，疾风骤雨总是会止息，只要你活着，就会击败抑郁。他回想起加缪《西西弗神话》的主题，那就是安然无恙地走出来了。对于那些通过黑暗隧道的人，等待他们的是独特的光亮，也可能是喜悦的感受。

### 总评

斯泰伦相信，大部分关于抑郁的文献都表现出"轻快的乐观"。有些病人对某种药物或某种形式的疗法反应良好，但是我们的知识尚未进展到可以给出明确的承诺。受抑郁之苦的人自然渴望有快速的救赎法，不过一旦痛苦得不到迅速缓解，就必然让他们失望。斯泰伦的著作写于30年之前，但是现在情况并没有多少改变。

如果你的想法是，抑郁这种疾病扭曲或突出了跟自我意识相关的内在议题，那么应该也会接受，抑郁不能立刻治愈。抑郁的确涉及大脑化学物质的不平衡，而且也可能是负面的内在对话造成的，不过除此之外也有关于灵魂或整体的自我意识。举例来说，斯泰伦唯有在全面反省自己的人生时才能理解他为何抑郁发作。有些成因的确是身体方面的（如停止喝酒、错误剂量的镇静剂），但是还要更深入去探求他的自我认定和过往。

《看得见的黑暗》原文只有84页，阅读时不会花你太长时间，但是可以教你非常多。那么多具有创造力的人都抵抗不了抑郁症，试图描述这种无法描述的病症也是他们的责任，而斯泰伦的努力是其中最出色的。奇特的是，他的文章非但不会让读者读了抑郁，反而振奋人心。

## 威廉·斯泰伦

1925年，斯泰伦生于弗吉尼亚州的纽波特纽斯，斯泰伦年纪很小就会阅读，曾在学校报纸上发表过许多短篇小说。

他在杜克大学拿到学士学位，第二年加入美国海军陆战队，在第二次世界大战的最后两年官至中尉。退役后他定居纽约，在麦格劳-希尔出版公司的销售部工作，同时在新社会研究学院上写作课。20世纪50年代初期他住在巴黎，协助创办了已成传奇的文学刊物《巴黎评论》。

他的第一本小说《在黑暗中躺下》(*Lie Down in Darkness*, 1951)，讲述一个年轻女子自我毁灭的堕落，轰动文坛，获得罗马美国学院颁发的罗马大奖。其他作品包括赢得普利策文学奖的《奈特·杜纳的告白》(*The Confessions of Nat Turner*, 1967)和获得"美国国家图书奖"的畅销书《苏菲的抉择》(*Sophie's Choice*, 1979)。《苏菲的抉择》还被拍成电影，由梅丽尔·斯特里普(Meryl Streep)主演。《看得见的黑暗》中提到的奖项是"奇诺·德尔杜卡世界奖"，这一奖项每年颁发给一名对人文主义有重大贡献的艺术家或科学家。

斯泰伦在2006年去世。

# 英文参考书目

以下图书是本书使用的参考图书。原始出版年代附在每本书的介绍中。

Adler, A. (1992) *Understanding Human Nature*, Oxford: Oneworld.

Allport, G.W. (1979) *The Nature of Prejudice*, 25th anniversary edition, Reading, Mass.: Addison-Wesley.

Bandura, A. (1997) *Self-Efficacy: The Exercise of Control*, New York: W. H. Freeman.

de Becker, G. (1997) *The Gift of Fear: Survival Signals that Protect Us from Violence*, New York: Random House.

Berne, E. (1964) *Games People Play: The Psychology of Human Relationships*, London: Penguin.

Briggs Myers, I. with Myers, P. (1995) *Gifts Differing: Understanding Personality Type*, Palo Alto, CA: Davies-Black.

Brizendine, L. (2006) *The Female Brain*, New York: Morgan Road.

Burns, D. (1980) *Feeling Good: The New Mood Therapy*, New York: William Morrow.

Cain, S. (2012) *Quiet: The Power of Introverts in a World that Can't Stop Talking*, London: Penguin.

Cialdini, R. (1993) *Influence: The Psychology of Persuasion,* New York: William Morrow.

Csikszentmihalyi, M. (1996) *Creativity: Flow and the Psychology of Discovery and Invention*, New York: HarperCollins.

Dweck, C. (2006) *Mindset: The New Psychology of Success*, New York: Random House.

Ellis, A. & Harper, R. (1974) *A Guide to Rational Living*, Los Angeles: Wilshire Book Company.

Erikson, E. (1958) *Young Man Luther: A Study in Psychoanalysis and History,* London: Faber and Faber.

Eysenck, H.J. (1966) *Dimensions of Personality*, London: Routledge & Kegan Paul.

Frankl, V. (1969) *The Will to Meaning: Foundations and Applications of Logotherapy,* London: Meridian.

Freud, A. (1948) *The Ego and the Mechanisms of Defence*, London: The Hogarth Press.

*Freud, S. (trans. Joyce Crick) (1990) The Interpretation of Dreams, Oxford: Oxford University Press.*

Gardner, H. (1983) *Frames of Mind: The Theory of Multiple Intelligences,* New York: Basic Books.

Gilbert, D. (2006) *Stumbling on Happiness*, London: HarperCollins.

Gladwell, M. (2005) *Blink: The Power of Thinking Without Thinking*, London: Penguin.

Goleman, D. (1998) *Working with Emotional Intelligence*, London: Bloomsbury.

Gottman, J. & Silver, N. (1999) *The Seven Principles for Making Marriage Work*, London: Orion.

Grandin, T. (2014) *The Autistic Brain: Exploring the Strength of a Different Kind of Mind*, London: Rider.

Grosz, S. (2014) *The Examined Life: How We Lose and Find Ourselves*, London: Vintage.

Harlow, H. (1958) "The Nature of Love," *American Psychologist*, 13: 573–685. Also at http://psychclassics.yorku.ca/Harlow/love.htm.

Harris, T.A. (1973) *I'm OK—You're OK*, New York: Arrow.

Hoffer, E. (1980) *The True Believer: Thoughts on the Nature of Mass Movements,* Chicago: Time-Life Books.

Horney, K (1957) *Our Inner Conflicts,* London: Routledge & Kegan Paul.

James, W. (1950) *The Principles of Psychology, Vols I & II*, Mineola, NY: Dover.

Jung, C. G. (1968) (trans. R. F. C. Hull) *The Archetypes and the Collective Unconscious*, Princeton University Press.

Kahneman, D. (2012) *Thinking, Fast and Slow*, London, Penguin.

Kinsey, A. (1953) *Sexual Behavior in the Human Female*, Philadelphia: Saunders.

Laing, R. D. (1960) *The Divided Self: An Existential Study in Sanity and Madness*, London: Penguin.

Maslow, A. (1976) *The Farther Reaches of Human Nature*, London: Penguin.

Milgram, S. (1974) *Obedience to Authority*, New York: HarperCollins.

Mischel, W. (2014) *The Marshmallow Test: Understanding Self-Control and How to Master It*, London: Random House.

Mlodinow, L. (2013) *Subliminal: How Your Unconscious Mind Rules Your Behavior*, New York: Vintage.

Pavlov, I. (2003) *Conditioned Reflexes*, Mineola, NY: Dover.

Perls, F., Hefferline, R., & Goodman, P. (1951) *Gestalt Therapy: Excitement and Growth in the Human Personality*, London: Souvenir.

Piaget, J. (1959) *The Language and Thought of the Child*, London: Routledge & Kegan Paul.

Pinker, S. (2003) *The Blank Slate: The Modern Denial of Human Nature*, London: Penguin.

Ramachandran, V. S., & Blakeslee, S. (1998) *Phantoms in the Brain: Probing the Mysteries of the Human Mind*, New York: HarperCollins.

Rogers, C. (1961) *On Becoming a Person*, Boston: Houghton Mifflin.

Rosen, S. (ed.) (1982) *My Voice Will Go With You: The Teaching Tales of Milton H. Erickson*, New York: WW Norton.

Sacks, O. (1985) *The Man Who Mistook His Wife for a Hat: And Other Clinical Tales*, London: Pan Macmillan.

Schwartz, B. (2004) *The Paradox of Choice: Why More Is Less*, New York: HarperCollins.

Seligman, M. (2003) *Authentic Happiness*, London: Nicholas Brealey/New York: Free Press.

Skinner, B.F. (1971) *Beyond Freedom and Dignity*, Indianapolis: Hackett.

Styron, W. (1990) *Darkness Visible: A Memoir of Madness*, New York: Vintage.

# 按照出版年代排序的书单

1890　威廉·詹姆斯《心理学原理》
1900　西格蒙德·弗洛伊德《梦的解析》
1923　让·皮亚杰《儿童的语言与思想》
1927　伊万·巴甫洛夫《条件反射》
1936　安娜·弗洛伊德《自我与防御机制》
1945　卡伦·霍妮《我们内心的冲突》
1947　汉斯·艾森克《人格的维度》
1951　埃里克·霍弗《狂热分子》
1951　弗里德里克·皮尔斯《格式塔治疗》
1953　阿尔弗雷德·金赛《人类女性性行为》
1954　戈登·奥尔波特《偏见的本质》
1958　埃里克·埃里克森《青年路德》
1958　哈利·哈洛《爱的本质》
1960　R.D. 莱恩《分裂的自我》
1961　阿尔伯特·埃利斯、罗伯特·哈珀《理性生活指南》
1961　卡尔·罗杰斯《个人形成论》
1964　埃里克·伯恩《人间游戏》
1967　托马斯·哈里斯《我好，你好》
1968　卡尔·荣格《原型与集体无意识》
1969　维克多·弗兰克尔《追求意义的意志》
1970　奥利弗·萨克斯《错把妻子当帽子》
1971　B. F. 斯金纳《超越自由与尊严》

1971　亚伯拉罕·马斯洛《人性能达到的境界》
1972　阿尔弗雷德·阿德勒《理解人性》
1974　斯坦利·米尔格兰《服从权威》
1980　戴维·伯恩斯《伯恩斯新情绪疗法》
1980　伊莎贝尔·布里格斯·迈尔斯《天生不同》
1982　米尔顿·埃里克森、史德奈·罗森文《催眠之声伴随你》
1983　霍华德·加德纳《智能的结构》
1984　罗伯特·西奥迪尼《影响力》
1990　威廉·斯泰伦《看得见的黑暗》
1996　米哈里·希斯赞特米哈伊《创造力》
1997　阿尔伯特·班杜拉《自我效能》
1997　加文·德·贝克尔《恐惧给你的礼物》
1998　丹尼尔·戈尔曼《情商3》
1998　拉马钱德兰《脑中魅影》
1999　约翰·戈特曼《获得幸福婚姻的7法则》
2002　马丁·塞利格曼《真实的幸福》
2002　斯蒂芬·平克《白板》
2004　巴里·施瓦茨《选择的悖论》
2005　马尔科姆·格拉德威尔《眨眼之间》
2006　丹尼尔·吉尔伯特《撞上幸福》
2006　卡罗尔·德韦克《终身成长》
2006　劳安·布里曾丹《女性的大脑》
2011　丹尼尔·卡尼曼《思考，快与慢》
2011　斯蒂芬·格罗斯《咨询室的秘密》
2012　伦纳德·蒙罗迪诺《潜意识》
2012　苏珊·凯恩《安静》
2013　坦普尔·葛兰汀《孤独症大脑》
2014　沃尔特·米歇尔《棉花糖实验》

# 再加50本经典

1. 艾略特·阿伦森 (Elliot Aronson),《社会性动物》(*The Social Animal*, 1972)
   社会心理学的入门经典,目前是第 12 版 (2018),作者呈现了各式各样的场景,以解释为什么人们会出现这样那样的行为举止。阿伦森的"第一定律"是:做出疯狂之举的人不一定是疯子。

2. 弗吉尼亚·亚瑟兰 (Virginia Axline),《寻找自我的权利》(*Dibs in Search of Self*, 1964)
   儿童治疗的畅销经典,讲述一名退缩的男孩和这个世界建立正常关系的缓慢历程。

3. 亚伦·贝克 (Aaron T. Beck),《认知治疗和情绪失调》(*Cognitive Therapy and the Emotional Disorders*, 1979)
   认知治疗之父的里程碑著作,探讨错误的思考如何导致忧郁。

4. 厄内斯特·贝克尔 (Ernest Becker),《死亡否认》(*The Denial of Death*, 1973)
   普利策奖得奖作品,讨论人们如何千方百计否认自己终将一死。极具弗洛伊德主义色彩,不过读起来依旧非常精彩。

5. 布鲁诺·贝特尔海姆 (Bruno Bettelheim),《童话的魅力:童话的心理意义与价值》(*The Use of Enchantment: The Meaning and Importance of Fairy Tales*, 1976)
   广受喜爱且提供了深刻见解的作品,探究童话的心理学。

6. 阿尔弗雷德·比奈 (Alfred Binet)、西奥多·西蒙 (Theodore Simon),《儿童智力发展》(*The Development of Intelligence of Children*, 1916)
   智力测验开山祖师的重要著作。

7. 约翰·布雷萧 (John Bradshaw),《回归内在:与你的内在小孩对话》(*Homecoming: Reclaiming and Championing Your Inner Child*, 1990)
   实际应用埃里克森"人的发展阶段"的理论,展现成人的担忧焦虑是如何在早期的转折点产生的。重新找回你的"内在小孩",便可以真正成熟向前行。

8. 约翰·鲍尔比 (John Bowlby),《依恋》(Attachment, 1969)
三部曲的第一本,探索确立"依附行为"的母子关系,这是心理学的一大领域。

9. 约瑟夫·布洛伊尔 (Joseph Breuer)、西格蒙德·弗洛伊德 (Sigmund Freud),《歇斯底里研究》(Studieson Hysteria, 1895)
本书收录许多案例研究,是精神分析的先驱之作。书中的理论是,怪异的歇斯底里症状往往源自被压抑的痛苦记忆。后来弗洛伊德否认这是自己的想法。

10. 杰罗姆·布鲁纳 (Jerome Bruner),《有意义的行为》(*Acts of Meaning: Four Lectures on Mind and Culture*, 1990)
布鲁纳是认知心理学的创建者之一,他提出的心理模型是:心灵的基础是创造意义,而不是计算分析。

11. 玛丽·惠顿·卡尔金斯 (Mary Whiton Calkins),《心理学导论》(*An Introduction to Psychology*, 1901)
卡尔金斯曾与威廉·詹姆斯共事,1905年她被选为美国心理协会会长,是美国心理协会第一位女性会长,不过哈佛大学拒绝授予她博士学位。她认为心理学是"自我的科学"。

12. 雷蒙德·卡特尔 (Raymond Cattell),《人格的科学分析》(*The Scientific Analysis of Personality*, 1965)
英国心理学家卡特尔是人格测试的先驱,介绍了"16个因素"的模型。他的研究横跨许多领域,让心理学更像是自然科学。

13. 安东尼奥·达马西奥 (Antonio Damasio),《笛卡尔的错误:情绪、推理和大脑》(*Descartes' Error: Emotion, Reason, and the Human Brain*, 1994)
达马西奥是杰出的大脑研究者,提出理论反驳身与心的分隔,同时揭示为什么情绪是理性判断和决策的关键因素。

14. 安杰拉·达克沃思 (Angela Duckworth),《坚毅:释放激情与坚持的力量》(*Grit: The Power of Passion and Perseverance*, 2016)
宾夕法尼亚大学心理学家达克沃思提供了确凿证据,说明比起智力、成绩和技术,"毅力"或"锲而不舍与克服障碍的能力",更能预测个人在真实世界的成功。

15. 里昂·费斯汀格 (Leon Festinger),《认知失调理论》(Theory of Cognitive Dissonance, 1957)
    著名的认知理论,关于人们如何努力保持信念上的一致,即使他们相信的已经被证明是错误的。

16. 埃里希·弗洛姆 (Eric Fromm),《逃避自由》(Escape from freedom, 1941)
    影响深远的研究,说明人们是自愿屈从于法西斯政权的统治。写在纳粹的恐怖全貌显现之前。

17. 威廉·格拉瑟 (William Glasser),《现实疗法:精神医学的新路径》(Reality Therapy: A New Approach to Psychiatry, 1965)
    治疗心理或精神疾病的另一种路径,理论基础是:心理或精神健康意味着接受"个人要为自己的人生负责"。

18. 丹尼斯·格林伯格 (Dennis Greenberger)、克里斯蒂娜·帕蒂斯凯 (Christine Padesky),《理智胜过情感》(Mind Over Mood : Change How You Feel by Changing the Way You Think, 1995)
    广受大众欢迎的著作,关于认知疗法的有效技巧,不只是治疗忧郁。

19. 乔纳森·海特 (Jonathan Haidt),《正义之心》(The Righteous Mind : Why Good People Are Divided by Politics and Religion, 2012)
    道德判断不是理性思维的结果,而是出于直觉,因此社会、政治与宗教上的分裂难以弥合。融合了心理学、道德哲学和政治分析,是一本引人入胜的著作。

20. 罗伯特·黑尔 (Robert D. Hare),《良知泯灭:心理变态者的混沌世界》(Without Conscience: The Disturbing World of the Psychopaths Among Us, 1993)
    作者是全世界最顶尖的"反社会人格"研究者,这本书呈现了为何反社会人格障碍者能分辨是非,却丝毫不会内疚或悔恨。

21. 理查德·赫恩斯坦 (Richard Herrnstein)、查尔斯·默里 (Charles Murray),《钟形曲线:美国生活中的智慧与阶级结构》(The Bell Curve: Intelligence and Class Structure in American Life, 1994)
    作者主张智商的差异源自种族而引发巨大争议。他们用更广泛的理论包裹其论点:智力,而不是阶级背景,已经成为经济成就的新预测指标。

22. 埃里克·坎德尔 (Eric Kandel),《追寻记忆的痕迹》(In Search of Mem-

ory: The Emergence of a New Science of Mind，2006)

获得诺贝尔奖的神经科学家坎德尔发现大脑里的神经细胞如何储存记忆，他在这本书中叙述了他扣人心弦的三十年的研究。同时交织着他个人记忆，描述纳粹统治下的维也纳，他与家人逃亡到美国的历程。

23. 大卫·凯尔西 (DavidKeirsey)、玛丽莲·贝茨 (Marilyn Bates)，《请理解我：凯尔西人格类型分析》(Please Understand Me: Character and Temperament Types，1978)

关于人格分类研究的畅销书，遵循荣格和布里格斯·迈尔斯的传统，包含一份决定你类型的"气质量表"。

24. 约瑟夫·勒·杜克斯 (Joseph Le Doux)，《脑中有情：奥妙的理性与感性》(The Emotional Brain: The Mysterious Underpinnings of Emotional Life，1996)

顶尖神经科学家概述大脑里的情绪中枢和回路如何进化，以确保我们的生存。

25. 哈丽特·勒纳 (Harriet Lerner)，《愤怒之舞：亲密关系中情绪表达的艺术》(The Dance of Anger: A Woman's Guide to Changing the Patterns of Intimate Relationships，1985)

女性心理学专家受大众欢迎的著作，探讨女性的愤怒这个禁忌议题。探讨女性愤怒的真正来源，以及如何影响关系。

26. 丹尼尔·里文森 (Daniel L. Levinson)，《男人一生的季节》(The Season's of a Man's Life，1978)

这本书在当时是破天荒的作品，论述成年男性的人生周期，进一步发展了埃里克·埃里克森的理论。

27. 库尔特·卢因 (Kurt Lewin)，《社会科学中的场论》(Field Theory in Social Science，1951)

卢因享有"社会心理学之父"的盛名，他的场论主张：人的行为是内在性格及与他人互动(团体动力)结合的结果。

28. 伊丽莎白·洛夫特斯 (Elizabeth Lofrus)，《目击者的证词》(Eyewitness Testimony，1979)

法庭心理学家强烈质疑刑事审判中目击者描述的可靠性。她也因质疑压抑记忆综合征患者证词是否足以采信而名声大噪。

29. 康拉德·劳伦兹 (Konrad Lorenz)，《攻击的秘密》(On Aggression，1963)

诺贝尔奖得主的知名研究，关于人类的"杀手本能"的研究，以及我们的非理性和智力结合起来的毁灭性后果。

30. 罗洛·梅 (Rollo May)，《爱与意志》(*Love and Will*，1969)
存在主义心理学家气势磅礴的畅销书，探讨爱 ( 或情欲 ) 与性是两股不同的驱力。爱激励我们去追求最高成就，而且爱的反面不是恨，而是无动于衷。

31. 道格拉斯·麦格雷戈 (Douglas McGregor)，《企业的人性面》(*The Human Side of Enterprise*，1960)
心理学家麦格雷戈化身为企业导师，把管理风格划分为"X 理论"( 老板直接控制 ) 和"Y 理论"( 让员工激励自己 )。麦格雷戈的观点是受到亚伯拉罕·马斯洛的人本心理学启发。

32. 雨果·闵斯特伯格 (Hugo Munsterberg)，《心理学和罪行》(*Psychology and Crime*，1908)
闵斯特伯格出生于德国，是实验心理学创建者，受邀到哈佛与威廉·詹姆斯共事。是工业心理学 ( 研究人在工作环境下的行为 )、犯罪行为和电影理论的先锋。

33. 理查·内斯比特 (Richard Nesbitt)，《思维版图》(*The Geography of Thought*，2003)
顶尖心理学家提出惊人的见解，挑战"普天之下，人的行为皆相同"的假设，并认为亚洲人和西方人想得不一样。

34. 西尔维娅·普拉斯 (Sylvia Plath )，《钟形罩》(*The Bell Jar*，1963)
普拉斯杰出的虚构作品 ( 同时带有自传色彩 )，叙述一名年轻女子精神崩溃的故事，今日读来依旧扣人心弦。

35. 奥托·兰克 (Otto Rank)，《出生创伤》(*The Trauma of Birth*，1924)
作者是弗洛伊德最初的核心圈中人士。本书描述出生之后感觉到的分离焦虑，以及人们如何终其一生试图重建最初与母亲的联结。

36. 威尔海姆·赖希 (Wilhelm Reich)，《性格分析》(*Character Analysis*，1933)
备受争议的奥地利精神分析师的理论，主张一个人的整体性格可以分析出来，对比于特定的神经症、梦境或心理联想。他也声称受压抑的"与性相关心理能量"可能通过肌肉和器官表达出来。

37. F.R. 施赖勃 (Flora Rheta Schreiber )，《人格裂变的姑娘》(*Sybil*，1973)
这是一个引人入胜的真实故事，叙述一名拥有 16 种人格的女子，如何奋战成为整合的人。

这本书卖出了上百万本，电视影集《欢乐一家亲》(Frasier) 中也提起过。

38. 赫曼·罗夏克 (Hermann Rorschach)，《心理诊断法：以感知为基础的诊断测验》(Psychodiagnostics: A Diagnostic Text Based on Perception, 1921)

这位瑞士精神医师根据他著名的"墨渍测验"对 400 名精神病患和正常人进行精神分析，本书就是他研究成果的展示。

39. 托马斯·萨斯 (Thomas Szasz)，《精神疾病的迷思》(The Myth of Mental Illness, 1960)

对于精神医学的著名评注，萨斯主张精神疾病事实上通常是生活上的问题。当代精神医学的诊断让他联想到中世纪的宗教裁判所，因此萨斯反对任何类型的强迫治疗。

40. 维吉尼亚·萨提亚（Virginia Satir），《家庭如何塑造人》(Peoplemaking, 1972)

这本书是一位家族系统治疗师对家庭动力的探索，影响深远。

41. 安德鲁·所罗门（Andrew Solomon），《走出忧郁》(The Noonday Demon: An Atlas of Depression, 2001)

荣获众多奖项的作品，带读者进行一趟深入抑郁症方方面面的旅程。所罗门主张抑郁永远无法根除，那是人的状态的一部分。

42. 哈里·史塔克·沙利文（Harry Stack Sullivan），《精神病学的人际关系理论》(The Interpersonal Theory of Psychiatry, 1953)

沙利文是一位特立独行的美国精神科医师，解释"自我系统"或人格是如何通过人际关系形成，与之对应的是弗洛伊德的内在自我。

43. 刘易斯·特曼（Lewis Terman），《智力评量》(The Measurement of Intelligence, 1916)

认知心理学先驱，还是斯坦福－比奈智商测验（比奈－西蒙测验的修订版）的制定者，特曼相信智力是遗传的。也做过天才儿童的早期研究。

44. 爱德华·桑代克（Edward Lee Thorndike），《动物智能》(Animal Intelligence, 1911)

桑代克是美国心理学先行者，运用他有名的"迷笼实验"，说明所有的动物是如何学习的。

45. 约翰·华生（John B. Watson），《行为主义》（*Behaviorism*，1924）
这本书值得一读，确立了心理学的行为主义学派。

46. 马克斯·韦特海默（Max Wertheimer），《创造性思维》（*Productive Thinking*，1945）
美籍德裔格式塔心理学家对思考艺术的贡献，明确地说，就是要看见问题的潜藏结构，并且考虑异常状况。

47. 罗伯特·赖特（Robert Wright），《道德动物》（*The Moral Animal: Why We Are the Way We Are*，1995）
这本书是演化心理学影响深远之作，揭示了人类行为（包括一夫一妻制、手足竞争和办公室政治）背后的基因策略。

48. 威廉·冯特（Wilhelm Wundt），《生理心理学原理》（*Principles of Physiological Psychology*，1873—1874）
这本书让冯特成为心理学这门新科学的主导人物。爱德华·铁钦纳（Edward Titchener）在1904年将此书译成英文。

49. 欧文·亚龙（Irvin D. Yalom），《爱情刽子手》（*Love's Executioner: and Other Tales of Psychotherapy*，1989）
这本书坦白探索了心理治疗师与患者之间的关系，书中的案例引人入胜。

50. 菲利普·津巴多（Philip Zimbardo），《路西法效应》（*The Lucifer Effect*，2007）
津巴多在1971年进行了著名的斯坦福监狱实验。在实验中大学生"狱卒"迅速变成施虐者，残暴无情，引发"良善的人如何变得邪恶"的问题。津巴多反思这个实验，以此观照美军在阿布格莱布（Abu Ghraib，位于伊拉克）及其他地方发生的虐待行为。